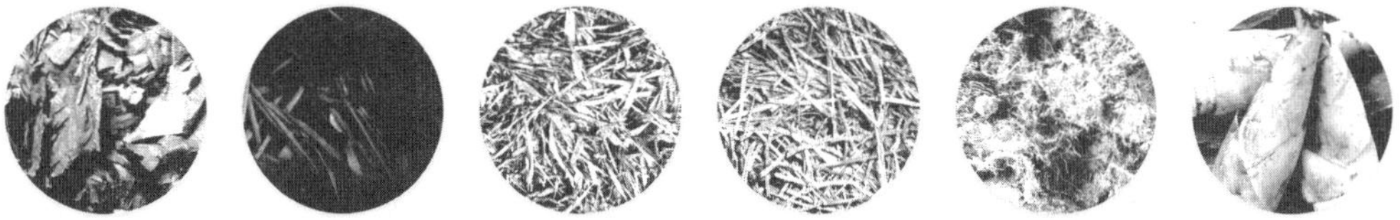

经济作物副产物养牛新技术

屠焰　郭江鹏　王翀　主编

化学工业出版社
·北京·

内容简介

我国经济作物副产物种类繁多、产量丰富，很大一部分可作为反刍动物饲料资源加以利用。

本书概述了经济作物副产物资源及饲料化利用技术，系统总结了新饲料资源开发的一般研究方法与流程；针对经济作物副产物的抗营养因子问题、鲜饲应用技术、青贮制作技术、干草应用技术、压块及颗粒化技术、混合粗饲料应用技术等进行了具体介绍；并逐一详细阐述了近 30 种经济作物的茎叶（竹叶、竹笋、红苕藤、辣木、桑叶、油菜秸、棉花秸、花生藤、甜菜秸、大豆秸等）、糟渣（柑橘渣、甘薯渣、苹果渣、番茄渣、甘蔗渣、茶叶渣等）、饼粕（棕榈仁粕、茶籽粕、油茶籽粕、甜菜粕、向日葵饼粕等）、蔬菜净菜废弃物等的饲用营养价值和轻简化饲用技术。

本书为生产一线人员广开饲料资源、降低饲养成本提供了完整可行的技术路线，同时所提供的经济作物副产物利用实例将直接为养牛场提供参考。

图书在版编目（CIP）数据

经济作物副产物养牛新技术/屠焰，郭江鹏，王翀主编. —北京：化学工业出版社，2021.4

ISBN 978-7-122-38555-0

Ⅰ.①经… Ⅱ.①屠…②郭…③王… Ⅲ.①经济作物-饲料加工-研究 Ⅳ.①S56

中国版本图书馆 CIP 数据核字（2021）第 029977 号

责任编辑：张林爽　　文字编辑：林　丹　王治刚

责任校对：王　静　　装帧设计：张　辉

出版发行：化学工业出版社（北京市东城区青年湖南街 13 号　邮政编码 100011）

印　　刷：北京京华铭诚工贸有限公司

装　　订：三河市振勇印装有限公司

710mm×1000mm　1/16　印张 18½　字数 308 千字　2021 年 7 月北京第 1 版第 1 次印刷

购书咨询：010-64518888　　售后服务：010-64518899

网　　址：http://www.cip.com.cn

凡购买本书，如有缺损质量问题，本社销售中心负责调换。

定　　价：89.00 元

《经济作物副产物养牛新技术》编写人员名单

主　　编　屠　焰　郭江鹏　王　翀

参编人员　（按姓名拼音排序）

崔艳军　樊庆山　付　瑶　郭江鹏　胡凤明
孔凡林　李　媛　刘　娜　刘云龙　马俊南
马满鹏　茅慧玲　齐志国　屠　焰　王　翀
王　俊　许英蕾　张婷婷

前 言

本书相关内容属于国家公益性行业（农业）科研专项“南方地区幼龄草食畜禽饲养技术研究与应用”，该专项研究方向包括南方地区幼龄牛、羊、鹅、兔的培育技术、经济作物副产物饲料化应用及在幼龄动物上的饲用价值评价等。

我国地域跨度大，适合多种经济作物的生长，例如桑树、柑橘等。大多数经济作物副产物具有产量大、营养物质丰富的特点，但目前都未被广泛使用，大部分被焚烧或是闲置，这不仅造成了资源浪费，而且影响了周边环境，对大气环境造成了很大程度的污染。为加快养牛业的健康发展，合理利用饲料资源是关键。本书着眼于我国产量丰富的经济作物，重点描述新型饲料资源的饲用营养价值评价思路和方法，以及近 30 种经济作物的茎叶（竹叶、竹笋、红苕藤、辣木等）、糟渣（柑橘渣、甘薯渣等）、饼粕（油茶籽粕、茶籽粕等）、蔬菜净菜废弃物等的饲用技术和实际饲用效果，为生产一线人员在遇到未知资源的时候提供科学、合理的评价思路、方案和操作方法。

本书的编写得益于中国农业科学院饲料研究所反刍动物饲料团队反刍动物生理与营养实验室多年的工作积累，在此对实验室全体成员表示感谢！

因知识面有限，如编写内容存在不足，敬请读者批评指正。

编者

目 录

第一章　经济作物副产物资源及饲料化利用技术概述

近年来，中国人均肉类和奶制品的消费量逐步增长，进而引发了对饲料产品的极大需求。中国饲料产量在2010年首次超过美国，成为全球第一。然而中国并不是饲料强国，其中饲料原料供给量成为饲料产业发展面临的最大问题。就整个饲料行业而言，中国饲料粮占粮食总产量的比重较低，仅为30%左右，而发达国家高达70%～90%，并且能量和蛋白质原料均短缺。饲料原料短缺造成了饲料供需失衡，原料价格的波动通过饲料价格的转化波及了畜产品价格的剧烈波动。原料品质的变异会引起重大食品安全事件，并影响饲料、畜产品出口。而原料进口会提高对外依存度，如中国大豆对外依存度高达80%，鱼粉80%～90%来源于进口，玉米则在2008年也开始了进口。因此，解决饲料原料问题不仅关乎人民日常消费的满足，而且关乎饲料强国的建设，更关乎饲料产业的健康、可持续发展。解决饲料来源，扩大饲料作物和饲草的种植面积，压缩粮食（除玉米）和经济作物的种植面积，开拓新型饲料资源是重要的途径。

第一节　经济作物副产物资源概述

一、我国经济作物种类和发展

经济作物又称技术作物、工业原料作物，指具有某种特定经济用途的农作物。经济作物通常具有地域性强、经济价值高、技术要求高、商品率高等特点。我国经济作物种类繁多，饲用价值也千差万别，主要包括茎叶类（如桑叶、竹叶和竹笋、油菜秸、棉花秸、花生藤、红苕藤、甜菜秸、大豆秸、辣木等)、糟渣类(如柑橘渣、甘薯渣、苹果渣、番茄渣、茶叶渣、甘蔗渣等)和饼粕类(如棕榈仁粕、茶籽粕、油茶籽粕、甜菜粕、向日葵饼粕等)。我国经济作物自 20 世纪 80 年代以来取得了全面发展,多种经济作物种植面积、年产量以及出口量均居世界前列。

表 1-1、表 1-2 是我国部分经济作物、果蔬、茶的种植面积和产量。

表 1-1 我国部分经济作物、果蔬、茶的播种面积 单位:10^4公顷

种类	2015 年	2014 年	2013 年	2012 年	2011 年	2010 年	2009 年	2008 年	2007 年	2006 年
谷物	9563.59	9460.35	9376.87	9261.24	9101.58	8985.06	8840.11	8624.78	8577.67	8493.10
豆类	886.83	917.88	922.37	970.95	1065.14	1127.57	1194.88	1211.80	1177.95	1214.94
大豆	—	679.99	679.05	717.11	788.85	851.58	918.98	912.71	875.38	930.44
绿豆	—	54.01	63.29	69.45	78.10	74.22	69.33	78.61	79.06	54.70
红小豆	—	15.17	16.41	15.43	15.66	16.16	15.42	20.27	19.71	22.10
薯类	883.88	894.03	896.33	888.59	890.58	874.98	863.59	842.68	808.21	787.72
马铃薯	—	557.33	561.46	553.20	542.40	520.51	508.08	466.34	443.03	421.13
油料	1403.46	1404.28	1402.26	1392.98	1385.51	1388.96	1365.39	1282.55	1131.58	1173.84
花生	461.57	460.39	463.30	463.85	458.14	452.73	437.65	424.58	394.49	396.01
油菜籽	753.44	758.79	753.10	743.19	734.74	736.97	727.79	659.37	564.22	598.38
芝麻	—	42.91	41.85	43.70	43.70	44.71	47.59	47.16	48.58	56.41
向日葵	—	94.85	92.99	88.85	94.02	98.40	95.91	96.43	71.92	78.13
胡麻籽	—	30.61	31.29	31.79	32.21	32.44	33.96	33.78	33.99	36.81
棉花	376.69	422.23	434.56	468.81	503.78	484.87	494.87	575.41	592.61	581.57
麻类	8.13	8.64	9.15	10.12	11.83	13.27	15.97	22.15	26.32	28.31
黄红麻	1.34	1.44	1.71	1.76	1.93	1.88	2.40	2.62	3.34	3.12
亚麻	—	0.31	0.47	0.69	0.61	0.87	1.77	5.67	6.67	8.67
大麻	—	0.77	0.65	0.53	0.57	0.51	0.59	1.18	1.78	1.92
苎麻	—	5.95	6.28	6.90	8.40	9.76	10.98	12.61	14.28	14.17
糖料	173.65	189.92	199.83	203.04	194.78	190.50	188.38	198.99	180.17	156.70
甘蔗	159.97	176.05	181.65	179.47	172.12	168.63	169.75	174.35	158.58	137.82
甜菜	13.69	13.88	18.18	23.58	22.66	21.87	18.63	24.65	21.59	18.88
烟叶	131.40	146.31	162.29	159.65	146.14	134.46	139.15	132.61	116.38	118.88
烤烟	122.15	137.87	152.69	148.05	135.10	123.08	126.50	123.00	106.60	108.82
蔬菜	2199.97	2140.48	2089.94	2035.26	1963.92	1899.99	1838.98	1787.59	1732.86	1663.91
药材	—	198.48	182.16	156.05	138.52	124.21	118.13	119.40	96.07	83.12

续表

种类	2015 年	2014 年	2013 年	2012 年	2011 年	2010 年	2009 年	2008 年	2007 年	2006 年
水果	1281.67	1312.72	1237.14	1213.99	1183.06	1154.39	1113.95	1073.43	1047.11	1012.26
香蕉	40.91	39.20	39.20	39.47	38.60	35.73	33.88	31.78	30.66	28.57
苹果	232.83	227.22	227.22	223.14	217.73	213.99	204.91	199.23	196.18	189.89
柑橘	251.30	252.13	242.22	230.63	228.83	221.10	216.03	203.08	194.14	181.46
梨	112.40	111.33	111.17	108.86	108.55	106.31	107.43	107.45	107.13	108.71
葡萄	79.92	76.72	71.46	66.56	59.69	55.20	49.34	45.12	43.83	41.87
草莓	—	11.33	10.99	10.05	9.59	9.12	9.01	8.33	7.94	7.93
瓜类	—	249.13	245.54	240.82	238.93	238.94	233.32	225.66	225.15	224.60
西瓜	—	185.23	182.82	180.15	180.32	181.25	176.39	173.33	173.47	175.26
甜瓜	—	43.89	42.31	41.04	39.74	39.33	38.97	36.17	35.70	34.64
实有茶园	279.14	264.98	246.88	227.994	211.251	197.01	184.854	171.942	161.331	143.127
本年采摘茶园	211.58	198.94	185.72	173.52	164.466	142.606	132.798	128.319	120.085	110.016

注：资料来源于中华人民共和国统计局（http：//data. stats. gov. cn/）。

表 1-2 我国部分经济作物、果蔬、茶的产量 单位：10^4 吨

种类	2015 年	2014 年	2013 年	2012 年	2011 年	2010 年	2009 年	2008 年	2007 年	2006 年
谷物	57228.06	55740.72	55269.21	53947.18	51939.37	49637.06	48156.3	47847.4	45632.37	45099.24
豆类	1589.80	1625.49	1595.27	1731.63	1908.42	1896.54	1930.3	2043.29	1720.10	2003.72
大豆	—	1215.40	1195.10	1301.09	1448.53	1508.33	1498.15	1554.16	1272.50	1508.18
绿豆	—	68.90	75.30	86.66	95.22	95.41	76.90	90.43	83.17	70.99
红小豆	—	24.20	27.40	27.36	25.08	25.04	22.36	31.44	29.47	36.46
薯类	3326.06	3336.40	3329.35	3279.15	3273.05	3114.12	2995.48	2980.23	2807.80	2701.26
马铃薯	—	1910.30	1918.80	1855.25	1765.81	1630.67	1464.60	1415.58	1295.81	1289.73
油料	3536.98	3507.43	3516.99	3436.77	3306.76	3230.13	3154.29	2952.82	2568.74	2640.31
花生	1643.97	1648.17	1697.22	1669.16	1604.64	1564.39	1470.79	1428.61	1302.75	1288.69
油菜籽	1493.07	1477.22	1445.80	1400.73	1342.56	1308.19	1365.71	1210.17	1057.26	1096.61
芝麻	64.05	62.99	62.35	63.94	60.54	58.66	62.20	58.63	55.72	66.17
向日葵	—	249.20	242.40	232.27	231.28	229.80	195.56	179.17	118.68	144.00
胡麻籽	—	38.70	39.80	39.05	35.86	35.28	31.81	34.97	26.83	37.36
棉花	560.34	617.83	629.90	683.60	659.80	596.11	637.68	749.19	762.36	753.28
麻类	21.08	23.09	22.94	26.12	29.55	31.75	38.80	62.49	72.83	89.09
黄红麻	5.30	5.60	6.12	6.85	7.52	6.93	7.53	8.43	9.91	8.68
亚麻	—	2.30	2.40	3.81	3.94	4.46	8.55	25.70	28.39	42.51

续表

种类	2015 年	2014 年	2013 年	2012 年	2011 年	2010 年	2009 年	2008 年	2007 年	2006 年
大麻	—	3.20	1.90	1.45	1.58	1.09	1.24	3.01	4.79	8.29
苎麻	—	11.60	12.00	13.03	15.84	18.94	21.17	25.04	29.13	28.74
糖料	12499.96	13361.16	13746.07	13485.43	12516.54	12008.49	12276.57	13419.62	12188.18	10459.97
甘蔗	11696.80	12561.13	12820.09	12311.39	11443.36	11078.87	11558.67	12415.24	11295.05	9709.22
甜菜	803.16	800.04	925.98	1174.04	1073.08	929.62	717.90	1004.38	893.12	750.75
烟叶	283.24	299.45	337.37	340.65	313.24	300.37	306.58	283.82	239.55	245.56
烤烟	260.64	280.29	314.85	312.62	286.95	273.13	281.42	262.32	217.84	225.50
蔬菜	78526.10	76005.48	73511.99	70883.06	67929.67	65099.41	61823.81	59240.35	56452.04	53953.05
药材	—	198.48	182.16	156.05	138.52	124.21	118.13	119.40	96.07	83.12
水果	27375.00	26142.24	25093.04	24056.84	22768.18	21401.41	20395.51	19220.19	18136.29	17101.97
香蕉	1246.63	1179.19	1207.52	1155.80	1040.00	956.05	883.39	783.47	779.67	690.12
苹果	4261.34	4092.32	3968.26	3849.07	3598.48	3326.33	3168.08	2984.66	2785.99	2605.93
柑橘	3660.08	3492.66	3320.94	3167.80	2944.04	2645.24	2521.10	2331.26	2058.27	1789.83
梨	1869.86	1796.44	1730.08	1707.30	1579.48	1505.71	1426.30	1353.81	1289.50	1198.61
葡萄	1366.93	1254.58	1155.00	1054.32	906.75	854.89	794.06	715.15	669.68	627.08
菠萝	149.54	143.27	138.64	128.71	119.11	107.60	104.26	93.36	90.51	89.07
红枣	807.58	734.53	634.00	588.71	542.68	446.83	424.78	363.41	303.06	305.29
柿子	379.14	373.08	353.88	341.76	318.72	287.56	283.42	271.10	257.41	232.03
草莓	—	311.30	299.80	276.09	249.08	233.00	220.60	200.04	187.18	187.42
瓜类	9895.46	9554.07	9321.78	8952.40	8684.88	8536.18	8149.11	7881.26	7615.96	7502.74
西瓜	7713.96	7484.30	7294.38	7071.27	6889.35	6818.10	6478.47	6282.17	6203.62	6184.52
甜瓜	1527.07	1475.79	1433.68	1331.58	1278.47	1226.74	1215.34	1193.37	1034.09	950.58
茶叶	224.90	209.57	192.45	178.98	162.32	147.51	135.86	125.76	116.55	102.80
红毛茶	20.32	18.02	16.00	13.24	11.37	6.81	7.19	6.97	5.32	4.83
绿毛茶	149.46	141.62	131.34	124.78	113.76	104.64	100.63	92.66	87.15	76.39

注：资料来源于中华人民共和国统计局（http：//data.stats.gov.cn/）。

朱振亚等比较了 1983 年至 2014 年油料、棉花、麻类、甘蔗、甜菜、烟叶、蚕茧、茶叶、水果产量随时间的变化（表 1-3），列出如下五个特征：

① 水果、甘蔗和油料的产量呈递增趋势，其中，水果、甘蔗增势明显（“果增蔗扬”），油料增长相对缓慢。其中水果产量增长了 31.7 倍。

② 棉花和烟叶产量稳中有升，甜菜产量波动较大。棉花产量增长了 33.2%，年均增长 1 个百分点；烟叶产量增长了 116.7%，年均增长 3.6 个百分点；甜菜产量在高的年份达到了 1629×10^4 吨，在低的年份只有 586×10^4 吨，产量波动性

非常明显。甘蔗与甜菜产量前后比较发现，甘蔗逐渐占据了糖料作物生产的主导地位。

③ 茶叶产量增势较为明显，蚕茧产量稳中有升，麻类产量呈下降趋势（“麻降”）。茶叶产量年均递增 13.3%；蚕茧产量年均增加 5.1 个百分点。麻类产量年均下降 26%，麻类是所有经济作物中唯一呈现产量降低的经济作物。

④ 经济作物总产量呈现出快速递增趋势。经济作物总产量从 1983 年的 6.688×10^7 吨增加到 2014 年的 4.425×10^8 吨，年均递增将近 20%，增速十分明显。

⑤ 2014 年与 1983 年相比，经济作物内部产量排名具有一定的“黏性”。无论是 1983 年还是 2014 年，排名前四的经济作物均是甘蔗、油料、甜菜和水果，前四排名具有一些“黏性”，只是具体排序发生了变化。2014 年，水果产量已经名列第一，成为经济作物中的绝对龙头，甘蔗由原来的第一名退居到第二位，油料由原来的第二名退居到第三位，甜菜由原来的第三名退居第四位。除麻类排名发生较大变化外，棉花、烟叶、茶叶、蚕茧产量的排名先后顺序也基本没有变化，排名上也具有一些“黏性”。主要经济作物排名“黏性”可能是市场需求与农业供给共同作用的结果。

表 1-3　经济作物产量排名

排序	1983 年			2014 年		
	种类	产量/10^4吨	在经济作物产量中比重/%	种类	产量/10^4吨	在经济作物产量中比重/%
1	甘蔗	3114	46.6	水果	26142	59.1
2	油料	1055	15.8	甘蔗	12561	28.4
3	甜菜	918	13.7	油料	3507	7.9
4	水果	800	12.0	甜菜	800	1.8
5	棉花	464	6.9	棉花	618	1.4
6	烟叶	138	2.1	烟叶	299	0.7
7	麻类	125	1.9	茶叶	210	0.5
8	茶叶	40	0.6	蚕茧	90	0.2
9	蚕茧	34	0.5	麻类	23	0.1
	总产量	6688	—	总产量	44250	—

注：资料整理自朱振亚等（2017）。

2014 年与 1983 年相比，经济作物无论是产量比重还是产值比重，都从当初的微不足道成长为当今的“半边天”。经济作物比重的变化标志着农业种植结构的不断优化和调整，体现了经济作物的“经济效应”更加突出，也说明了农民生活水平有了稳步提高，更加反映了我国轻工业的发展壮大。

二、经济作物机械化现状

我国经济作物生产一直沿袭传统的生产作业方式，生产规模小、分布零散，品种性能差异大，整体机械化水平较低且发展不平衡。除了部分地区的部分作物在耕整地、植保和灌溉环节可以使用通用机械作业外，其他生产环节，特别是劳动强度较大的播种、收获两大主要生产环节，大部分地区基本以人工作业为主，与现代农业的要求相差甚远，造成主要经济作物生产成本居高不下，影响了农民种植的积极性。

1. 糖料作物

糖料作物在我国农业经济中占有重要地位，其产量、产值仅次于粮食、茶叶、油料和棉花。目前，我国已成为居巴西、印度之后的世界第三大食糖生产国。我国糖料作物主要包括甘蔗和甜菜，但种植模式不一、生产机械化水平低、制糖工艺落后，自主生产食糖糖价偏高，约为5600元/吨，而进口食糖约为4500元/吨。

1979年，澳大利亚已采用甘蔗收获机械作业；2005年，巴西80%的甘蔗由机械收获，古巴甘蔗机收率已达70%以上；近年，美国、澳大利亚等国家的甘蔗生产已实现全程机械化。种植方面，一些先进国家多采用大型切段式甘蔗种植机，每天种植甘蔗约为2～3公顷；收获环节，主要以大功率、全液压自主切段式联合收割机为主，生产率可达40～50吨/时。

我国甘蔗种植存在几个问题：机械化水平低，生产规模较小，户均种植面积不足0.66×10^4公顷，且不少甘蔗种植在干旱、瘠薄、生产基础设施差的地方，大型农机具难以作业，小型机具发展不成熟；除部分甘蔗机械化生产示范区外，大多数甘蔗种植区蔗地深耕机械化水平不足20%；甘蔗种植成本约为150～200元/吨，收获成本80～400元/时，高出世界平均水平30%，严重阻碍了甘蔗生产经济效益的提高。

2. 饮料作物

我国是世界上茶叶产量第一大国，茶叶出口第二大国，茶叶生产机械化主要包括茶园管理机械化和茶叶加工机械化两部分。日本已实现茶叶生产全过程机械化。我国茶园机械起步晚，机械化程度不高，当前茶园机械化相关研究也主要集中在茶叶采摘和修剪方面，且其主要工作部件仍依靠国外厂家生产。

3. 纤维作物

纤维作物主要为棉、麻。棉花是我国的第二大经济作物，2013 年我国棉花种植面积约为 4.346×10^{6} 公顷，年产值约 983 亿元。我国棉花种植中，机耕水平约为 94.9%，机播水平 65.6%，机收水平很低。

4. 油料作物

油料作物主要有油菜、大豆、花生等。我国油菜种植面积和产量居世界首位，占世界油菜种植面积的 1/4，年产量约 1.4×10^{7} 吨。我国油菜整体生产机械化程度较低，多数生产环节依赖人工操作，费工费时，劳动强度大，耕种收机械化水平只有 39.2%，其中机械化收获水平仅达到 20.3%。

我国主要经济作物生产机械化虽然有一定发展，但与发达国家相比，机械制造总体发展水平相对落后，在研发能力、制造水平、产品质量、生产效率等方面尚有较大差距。我国多数经济作物仍为小规模种植，农机农艺融合不够，为实现高产而忽略了作物对机械化作业的适应性，在作物生产关键环节的机械化水平中，如马铃薯、甘蔗的机播，甘蔗、油菜、茶叶的机收等发展缓慢，制约了经济作物全程机械化的推行。我国经济作物农机装备信息收集、智能决策和精准作业能力较差，农业生产信息化程度不高，农业机械与互联网融合亟待提高。

第二节　经济作物副产物饲料化利用的价值

随着我国畜牧业的快速发展，规模化、产业化模式已是主要的生产方式。随之而来的饲草供应不足，需要外调或进口等措施来满足饲料需求的现象在多地发生，给我国的饲料供应体系安全提出了挑战。人口的增加、北方草场的退化和耕地面积的减少使得粮食危机始终威胁着人民的健康和正常生活。为此，我国提出了以积极发展节粮型畜牧业为主体的应对方案。经济作物副产物的饲料化利用能有效节约资源、保护环境，变废为宝，有效缓解人畜争粮现象的发生。

我国作为一个农业大国，经济作物种植面积广阔，每年经济作物副产物产量巨大，但曾经大多数被废弃。如今，经过系统的科学研究，经济作物副产物被证明可作为可再生资源加以饲料化利用，越来越多的科研人员和饲料企业关注和投身于此项工作之中。经济作物副产物含有丰富的营养物质，可以满足动物对营养素的各种需求，经过合适的方式处理后能够作为动物优质饲料开发利用，且潜力巨大。随着经济作物种植面积的扩大，同时产生了大量的可利用的经济作物副产物，通过科学研究将其充分利用为草食动物的饲料原料，将会对我国畜牧业的发展具有重要和长远的意义。

一、经济作物副产物的营养特点及应用概述

1. 茎叶类经济作物副产物的营养特点

（1）桑叶　我国是桑树种资源最多的国家，全国现有桑园面积达 8.0×10^5 公顷，桑叶产量高。桑叶虽然营养价值丰富，但目前主要仅限于养蚕业，饲料化利用还处于试验阶段。化学分析（干物质基础）显示，其粗蛋白质含量为 15%～30%，粗脂肪 4%～10%，粗纤维 8%～12%，粗灰分 8%～12%，钙 1%～3%，磷 0.3%～0.6%。桑叶中含有 18 种氨基酸，且在糖代谢和蛋白质代谢过程中发挥重要功能的氨基酸含量高，饲料化利用对草食动物合成蛋白质具有重要意义。桑叶中还含有丰富的维生素、微量元素和天然活性物质，对反刍动物维持免疫系统、抗氧化系统及体内代谢具有特殊意义。

桑叶作为补充饲料饲喂湖羊具有促生长的作用；可使奶牛的瘤胃中可降解蛋白增加，提高奶牛的产奶量。古巴将桑叶作为畜牧业可持续发展战略的一项内容；肯尼亚、坦桑尼亚将桑叶作为畜牧养殖的基础营养物质；法国将桑叶作为反刍动物的饲草利用。

桑叶中丰富的营养成分可作为优良的畜禽饲料，我国又具有高产量的商业基础，所以积极发展桑叶蛋白饲料具有可行性。

（2）竹叶和竹笋　竹叶主要覆盖于竹笋上，促进竹笋早出，但近年来竹笋作为主要产出物的效益不佳，竹叶多以焚烧或掩埋的形式进行销毁，既污染环境又浪费资源。竹叶的营养成分主要为：水分 37.8%，灰分 12.0%，粗脂肪 5.2%，粗蛋白质 6.28%，钙 1.2%，磷 0.08%，中性洗涤纤维和酸性洗涤纤维 66.4%、32.6%。

笋壳作为竹笋加工副产物，通常被随意丢弃。但笋壳也具有较好的营养价值，其粗蛋白质含量高于玉米秸秆、小麦秸等，游离氨基酸含量高，必需氨基酸占游离氨基酸总量的一半以上；富含动物必需的微量元素铁、铜、锌等；富含植物甾醇、多糖、黄酮类、酚酸等多种功能性物质，对动物机体具有重要的生理活性作用，可维持动物健康、提高动物的免疫能力。

竹叶复合颗粒饲喂育肥羊和羔羊的试验表明，试验羊只的增重效果良好，经济、社会、生态效益均显著提高。青贮笋壳替代苜蓿干草在奶牛生产中的应用效果研究表明，奶牛各项血清生化指标在青贮笋壳组和苜蓿干草组间无差异，因此青贮笋壳可以替代部分苜蓿干草在奶牛饲粮中使用。同时，有研究表明青贮笋壳可提高奶牛采食量、瘤胃干物质降解率、饲料转化率及生产性能。通过对竹叶和竹笋的开发，研制出适合反刍动物饲用的颗粒饲料，可使竹叶和竹笋变废为宝。

（3）油菜秸　我国油菜种植面积广阔，品种丰富，但对油菜秸秆饲料化利用的分析还处于试验研究阶段，相关实验室测定显示，油菜秸的干物质含量为93%～97%，粗蛋白质2.7%～6.6%，粗脂肪0.5%～3.7%，粗灰分5.7%～9.8%，中性洗涤纤维59%～69%，酸性洗涤纤维40%～49%。与常规饲料相比，油菜秸粗蛋白质含量与稻秸相近，但用作动物饲料的较少，这与它结构和自身不利于畜禽的消化吸收有关。若经过青贮、微生物发酵等方式处理后，能有效提高畜禽对油菜秸的消化能力。

（4）棉花秸　棉花是我国最主要的经济作物，棉田约占我国经济作物播种面积的1/3，棉花秸秆资源极为丰富，但饲料化开发利用率极低，大量被焚烧。棉花秸的粗蛋白质含量为4.6%～6.8%，纤维素35.2%～47.0%，半纤维素6.5%～12.0%，钙0.6%～1.6%，磷0.09%～0.11%。可利用生物发酵技术发酵棉秆后饲喂牛羊，能有效降低饲养成本。将微贮棉秆按一定比例与精料搭配饲喂育肥牛，发现育肥牛采食量和生长性能均显著提高。

微生物发酵处理棉花秸秆，制作成本低，但可提高棉花秸秆的适口性和利用率。如何提高棉花秸秆中纤维素的利用率，是今后棉花秸秆利用中需要解决的问题之一。通过微生物发酵、酶制剂处理、酸化、膨化等技术，有望促进棉花秸秆在畜牧养殖中的大规模运用。

（5）花生藤　我国是世界花生生产第一大国，该作物分布很广，各地都有种植。虽然我国是世界花生产量最大的国家，几乎占了世界花生总产量的一半之多，但是对花生副产品的利用方式还是不完善。目前大多是在收获花生后将其藤蔓在田间干燥焚烧。花生藤的营养成分为：粗蛋白质9.77%，粗脂肪4.40%，粗灰分8.91%，钙1.40%，磷0.14%，中性洗涤纤维54.60%，酸性洗涤纤维48.40%。花生藤中的粗蛋白质含量分别是豌豆秧和稻草的1.6倍和6倍，钙、铜、锰、锌含量均比玉米高。因此，用花生藤作草食畜禽饲料时，只要搭配得当，不但具有一般粗饲料的饲养效果，而且还能弥补某些精料中矿物质不足的问题。

国内外对花生藤在草食动物饲养中应用的研究较多。用花生藤和浓缩精料按2∶3配制成混合饲粮饲养生长羔羊，取得了良好的结果。试验表明，青贮花生藤对奶牛的产奶性能和生长性能具有很好的提高效果。在玉米秸秆青贮过程中，增加花生藤不影响青贮效果，还能显著地提高青贮的营养价值，改善饲料质量；在青贮料中加入15%的花生藤，效果最为理想。

实践证实，花生藤作为粗饲料饲喂反刍动物是可行的，对于其加工、贮存方法需要进一步开展研究。

(6) 红苕藤　红苕藤为红苕加工后的副产品，资源量十分巨大，作为可开发的优秀蛋白质饲料和青绿饲料资源，其营养成分为：粗蛋白质11.02%，粗脂肪4.51%，中性洗涤纤维23.23%，酸性洗涤纤维25.79%，钙0.36%，磷0.22%。相对来说，红苕藤粗蛋白质含量较高、纤维含量较低，饲用价值高。

红苕藤粉能部分或全部替代颗粒料中的苜蓿草粉，对兔的日增重、耗料量、育成率、血清生化指标等均无不良影响。红苕藤虽在农村广泛用于猪、牛饲料，但使用技术落后。

(7) 甜菜秸　甜菜秸是一种产量高，碳水化合物、粗蛋白质、钙、磷及微量元素含量高，营养价值均衡全面，易被反刍动物消化利用的饲料作物。甜菜秸的粗蛋白质含量为8.54%，粗纤维18.26%，钙0.77%，磷0.07%。作为一种质优价廉的饲料资源，经青贮等方式处理后有望成为规模化畜牧业的重要原料。

英国罗维特研究试验结果表明，使用甜菜秸替代谷物有助于瘤胃壁组织结构的发育和新陈代谢，提高犊牛的采食量。但也有人认为甜菜秸中的甜菜碱对犊牛具有一定的毒害作用，但具体作用机制还有待研究。

(8) 大豆秸　我国大豆秸资源十分丰富，但绝大多数都是通过焚烧的形式销毁，造成资源浪费和污染环境。大豆秸粗蛋白质含量为13.98%，粗脂肪0.72%，粗纤维43.33%，中性洗涤纤维61.96%，酸性洗涤纤维49.97%，钙0.73%，磷0.18%，含有丰富的营养物质，只要经过合适的处理，可作为优良的饲料原料。

大豆秸中木质素含量高于14%，不宜直接饲喂反刍动物，但经过氨化或微贮等方式处理后，采食量和采食速度、干物质有效降解率和饲粮表观消化率都得到了提高。

(9) 辣木　辣木是尚未充分开发的一种速生、耐性强的多功能树种，具有营养丰富、产量高、适应性强等特点。以干物质计，辣木中粗蛋白质含量为27%，粗纤维5.9%，总氨基酸19.8%，总糖33.6%；辣木中钙的含量为牛奶的26倍，铁含量是菠菜的4倍，钾含量是香蕉的10倍，锌的含量为6.99%，可以作为一种新的饲料资源，满足动物的营养需要。国内外许多研究已肯定了辣木的营养价值，但作为饲料原料饲喂动物的研究较少。

辣木饲喂奶牛试验显示，饲粮中添加辣木可提高奶牛的摄食量、增加体重和提高产奶量，且不会改变牛奶的质量。试验证实，辣木拌饲喂养的奶牛生长速度高于基础饲粮饲喂的奶牛；以象草为基础饲粮，添加辣木叶粉后牛奶产量没有发生变化，但奶牛采食量与消化率有显著提高；利用体外法研究发现辣木籽粗提物可延迟蛋白质退化和加快蛋白质代谢，从而降低了瘤胃酸中毒的可能性。

辣木作为优质蛋白质饲料，其饲料产品的开发不仅能缓解蛋白质饲料资源的紧缺，还能提高畜禽产品的产量和品质。目前，辣木的规模化种植还没得到大面积推广，阻碍了它的进一步开发。

2. 糟渣类

(1) 柑橘渣　柑橘渣是柑橘加工后的副产物，营养物质丰富。在发达国家，柑橘渣已被广泛应用到反刍动物的饲料中，我国柑橘渣大多数被废弃。柑橘渣的主要营养成分为：粗蛋白质8.17%，粗纤维9.02%，粗脂肪2.60%，粗灰分3.31%。发酵柑橘渣钙的含量比玉米高40倍，磷的含量是玉米含量的9倍，铁高26倍，锌高5倍。柑橘渣的钙磷比例不平衡，作为饲料添加时应注意。

添加柑橘渣对奶牛产奶性能的试验表明，试验组与对照组产奶量、平均乳蛋白率和乳糖率的差异不显著，4%标准奶、平均乳脂率、乳固形物和乳非固形物均有提高；用11%柑橘渣代替等量的玉米，可提高饲料的消化率和产奶量。

目前，甘蔗渣在动物生产中的应用已经相对完善，但尚未形成标准。

(2) 甘薯渣　甘薯作为我国主要种植作物之一，其副产物甘薯渣不仅每年的产量巨大，而且营养物质丰富。甘薯渣主要营养成分为：蛋白质2.30%，粗纤维16.20%，脂肪0.30%，粗灰分0.74%。甘薯渣中淀粉含量很高，还含有丰富的维生素等微量成分，但甘薯渣中蛋白质含量较低、纤维含量较高制约其利用。可以通过微生物发酵的方式，使甘薯渣内的淀粉和部分纤维转化为菌体蛋白而后饲喂反刍动物。

(3) 苹果渣　苹果渣是苹果加工后的副产物，主要由果皮、果核等部分组成，富含多种营养物质。苹果渣中赖氨酸、精氨酸、蛋氨酸及B族维生素含量远远高于玉米粉，钙、磷、铁、钾等矿物质元素含量丰富。

用含39%鲜苹果渣的全混合日粮饲喂荷斯坦奶牛可提高干物质采食量和产奶量。通过利用苹果渣混合一定比例的青贮料替代玉米青贮料饲喂奶山羊，发现混合青贮可以显著提高奶山羊的采食量。肉牛育肥饲粮中添加苹果渣后，育肥牛的日增重、屠宰率、净肉率、胴体产肉率、眼肌面积均有所提高。需要注意的是，反刍动物饲粮中添加苹果渣，可能会由于苹果渣的自身酸性和含糖量高使得瘤胃 pH 降低，从而影响瘤胃微生物对纤维素的分解及蛋白质的水解过程。苹果渣中含有丰富的营养物质，在饲料中添加一定比例的量能提高反刍动物的生产性能，降低饲料成本，减少资源浪费。

（4）番茄渣　番茄渣作为番茄酱加工的副产品，每年产量巨大，资源十分丰富，但由于番茄渣含水量大，易发霉变质，若不能及时有效处理，会出现安全隐患。番茄渣干物质中粗蛋白质达16%以上，脂肪12%，中性洗涤纤维58%，酸性洗涤纤维43%，维生素A、维生素B、维生素E含量也较高，是一种可用于反刍动物生产的优质饲料。

研究表明，饲粮中添加占比30%和40%（风干物质为基础）的番茄渣有助于提高绵羊干物质采食量和平均日增重，对绵羊血清生化指标不会产生不良影响；用30%番茄渣等比替代饲粮中苜蓿干草可提高绵羊生长性能，并可以改善瘤胃发酵；添加含14%的番茄渣青贮可提高新疆褐牛的干物质采食量、4%校正乳产量及经济效益。

番茄渣可以通过青贮、干喂等方法加以利用，既可以维持我国番茄加工业的可持续发展，又能提供优质反刍动物饲料。

（5）茶叶渣　我国茶文化历史悠久，茶叶产业链不断延伸，茶叶深加工产业化生产中产生大量的废弃茶渣，造成严重的环境污染和资源浪费。茶叶渣（茶渣）营养成分独特，干物质中含有17%～19%粗蛋白质、16%～18%粗纤维、1%～2%茶多酚、0.1%～0.3%咖啡因。其营养成分与茶叶原料的老嫩程度密切相关，通过固态发酵等工艺，可将茶渣转化为蛋白饲料。茶渣中赖氨酸1.75%、蛋氨酸0.54%、组氨酸0.83%，非常适合作为反刍动物饲料进行开发。同时茶渣中含有少量的茶皂素，能够抑制瘤胃原虫的生长，促进瘤胃发酵。茶渣中大量的茶多酚对牛奶的产量和品质都有促进作用。

（6）甘蔗渣和甘蔗梢　甘蔗渣是甘蔗加工后的渣滓，多被用于燃料来焚烧。甘蔗渣中粗蛋白质含量约为1.5%，粗脂肪0.7%，粗灰分2%～3%，粗纤维约为 44%～46%，丰富的粗纤维经适当处理可转化为优良的粗饲料。甘蔗梢粗蛋白质含量较高，通过混合甘蔗渣来饲喂动物，能够弥补甘蔗渣中蛋白质不足和适口性差的问题。

有关产奶牛对碱化后的甘蔗渣消化利用影响的试验表明，甘蔗渣在饲粮基础上替代饲粮中部分干草或少量精料，既不会影响奶牛的采食量、对营养物质的消化利用率，也不会影响牛奶的产量和品质。利用膨化甘蔗渣替代玉米秆青贮作为粗饲料进行饲喂，肉牛采食量大，增重明显，平均日增重比玉米秆青贮组提高了 36.7%，饲料成本大幅度降低。甘蔗渣的营养特点非常适合作为反刍动物饲料开发，不但可以缓解饲料资源紧缺的情况，还能降低畜禽饲养成本。

3. 饼粕类

（1）棕榈仁粕　棕榈仁粕是油棕果的果仁经过压榨出油后的副产品，其产量大且价格低廉。棕榈仁粕不含黄曲霉素，粗脂肪和粗蛋白质含量都较高，具有良好的适口性。棕榈仁粕的粗蛋白质含量为 14%～17%，粗脂肪 8%～10%，粗纤维 15%～18%，粗灰分 4.9%，钙 0.15%，磷 0.42%。

研究表明，在奶牛精料补充料中用 10%棕榈仁粕取代等量玉米，泌乳牛的产奶量和干奶牛的体重有所提高；精料中添加 20%和 40%棕榈仁粕后对肉牛日增重、干物质采食量和饲料转化率等指标的影响没有差异，但每千克增重的饲料成本均有所降低。

棕榈仁粕为最近几年被开发使用的饲料原料，实际应用过程中存在的问题还需要我们进一步去验证和解决。

（2）茶籽粕　我国传统的制油工艺多注重茶籽的出油量，不关注茶籽粕的营养成分。通常，茶籽粕消化利用率极低，不适用于制作畜禽饲料，多被用作肥料、燃料或废弃。

但是茶籽粕中含有的茶皂素能促进反刍动物瘤胃的发酵，并能抑制瘤胃原虫的生长。目前国内关于茶籽粕作为反刍动物饲料的试验性研究仍较少，多集中在茶籽提取物方向的研究，这也为后续研究提供了空间。

（3）甜菜粕　甜菜是我国第二大糖料作物，其主要用途为制糖，甜菜粕为制糖过程中的主要副产品。甜菜粕中粗蛋白质含量为 8.79%，粗脂肪 0.55%，粗纤维 23.08%，粗灰分 4.18%，钙 0.66%，磷 0.11%，奶牛可消化率达到 4.73%。甜菜粕作为一种高纤维饲料，多应用于反刍动物。研究表明，甜菜粕可促进反刍动物咀嚼，延长反刍时间，有助于维持瘤胃正常水平。甜菜粕作为能量饲料替代玉米对奶牛干物质采食量、产奶量、养分消化率和乳成分变化上差异不显著，应用甜菜粕在节约成本的同时，还可改善乳成分、提高养分消化率。用甜菜粕替代玉米作为能量饲料基本不会影响奶牛的生产性能及血液代谢指标，同时可降低奶牛的饲养成本。

随着甜菜业的发展及其饲料化研究的深入，甜菜粕作为反刍动物的优良粗饲料的前景广阔。

（4）向日葵粕　向日葵粕为向日葵提取植物油后的副产品，其营养价值十分丰富，尤其蛋白质含量较高，可达到45.7%，粗脂肪17%，粗纤维12.8%。向日葵粕是生产优质配合饲料的高蛋白原料，粗纤维含量相对较高，不宜饲喂单胃动物，多用于反刍动物。

向日葵粕中的赖氨酸含量比豆粕含量低，但精氨酸和色氨酸较多，蛋氨酸含量几乎比豆粕多一倍。向日葵粕可替代一定比例的豆粕饲喂动物，但向日葵粕因其感官、利用手段有限等而使其饲料化利用量受到了一定的限制，亟待通过技术手段加以改善。

二、经济作物副产物饲料化利用的难点及对策

通过综合调查分析，我国对经济作物副产物饲料化利用的难点主要为以下几个方面：

1. 技术支撑不足

与常规饲料相比，经济作物副产物粗纤维含量较高，木质化程度高，不易被畜禽消化，尤其是单胃动物，所以多用于开发为反刍动物饲料，同时其含有的一些抗营养因子影响畜禽对饲料的消化吸收。如秸秆类饲料质地粗硬，适口性较差，采食率低；油菜秸粗纤维含量较高，采用传统处理，不仅会造成污染，也达不到理想效果。甘薯渣、甘蔗渣等糟渣类饲料中水分含量较大，容易发生腐败，不易长期保存和运输。其次，在经济作物副产物纤维素降解、混合日粮研制、添加量的标准等方面还有一些重要技术需要突破。应组织相关单位对经济作物副产物饲料化利用关键技术进行攻关，推进技术创新，加快成果转化，并制定经济作物副产物饲料化利用的规程和标准。

2. 产业化程度不高

由于我国小农经济的长期影响，我国经济作物种植多分布不集中，没有实现规模化种植，经济作物副产物作为饲料原料，不能得到有效的保障，所以生产经

济作物副产物饲料的企业多为小中型企业，很难实现规模化、产业化。

实现经济作物副产物饲料化利用的产业化发展，需要规划统领，并进行机制创新，需要政府对产业和相关企业进行一定的扶持，制定政策鼓励其发展；大中型养殖企业应与经济作物种植基地之间达成长期合作，实现互利互赢；创建从种植到加工再到养殖的一系列产业链，实现经济作物副产物饲料化利用长久可持续的发展。

3. 认识不足、重视不够

我国重视经济作物的最大产出，往往忽视了经济作物副产物的利用价值，没有充分认识到经济作物副产物饲料化利用的必要性和重要性，导致大量的经济作物副产物多被焚烧或者是废弃，造成严重的资源浪费和环境污染。

经济作物副产物得不到有效利用，多是由于种植户和养殖户对其营养价值不明造成的。因此，应做好宣传和技术推广工作。在很多高校和科研院所，已经拥有丰硕的成果，但在其技术推广应用上存在欠缺，没有将科研成果很好地转化到实际生产中去。应建立农业技术服务平台，把科研技术成果与一线生产联系在一起，促进经济作物饲料化利用的发展。

三、经济作物副产物饲料化利用的前景展望

随着近几年畜牧业的高速发展，我国畜牧养殖已经向标准化、集约化迈进，对饲料资源的需求也越来越大，人畜争粮的矛盾也愈发突出，非常规饲料资源的开发已经成为畜牧业可持续发展的热点问题。

促进经济作物副产物资源的充分开发利用，有效减少资源的浪费，降低饲料成本，符合我国发展节粮型畜牧业的战略规划。

通过对经济作物饲料化利用的相关科研成果综合分析发现，经济作物副产物含有丰富的营养物质，结合微生物技术、发酵工程技术和营养平衡技术等能够使不易被消化和采食的经济作物副产物成为动物喜食、促进动物生长、提高产品品质的饲料原料，提高养殖业的经济效益。

环保问题一直是我国近几年最为关注的话题之一，保护环境是一项必须长期坚持的基本国策，但前几年我国只注重于经济作物的产量，忽略了经济作物副产物的价值，尤其秸秆类副产物多被焚烧，造成严重的空气污染，与我国环保政策背道而驰。经济作物副产物的饲料化利用，解决了副产物处理问题，达到了减少环境污染、绿色长期发展的目标。

第三节 新饲料资源开发的一般研究方法与流程

随着国民经济的快速发展及人民生活水平的不断提高，饲料资源的开发既要满足国人对畜牧产品、水产品不断增长的物质需求，又要促进现代饲料工业全面协调可持续健康发展；既要促进饲料产业及其相关行业的发展，又要带动农村经济的全面协调可持续发展。因此，对于资源稀缺的我国来说，如何合理、科学地利用和开发饲料资源，便成为饲料产业发展面临的紧迫而具有现实意义的问题。

新饲料资源的营养价值是指饲料本身所含营养成分及这些营养成分被动物利用后所产生的营养效果。因此新饲料资源开发的关键步骤是饲料资源的营养价值评定。在对未知饲养效果的新型饲料资源开展营养价值评定时，建议可从几个方面进行：第一，需要对饲料资源的主要营养物质、氨基酸、维生素和微量元素做初步的分析测定，并判断其抗营养因子的成分；第二，对毒性不确定的资源，应开展急性毒理试验，经验证无毒害作用的资源方可用于饲料中；第三，对具有特殊功能作用的资源，需要对其功能性因子进行文献查阅和检测；第四，对可用于饲料中的资源开展体外、半体内、动物试验，以逐步确定其在动物饲料中的应用方法，与其他饲料原料的组合效果等。通过上述的系统研究，方可得到新型饲料资源饲料化应用的确切效果，建立使用系统、完善的开发应用技术（图 1-1）。

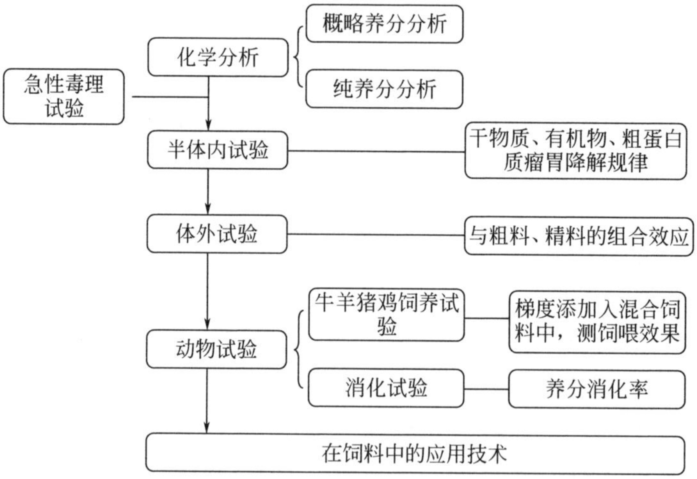

图 1-1 新型饲料资源营养价值研究与开发的一般思路

本节内容主要介绍新饲料资源开发过程中评定饲料营养价值的一般研究方法及主要流程，为新饲料资源的开发提供参考。

一、饲料资源常规营养成分的测定分析

饲料中的化学组成成分的定量分析，是评定饲料营养价值的最基本方法。常规化学分析的组成成分通常包括概略养分、纯养分、有毒有害物质和添加剂等，根据饲料的种类不同，分析的组成成分也不同。

饲料存在状态根据含水量不同，其养分含量的表示基础不同。饲料营养价值一般用三种存在状态表示：

① 新鲜基础（the fresh matter basis）：有时称为湿重或鲜重。新鲜基础的水分变化很大，不便于进行饲料间的比较。

② 风干物质基础（air condition basis）：指空气中自然存放基础或自然干燥状态，亦称为风干状态。该状态下饲料水分含量在13%左右，可用来比较不同饲料的营养组成。大多数饲料以风干状态饲喂动物。

③ 绝干物质基础（dry matter basis）：指完全无水的状态或100%干物质状态。绝干物质基础在自然条件下不存在，在实践中常将原样基础或风干基础下的养分含量换算成绝干物质基础，以便于比较。

概略养分分析法（proximate analysis）又称 Weede 分析法，是 1864 年由德国学者 Henneberg 与 Stohmann 提出的，将饲料中的营养物质分为水分、粗灰分、粗脂肪、粗蛋白质、粗纤维与无氮浸出物 6 大类。这些营养成分又被称为概略养分。概略养分分析法简便便捷，同时经过长期的广泛应用已不断进行了修正，积累了大量的数据，是饲料营养价值评定的基础。

1. 水分

测定的原理为，将样品在 105℃烘箱中烘至恒重，样品的失重即为水分的含量。此方法不很精确，因为在水分蒸发的同时还有一些短链脂肪酸等易于挥发的物质损失。

主要测定步骤包括以下内容：

（1）称量皿编号、清洗　用洗涤灵水清洗称量皿，自来水冲洗干净，蒸馏水冲洗 1 遍以上。用铅笔在称量皿和盖子的磨口处反面分别做好标记。

（2）称量皿烘干　105℃烘箱中开盖烘干 3 小时，打开烘箱门，立即将盖子一一盖严，小心放于干燥器中冷却到室温，准确称量至 0.0002 克，记为 m_1。

（3）样品称量、烘干　用已恒重的称量皿称取两份平行试样，每份 2～5 克（40 目，含水量 0.1 克以上，样品厚度 4 毫米以下），记为 m_2。称量皿盖倾斜盖上，留下一条缝隙，在 105℃烘箱中烘 4 小时（以温度到达 105℃开始计时），打开烘箱门，立即将盖子一一盖严，小心放于干燥器中冷却到室温，准确称量，精确至 0.0002 克，记为 m_3。

结果计算公式为：

$$吸附水分(\%)=(m_1+m_2-m_3)\times 100\div m_2$$

$$干物质(\%)=100-吸附水分(\%)$$

要求每个试样取 2 个平行样进行测定，以其算术平均值为结果。2 个平行样测定值相差不得超过 0.2%，否则需要重做，即（X_1-X_2）≤0.2%。

如果饲料为多汁的鲜样，应预先干燥处理制成风干样品。取干净的搪瓷盘（30 厘米×40 厘米），称取质量，精确至 0.1 克，记为 m_1；称取试样 200～300 克，记为 m_2；平铺样品于 105℃烘箱中干燥 15 分钟灭酶活，将搪瓷盘迅速放于 65℃烘箱中烘干 48 小时，在室温下冷却回潮 24 小时，称重，精确至 0.1 克，记为 m_3。

$$初水分(\%)=(m_1+m_2-m_3)\times 100\div m_2$$

$$多汁鲜样总水分(\%)=初水分(\%)+吸附水分(\%)\times[100-初水分(\%)]$$

2. 粗蛋白质测定（凯氏定氮法）

饲料的粗蛋白质测定大多采用的是凯氏定氮法。各种饲料中的有机物在催化剂的作用下，用浓硫酸进行消化作用，使蛋白质和氨态氮转变成氨，并被浓硫酸吸收为硫酸铵，而非含氮物以二氧化碳、水、二氧化硫的形式逸出。消化液在浓碱的作用下进行蒸馏释放出氨，随水汽经过冷凝管流入硼酸吸收液中，形成硼酸铵，以甲基红溴甲酚绿为指示剂，用盐酸标准液滴定，得出氨的含量，乘以换算系数 6.25，得出粗蛋白质的含量。

在测定过程中可使用全自动凯氏定氮仪。如下操作步骤仅供参考。

（1）试剂的准备（未注明级别的均为分析纯）

① 配制 35%的氢氧化钠溶液（35 克化学纯氢氧化钠溶于 65 毫升蒸馏水中），3～5 升加入碱桶中，盖紧塞子。

② 配制甲基红溴甲酚绿指示剂，称取甲基红 0.5 克、溴甲酚绿 1 克，用 300 毫升 95%乙醇溶解（溶解时间较长）后备用。

③ 蒸馏水配制 2%的硼酸 3～5 升，再把甲基红溴甲酚绿混合指示剂与硼酸

溶液按 1∶100 的比例加入硼酸中，混合均匀，加入硼酸桶中，桶盖拧紧。

④ 配制盐酸标准液，浓度根据被测样品含氮量而定，一般为 0.1 摩/升，对低含量样品用 0.05～0.02 摩/升，动物组织样品，可配制 0.2 摩/升，盐酸浓度用无水碳酸钠标定至精确浓度，加入盐酸桶内。

⑤ 配制催化剂，无水硫酸钠 6 克、五水硫酸铜 0.4 克。

⑥ 盐酸溶液的配制及标定：

按表 1-4 的规定量取盐酸，注入 1000 毫升蒸馏水中，混匀。

表 1-4　盐酸溶液配制时量取盐酸的体积

盐酸标准溶液浓度/(摩/升)	盐酸体积/毫升
1	90
0.5	45
0.1	9

按表 1-5 的规定称取于 270～300℃灼烧（1 小时）至恒重的无水碳酸钠，溶于 50 毫升蒸馏水中，加 10 滴甲基红溴甲酚绿指示剂，用盐酸滴定由绿色变成暗红色，煮沸 2 分钟，冷却后继续滴定至暗红色。同时用蒸馏水作空白试样。

表 1-5　盐酸溶液标定时需量取的无水碳酸钠的质量

盐酸标准溶液浓度/(摩/升)	工作基准试剂无水碳酸钠的质量/毫克
1	1.9
0.5	0.95
0.1	0.2

$$盐酸的浓度(摩/升)=m\times 1000\div(V-V_0)\div M$$

式中，m 为无水碳酸钠的精确质量，克；V 为盐酸的滴定量，毫升；V_0 为空白的盐酸用量，毫升；M 为无水碳酸钠的摩尔质量，52.994 克/摩尔。

（2）样品的消煮

称取 0.5～1.0 克样品（40 目粉碎），准确称量至 0.0002 克，每个样品 2 个平行，用称量纸作 2 个空白对照。加入 10 毫升浓硫酸（脂肪等组织样品可加入 20 毫升浓硫酸），加入约 6 克催化剂（两药匙），放上弯管漏斗，消化炉上 400℃消煮至溶液变成澄清透明（约 4～5 小时），冷却后取出。

（3）样品测定

① 打开仪器侧面的开关，打开自来水开关，并检查冷凝水是否流畅。

② 按“参数设置”，参数顺序为：样品编号（NO.）；盐酸摩尔浓度（M）；

粗蛋白质转换系数（C，为 6.25）；仪器的校正系数（K）；样品质量（W）；加碱量（A）；空白体积（V_0）；输入 M 值、K 值，其余参数均为默认值。将安全推拉门上提拉开，将一支盛有 20 毫升蒸馏水的消化管安装到机器上，按“自动测定”，拉下安全推拉门，仪器开始测定蒸馏水的盐酸滴定量，重复以上操作，直至此数值基本稳定为止。

③ 空白体积测定：同上操作，测定空白样品的盐酸滴定量，取两个样品的平均值为 V_0。

④ 样品测定：同上操作，需输入样品的质量 W，测定完毕将安全门拉开，更改下一个样品质量，换下一个样品消煮管，下拉安全门，仪器开始下一个测定。

（4）仪器的校准

K 值的测定。选用分析纯硫酸铵作为标准样品，称取干燥的硫酸铵 6.6065 克，用蒸馏水定容至 1 升（也可按上述比例计算出实验室测定需要的总量），配制成含氮 1.4 毫克/毫升的标准液（针对 0.1 摩/升盐酸）。取 3 个 20 毫升标准液，同时作空白样品，取得空白值 V_0。K 值取为 1。

$$K = N(\%) \times W \div 1.401 \div M \div (V - V_0)$$

式中，$N(\%) = 0.1401$；$W = 20$ 克；M 为盐酸摩尔浓度；V 为盐酸体积；V_0 为空白体积。

备注：输入的 A 值以加碱后溶液变成黑色为准，如加碱时间不够，可按“手动选择”，进入手动加碱状态（HA），按“手动操作”补加碱液至溶液颜色变黑，按“手动操作”停止此过程。

（5）允许误差

当粗蛋白质的含量在 25%以上时，允许相对偏差为 1%；当粗蛋白质含量在 10%～25%时，允许相对偏差为 2%；当粗蛋白质含量在 10%以下时，允许相对偏差为 3%。

3. 粗灰分（有机物）测定

试样在 550℃灼烧后，所得残渣，用质量分数表示。残渣中主要是氧化物、矿物质类等无机物，也包括混入饲料中的沙石等，称粗灰分。

具体测定步骤如下：

（1）坩埚的准备

① 新坩埚编号：将带盖的坩埚清洗干净烘干后，用钢笔蘸 0.5%的三氯化铁

墨水溶液（称 0.5 克三氯化铁溶于 100 毫升蓝墨水中）编号，于马弗炉中 550℃灼烧 30 分钟。

② 坩埚清洗：超声波清洗 15～30 分钟，清水冲净，蒸馏水冲洗 1 次。

③ 坩埚烘干、称重：将坩埚和盖一起放入烘箱，坩埚盖稍微半开，于 120℃烘干 3 小时，将盖子一一盖好取出，干燥器中冷却到室温，称重，精确至 0.0002 克，记为 m_1。（坩埚初次使用时需在马弗炉内 550℃灼烧约 2 小时。）

（2）样品称量、炭化

在已知质量的坩埚中称取 2～5 克样品（灰分质量在 0.05 克以上，40 目粉碎），每个样品 2 个平行样，记为 m_2，在电炉上逐渐升温炭化至无烟为止（盖子斜盖，留出空隙以便空气流通）。

（3）高温灼烧

将炭化好的样品移入马弗炉内，坩埚盖稍微半开口，于 550℃下灼烧 8～10 小时，当炉膛内温度降至 200℃左右时，用预热的坩埚钳将坩埚盖一一盖好，取出，在空气中冷却 1 分钟，干燥器中冷却到室温（约 30～60 分钟），称重，精确至 0.0002 克，同样灼烧 1 小时，冷却称重，直至两次质量之差小于 0.0005 克为恒重，记为 m_3。

（4）结果计算公式

$$粗灰分(\%)=(m_3-m_1)\div m_2\times 100$$

$$有机物(\%)=100-灰分(\%)$$

粗灰分含量在 5%以上时，允许相对偏差 1%；在 5%以下时，允许相对偏差 5%。

4. 粗脂肪测定

可采用残余法测定。饲料样品经脂溶性溶剂（石油醚）反复抽提，使全部脂肪除去，样品质量和残渣质量之差即为脂肪的质量，浸出的物质除脂肪外，还有一部分类脂物质，如色素、脂溶性纤维等，故称为粗脂肪。本方法适用于各种预混合饲料、配合饲料、浓缩饲料及单一饲料。

测定时可采用全自动脂肪测定仪，操作步骤如下：

① 取脂肪袋用铅笔标号，之后置于天平上归零，称样 1.5～2.0 克（40 目粉碎，0.0002 克）记重 W_1。

② 使用封口机封好袋口，封口位置靠近袋口。

③ 封口后的样品置于 105℃烘箱中 3 小时，取出后放在干燥器中冷却，称

重，准确至 0.0002 克（W_2）。

④ 将脂肪袋放入抽提桶中（9～12 个/次，根据样品的体积而定）。

⑤ 开机前检查石油醚是否够用（液面不可低于粗线的上边缘），若不够重新加，但不得超出第二水平线（从上往下数），石油醚只可使用分析纯试剂，也可以使用分析纯乙醚。

⑥ 打开冷凝水开关（开始无水流出为正常现象），之后打开机器开关，power 灯亮。

⑦ 点击 enter 键，进入设定界面，设定提取时间和温度（up 键和 down 键）。（注：提取时间一般为 60 分钟，提取温度为 90℃，已设定好。）

⑧ 提取完成后，待压力表的指针降到零后，打开抽提桶，取出脂肪袋。

⑨ 将脂肪袋放在通风橱中 3～5 分钟，然后于 105℃烘 3 小时称重（W_3）。（碳水化合物含量低可只烘 30 分钟。）

⑩ 每次抽提完后用棉花清理抽提桶中脂肪。

⑪ 粗脂肪含量计算公式为：

$$\text{粗脂肪}(\%)=100\times\frac{W_2-W_3}{W_1}$$

测一定次数后（液面处石油醚出现淡黄色）需要更换仪器中的石油醚。

5. 总磷的测定

将饲料样品中的有机物破坏，使磷元素游离出来，在酸性溶液中，用钒钼酸铵处理，生成黄色的络合物，在波长 400 纳米下进行比色测定。此方法测定结果为总磷量，其中包括动物难以吸收利用的植酸磷。本方法适用于配合饲料、浓缩饲料、预混合饲料和单一饲料中总磷的测定。

（1）所用试剂及配制

① 盐酸（分析纯）溶液：1＋1(V＋V)。

② 钒钼酸铵显色剂：称取偏钒酸铵 1.25 克，加浓硝酸 250 毫升。另取钼酸铵 25 克，加水 400 毫升加热溶解，冷却后，将此溶液倒入上溶液中，加水定容至 1 升，避光瓶中保存。

③ 磷标准溶液：用称量皿称取一定分析纯的磷酸二氢钾在 105℃烘箱中开盖干燥 1 小时，盖好盖子后于干燥器中冷却 30 分钟，准确称取 0.2195 克，溶解于蒸馏水中，转入 1000 毫升容量瓶中，加浓硝酸 3 毫升，用蒸馏水稀释至刻度，摇匀记为 50 微克/毫升的磷标准溶液。

（2）测定步骤

① 炭化和灰化的步骤同粗灰分测定。

② 在坩埚中加入 10 毫升盐酸溶液和 3 滴浓硝酸，小心煮沸约 10 分钟，温度不宜过高，保持微沸状态。将此溶液经过滤转移至 100 毫升容量瓶中，用热蒸馏水洗涤坩埚 3～5 次，洗涤漏斗中的滤纸 3～5 次。冷却至室温，混匀、定容即为试样分解液。

③ 标准曲线绘制。准确移取磷标准液 0 毫升、1.0 毫升、2.0 毫升、5.0 毫升、10.0 毫升、15.0 毫升于 50 毫升容量瓶中，各加入钒钼酸铵 10 毫升，定容、摇匀。放置 10 分钟，以 0 毫升溶液为参比，用 10 毫米比色皿，在 400 纳米波长下，测定各个溶液的吸光度（分光光度计提前预热 30 分钟），以磷浓度（微克/毫升）为纵坐标 y，吸光度为横坐标 x，在 EXCEL 中绘制标准曲线并得到计算公式。

④ 样品测定。准确移取分解液 1～10 毫升（含磷量 50～750 微克）于 50 毫升容量瓶中，记为 V，加入钒钼酸铵显色剂 10 毫升，定容混匀。放置 10 分钟，用 10 毫米比色皿，在 400 纳米波长下，测定各个溶液的吸光度。用标准曲线算得分解液的磷浓度，记为 C。

（3）结果计算公式

$$总磷的含量(\%)=(C\times50\times10^{-6})\div(m\times V\div100)\times100=0.5C\div m\div V$$

式中，m 为样品质量，所得结果精确到两位小数。含磷量在 0.5%以上的，允许相对偏差 3%；含磷量在 0.5%以下的，允许相对偏差 10%。

6. 粗饲料中 NDF、ADF 的测定（滤袋法）

应用中性洗涤剂分析饲料。使植物性饲料中大部分细胞内容物溶解于洗涤剂中，溶于洗涤剂中的内容物称为中性洗涤剂溶解物（NDS），其中包括脂肪、糖类、淀粉和蛋白质，其余的不溶解残渣主要是细胞壁的组分，称为中性洗涤纤维（NDF），其中包括纤维素、半纤维素、木质素、硅酸盐和少量的蛋白质。

应用酸性洗涤剂可将 NDF 各组分进一步区分，植物性饲料可溶于酸性洗涤剂的部分称为酸性洗涤剂溶解物（ADS），包括 NDS 和半纤维素，剩余的残渣称为酸性洗涤纤维（ADF），其中包括纤维素、木质素和硅酸盐。

应用 72%的硫酸消化 ADF，纤维素被溶解，残渣为木质素和硅酸盐，从 ADF 值中减去 72%硫酸消化后的残渣即为纤维素的含量。

将上述残渣灰化，灰分即为硅酸盐的含量。

（1）试剂及配制

① 中性洗涤剂（30 克/升十二烷基硫酸钠溶液）。称取 18.61 克乙二胺四乙酸二钠（化学纯）和 6.81 克四硼酸钠同时放入 1000 毫升的烧杯中，加少量水加热溶解后，再加入 30 克十二烷基硫酸钠和 10 毫升乙二醇乙醚。称取 4.65 克无水磷酸氢二钠，置于另一烧杯中，加少量水，微微加热溶解后倾于第一个烧杯中，稀释至 1000 毫升。

② 酸性洗涤剂（20 克/升十六烷基三甲基溴化铵）。称取 20 克十六烷基三甲基溴化铵，溶于 1000 毫升已经标定过的 0.5 摩/升的硫酸溶液中，搅拌溶解。

（2）测定步骤

① 将空纤维袋用铅笔双面标号，在 105℃烘箱中烘干 3 小时，干燥器中冷却，称重记为 m_1，称取 0.5～1.0 克样品（40 目粉碎），记为 m_2，用封口机封口。

② 取干净的 600 毫升高脚烧杯，每个烧杯中加入 1.3 克无水亚硫酸钠，放入 3 个待测纤维分析袋而后加入 260 毫升中性洗涤剂，用白色塑料板压住（成正“伞”形）。

③ 将高脚烧杯放在加热板上，盖上通有冷凝水的玻璃盖，打开自来水，打开电炉。从煮沸开始计时，调节温度旋钮，保持微沸 1 小时。

④ 关闭电炉，取出纤维分析袋用自来水冲洗干净，用丙酮浸泡 1～2 小时，再用丙酮冲洗 3 遍（一般可至液体无色）。

⑤ 将纤维袋置于通风橱中将丙酮挥发干净，放入 105℃烘箱烘干 4 小时，称重记为 m_3。

⑥ 将 3 个测定完 NDF 的纤维分析袋放入 600 毫升高脚烧杯中，而后加入 260 毫升酸性洗涤剂，随后步骤同 NDF 测定。烘干后，纤维袋称重记为 m_4。

⑦ 含量计算公式为：

$$\mathrm{NDF}(\%)=(m_3-m_1)\times100\div m_2$$

$$\mathrm{ADF}(\%)=(m_4-m_1)\times100\div m_2$$

7. 原子吸收法测定矿物质含量

本方法适用于饲料中矿物质的测定。本方法的检出限为钾、钠，500 毫克/千克；钙、镁，50 毫克/千克。

试剂和溶液仅使用分析纯试剂，水应符合 GB/T 6682 三级用水。其中：

盐酸：$c_{\mathrm{HCl}}=12$ 摩/升（$\rho=1.19$ 克/毫升）；

盐酸溶液：$c_{\mathrm{HCl}}=6$ 摩/升；

盐酸溶液：c_{HCl}＝0.6 摩尔/升。

硝酸镧溶液：溶解 133 克的 $La(NO_3)_3 \cdot 6H_2O$ 于 1 升水中。如果配制的溶液镧含量相同，可以使用其他镧盐。

氯化铯溶液：溶解 100 克氯化铯（CsCl）于 1 升水中。如果配制的溶液铯含量相同，可以使用其他的铯盐。

镧/铯空白溶液：取 5 毫升硝酸镧溶液、5 毫升氯化铯溶液和 5 毫升盐酸溶液（6 摩/升）加入 100 毫升容量瓶中，用水定容。

所有的容器，包括配制校正溶液的吸管，在使用前用盐酸溶液（0.6 摩/升）冲洗。如果使用专用的坩埚，每次使用前不需要用盐酸煮。

主要测定步骤如下：

① 同灰分测定（如果不需要测定灰分，不需要称量空坩埚重和灰化后总重），一般取样在 2 克左右为宜，精确到 0.0002 克，放进坩埚中。尿液取 10 毫升在电炉上微热蒸干。

② 取 5 毫升盐酸溶液（6 摩/升），开始慢慢一滴一滴加入，同时旋动坩埚，直到不产生气泡为止（可能产生二氧化碳），然后再快速加入，旋动坩埚并加微热直至内容物近乎干燥，在加热期间务必避免内容物溅出。用 5 毫升盐酸溶液（6 摩/升）加热溶解残渣后，将液体倒入装有滤纸的漏斗中，分 3 次用 5 毫升左右的水冲洗坩埚，并转移到 50 毫升容量瓶中，用水冲洗滤纸 3 次。待其冷却后，用水稀释定容，作为母液密封保存。

③ 母液稀释：不同的样品中矿物质含量不同，不能使用同样的稀释倍数进行稀释，具体稀释倍数需要根据具体情况有所调整，见表 1-6。

表 1-6　钙、镁、钠、钾含量测定中稀释倍数表

样品	测定指标	母液量/微升	硝酸镧量/毫升	氯化铯量/毫升	盐酸（6 摩/升）量/毫升	定容至/毫升
饲料	钙、镁、钠、钾	50	0.5	0.5	0.5	10
粪	钙、镁、钠、钾	50	0.5	0.5	0.5	10
尿	镁、钠、钾	200	0.5	0.5	0.5	10
	钙	800	0.2	0.2	0.2	4
骨骼	钙、镁、钠	50	2.5	2.5	2.5	50
	钾	40	0.2	0.2	0.2	4
肌肉	镁、钠、钾	50	0.5	0.5	0.5	10
	钙	200	0.2	0.2	0.2	4

续表

样品	测定指标	母液量/微升	硝酸镧量/毫升	氯化铯量/毫升	盐酸(6摩/升)量/毫升	定容至/毫升
脂肪	钠、钾	300	0.5	0.5	0.5	10
	钙、镁	1000	0.5	0.5	0.5	10
皮	钠、钾	50	0.5	0.5	0.5	10
	钙、镁	500	0.5	0.5	0.5	10
毛	钠、钾	50	0.5	0.5	0.5	10
	钙、镁	250	0.5	0.5	0.5	10
内脏	镁、钠、钾	50	0.5	0.5	0.5	10
	钙	200	0.2	0.2	0.2	4

④ 上机测定（主要参考原子吸收仪用户手册，手册中步骤较详细，不再赘述，在此只说明饲料和组织样测定的特殊性）。

钙、镁、钠、钾测定的条件控制见表1-7。

表1-7　钙、镁、钠、钾测定条件

元素	波长/纳米	电流/毫安	能量显示值	窄缝/纳米	乙炔流量/(升/分)	空气流量/(升/分)
Ca	422.5	10	71	0.7	2.2	17.0
Mg	285.2	6	64	0.7	2.0	17.0
Na	589.0	5	69	0.2	2.0	17.0
K	766.5	12	89	0.7	2.0	17.0

钙、镁、钠、钾标准曲线的浓度梯度设置见表1-8。

表1-8　钙、镁、钠、钾标准曲线梯度表　　单位：微克/毫升

瓶号	钙	镁	钠	钾
1	0	0	0	0
2	1	0.1	0.5	0.5
3	3	0.3	1	1
4	5	0.5	1.5	2
5	7	1	2	3
6	10	2	3	5

另外需要注意：

① 开机后要预热元素灯到能量显示值稳定，吸蒸馏水使火焰燃烧10分钟左右，待其火焰稳定为淡蓝色无杂质时方可开始元素测定。

② 每隔两天要重做标准曲线，以消除仪器误差。重配更换硝酸镧、氯化铯、盐酸或蒸馏水时要重做标准曲线。

③ 调零所用的蒸馏水每天要更换。

④ 燃烧头要每天用酒精棉球擦洗，当火焰中有杂质时，用 0.6 摩尔/升盐酸溶液将燃烧头浸泡过夜，用蒸馏水冲洗后方可使用。

二、康奈尔净碳水化合物-蛋白质体系

1. 康奈尔净碳水化合物-蛋白质体系（CNCPS）介绍

饲粮中的碳水化合物和蛋白质是反刍动物能量和氮的来源。多年来，反刍动物饲料营养价值的评定主要集中在碳水化合物和蛋白质的组分含量、它们在瘤胃内降解和流通的规律以及到达后肠道的消化代谢的研究。目前旧的能量和蛋白体系正逐渐被完善，新的体系正向模型化方向发展。康奈尔净碳水化合物-蛋白质系统（cornell net carbohydrate and protein system，CNCPS）是 20 世纪 90 年代推出的模型体系。自 CNCPS 第 1 版于 1992～1993 年以 4 篇系列论文的形式问世后，经过不断改进和完善已发展至 CNCPS 6.1 版本。该体系包括净蛋白质体系和碳水化合物亚模型两部分，其核心是根据瘤胃微生物对氮和能量的利用不同将微生物划分为两类：发酵非结构性碳水化合物（NSC）微生物和发酵结构性碳水化合物（SC）微生物。SC 微生物只发酵细胞壁碳水化合物，仅利用氨作氮源，肽对其生长不产生促进作用；而 NSC 微生物发酵淀粉、果胶、糖类等，可利用氨、氨基酸和肽等作氮源，肽对其生长有较强的促进作用。同时，根据饲料在瘤胃中的降解度，将碳水化合物分为 CA、CB_1、CB_2 和 CC 4 个部分。其中 CA 表示糖类，在瘤胃降解快速；CB_1 表示淀粉和果胶，为中速降解部分；CB_2 表示可利用的细胞壁，为缓慢降解部分；CC 表示不可利用的细胞壁，为不能降解部分。碳水化合物中的不可消化纤维总量以木质素含量的 2.4 倍计算。CA 与 CB_1 属于 NSC；CB_2 与 CC 属于 SC。将饲料中的蛋白质划分为可溶性蛋白（soluble protein，SOLP）与非可溶性蛋白（insoluble protein，ISOP）两大类，在此基础上又划分为 PA、PB、PC 三部分，PA 表示非蛋白氮，可溶于缓冲溶液。PB 表示真蛋白（分为 PB_1、PB_2 和 PB_3），其中 PB_1 能溶于缓冲溶液，属快速降解部分；PB_2 不溶于缓冲溶液而溶于中性洗涤剂，属中速降解部分，可在瘤胃中发酵，部分可进入后部消化道而被动物消化利用。PC 表示不可利用氮，它含有与木质素结合的蛋白质、单宁蛋白质复合物和各种高度抵抗微生物和哺乳类酶类的

成分，在酸性洗涤剂中不能被降解（acid detergent insoluble protein，ADFIP），也不能被瘤胃微生物降解，在后肠道也不能被消化。

2. CNCPS 计算方法

CNCPS 就是通过测定饲料的粗蛋白质（CP）、粗脂肪（EE）、粗灰分（Ash）、非蛋白氮（NPN）、SOLP、ADFIP 及 ADF、NDF、酸性洗涤木质素（ADL）和淀粉的含量，利用 CNCPS 提出的计算方法计算饲料 CP 中的 PA、PB_1、PC、PB_2、PB_3 和碳水化合物中的 CC、CB_1 和 CA，对反刍动物的饲料营养价值进行评价。CNCPS 中饲料蛋白质和碳水化合物各组分的计算方法如下：

蛋白质各组分的计算方法：

PA(%CP)＝NPN(%SOLP)×0.01×SOLP(%CP)

PB_1(%CP)＝SOLP(%CP)－PA(%CP)

PB_3(%CP)＝NDFIP(%CP)－ADFIP(%CP)

PC(%CP)＝ADFIP(%CP)

PB_2(%CP)＝100－PA(%CP)－PB_1(%CP)－PB_3(%CP)－PC(%CP)

碳水化合物（CHO）各组分的计算方法如下：

CHO(%DM)＝100－CP(%DM)－EE(%DM)－Ash(%DM)

CC(%CHO)＝100×[NDF(%DM)×0.01×ADL(%NDF)×2.4]/CHO(%DM)

CB_2(%CHO)＝100×[NDF(%DM)－NDFIP(%CP)×0.01×CP(%DM)]－[NDF(%DM)×0.01×ADL(%NDF)×2.4]/CHO(%DM)

CNSC(%CHO)＝100－CB_2(%CHO)－CC(%CHO)

CB_1＝Starch(%NSC)×[100－CB_2(%CHO)－CC(%CHO)]/100

CA(%CHO)＝[100－Starch(%NSC)]×[100－CB_2(%CHO)－CC(%CHO)]/100

式中，NDFIP（%CP）为中性洗涤不溶粗蛋白质占饲料粗蛋白质的百分比；CNSC（% CHO）为非结构性碳水化合物占碳水化合物的百分比。

3. 碳水化合物和蛋白质组分在瘤胃及肠道内的降解规律

（1）在瘤胃内的降解规律　对反刍动物来说，饲料中的一部分碳水化合物和蛋白质会在瘤胃中被微生物降解，为微生物提供能量及合成微生物蛋白，进而流入小肠被消化吸收利用。由于不同碳水化合物及蛋白质组分的结构不同，其在瘤胃内慢速降解部分的降解速率（K_d）存在差异。各组分被降解的数量由各自的 K_d 和流通速率（K_p）共同决定。因此，研究碳水化合物和蛋白质各组分在瘤胃及肠道内的降解规律，对于准确预测饲料有效营养成分具有重要意义。随着新研究成果的发现，CNCPS 不断发展与完善，所得到的碳水化合物和蛋白质组分的 K_d 发生了变化。CNCPS 6.1 增加了碳水化合物 CA_1、CA_2、CA_3 组分及其 K_d；CA_4 和蛋白质各组分的 K_d 发生改变，如前期版本 CA_4 的 K_d 为 300%～500%/时是基于单一糖类、单一瘤胃细菌体外发酵的研究结果，与瘤胃真实代谢状况不符，Molina 等采用混合糖类培养多种瘤胃细菌，得出 CA_4 的 K_d 为 40%～60%/时；PA 的 K_d 由 10000%/时降至 200%/时，原因是 K_d 为 10000%/时意味着在 36 秒内非蛋白氮被瘤胃微生物摄取利用是不切实际的，该值应为非蛋白氮在瘤胃内的溶解速率。此外，各组分的 K_d 在一定范围内变化，原因是不同饲料的化学成分不同。

（2）在肠道内的降解规律　碳水化合物中部分乳酸和有机酸能通过瘤胃进入小肠。CA_1、CA_2、CA_3 和 CA_4 的小肠消化率均为 100%，但不同饲料的 CB_1 及 CB_2 小肠消化率存在差异，在 50%～97%的范围内变化。由于小肠内缺乏消化纤维素和半纤维素的酶，纤维素和半纤维素的降解主要依靠纤维降解菌，因此 CB_3 部分的小肠消化率仅为 20%。CC 不被降解利用，小肠消化率为 0。蛋白质组分 PA、PB_1、PB_2 和 PB_3 的小肠消化率，前 3 部分均为 100%，第 4 部分为 80%。

4. CNCPS 的特点

CNCPS 是将饲料的粗蛋白质分为快速降解部分（PA+PB_1）、缓慢降解部分（PB_2+PB_3）和不可降解部分（CC），因此对饲料的评定效果与尼龙袋技术相似。但 CNCPS 评定方法的特点是：

① 根据瘤胃降解率及小肠消化率，将 CP 划分为五类，更细致、更科学。

② 首次建立了各种饲料可提供的小肠可吸收氨基酸（AAA）数量和动物氨基酸（AA）需要量的动态模型，为反刍动物 AA 动态营养的研究与应用奠定了基础。

③ 依据瘤胃降解率及小肠消化率，首次对 CHO 作了分类，不仅用于通过有效 CHO 估计微生物产量，同时用于估计饲料的能量含量。

④ 对微生物蛋白的产量估计更科学。

⑤ 首次以计算值推算饲料的能量含量，计算过程考虑了多种因素，所以表观可消化养分（TDN）及由此推算的代谢能（ME）、净能（NE）是可变值，而不是恒值。

⑥ 首次以等价缩水体重（EQSW）为基础估计维持能量及维持蛋白质、AA需要量，以及产品产量及成分，通过吸收养分的利用率估计生产时的AAA或NE需要量。

⑦ 很好地考虑到了单一饲料配合使用的组合效应。

⑧ CNCPS的每一环节充分体现了动态观点，它未给出饲料具体能值或具体可吸收蛋白质的数量，认为饲料的营养价值是特定值而非恒值，取决于饲料、动物及饲养三个方面，只列出了需考虑的品种、环境、饲养等多种因素的回归公式，扩大了应用面。

另外，CNCPS将饲料的化学成分分析与植物的细胞及反刍动物的消化利用结合起来，测定指标多、速度快、影响因素少，使分析结果更有参考价值，同时也不需要瘘管动物，具有操作简单、易于标准化、便于将计算机技术应用于反刍动物饲料配方等优点，充分体现了动态观点，强调饲料、动物及饲养三者之间的相互作用。此外，CNCPS法的分析结果还区分了非蛋白氮、真蛋白质、淀粉和糖类，因而比尼龙袋技术的测定结果更精确。目前，CNCPS的计算机软件系统已经发布多个版本，在北美、欧洲一些国家如美国和加拿大获得广泛应用。

三、抗营养因子测定

饲料原料种类很多，营养价值各不相同，有些原料中还含有一些抗营养因子，如大豆中含有抗胰蛋白酶、谷物类饲料中含有非淀粉多糖、棉籽饼中含有游离棉酚等，都会影响畜禽对营养物质的消化和利用，甚至还会对畜禽产生一些有害作用。抗营养因子是指饲料中所含的一些对养分在动物体内的消化、吸收、代谢及动物的健康产生不良影响的物质。抗营养因子以不同的方式和程度影响动物对养分的消化、吸收以及动物的健康。所以必须采取有效措施，消除或降低抗营养因子的含量，以提高饲料中营养物质的利用率。近年来对饲料中的抗营养因子及其灭活方法的研究非常活跃。

1. 抗营养因子的抗营养作用

抗营养因子普遍存在于植物界，作为饲料原料的各种豆类及其饼粕、谷实类及其糠麸等都含有抗营养物质，同一种饲料中可以含有多种抗营养因子，同一种抗营养因子也可能存在于多种饲料中。

（1）蛋白酶抑制因子　蛋白酶抑制因子主要存在于豆类及其饼粕和某些块根、块茎类中。它抑制胰蛋白酶、胃蛋白酶、糜蛋白酶的活性，其中最重要的是胰蛋白酶抑制因子。胰蛋白酶抑制因子的抗营养作用主要表现在以下两个方面：①与小肠液中胰蛋白酶结合生成无活性的复合物，降低胰蛋白酶的活性，导致蛋白质的消化率和利用率降低；②引起蛋白质内源性消耗。动物体内蛋白质内源性消耗主要是负反馈调节机制的作用造成的。胰蛋白酶大量补偿性分泌，会造成体内含硫氨基酸的内源性丢失，使动物生长受阻。此外，也会造成动物体胰腺的肥大和增生，出现消化吸收功能失调和紊乱，严重时出现腹泻。

（2）植物凝集素　植物凝集素主要存在于豆类籽粒及其饼粕中。植物凝集素多数是糖蛋白，可结合红细胞、淋巴细胞或小肠壁表面绒毛上的特定糖基，使绒毛产生病变和异常，干扰消化吸收过程；同时，也对免疫系统产生影响。研究表明，不同类型的凝集素在肠道内的不同部位结合能力也不同。大豆和菜豆的凝集素多与小肠前段上皮细胞的多糖受体结合，而豌豆的凝集素则主要与小肠后段的上皮结合。凝集素与小肠绒毛结合导致功能紊乱，影响营养物质的消化和吸收。给小鼠饲喂纯凝集素使体脂肪损失增加，体内糖原减少。凝集素还会影响动物的免疫系统。给动物饲喂菜豆时，其肠壁内肥大细胞减少，肠壁血管的通透性增强，血清蛋白渗入肠腔，降低体液中血清蛋白量，动物的免疫力下降。

（3）植酸　植酸集中存在于谷粒外层中，故麦麸、米糠中植酸含量尤其高；豆类、棉籽、油菜籽及其饼粕中也含有植酸。植酸是植物性饲料中磷的存在形式，能与金属离子形成稳定的络合物——植酸盐。植酸盐与蛋白质、淀粉、脂肪结合，使内源淀粉酶、蛋白酶、脂肪酶的活性降低，影响消化。

（4）非淀粉多糖　非淀粉多糖主要是β-葡聚糖、阿拉伯木聚糖和果胶等多糖类物质。一般认为，非淀粉多糖的抗营养作用与其黏性及对消化道生理和肠道微生物区系组成的影响有关。可溶性非淀粉多糖使食物的黏度升高，影响消化酶与底物接触和消化产物向小肠上皮绒毛渗透。非淀粉多糖还可与消化酶或增强消化酶活性所需的其他成分（如胆汁酸和无机离子）结合而影响消化酶的活性。另外，非淀粉多糖是细胞壁的组成成分，不能被消化酶水解，使细胞内容物不能被充分利用。

（5）单宁　单宁是水溶性多酚类物质，主要存在于高粱和豆科籽实中。单宁与胰蛋白酶和淀粉酶或酶的底物反应，降低蛋白质和碳水化合物的利用率；单宁也可以与金属离子等化合形成沉淀。单宁还可以与维生素 B_{12}形成络合物而降低其利用率。

（6）游离棉酚　游离棉酚是一种细胞毒素和血管神经毒素。其活性醛基和羟基可以和蛋白质结合，降低蛋白质的利用率。游离棉酚刺激胃肠黏膜，引起黏膜发炎、出血，并能增加血管壁的通透性，使受害组织发生血浆性浸润。它可与蛋白质和铁结合，损害血红蛋白中铁的作用，引起缺铁性贫血。它还可溶于磷脂，在神经细胞中积累，使神经细胞的功能发生紊乱。

（7）糖苷　主要是硫代葡萄糖苷，其本身无毒，水解产物有噁唑烷硫酮、异硫氰酸酯、硫氰酸酯等。噁唑烷硫酮阻碍甲状腺素的合成，导致甲状腺肿大。异硫氰酸酯有辛辣味，长期或大量饲喂会引起肠炎。皂角苷是豆科饲料中的一类糖苷，含量较低，可抑制消化酶和代谢酶，具有溶血作用。

（8）抗维生素因子　抗维生素因子的抗营养作用分为两种类型：一种是破坏维生素活性，降低其效价（如脂肪氧化酶）；另一种是其化学结构与对应维生素相似，干扰动物对该维生素的利用，引起该维生素缺乏（如抗维生素 K 因子）。

（9）生物碱　羽扇豆、马铃薯等含有糖基生物碱，其中主要是茄蛋白酶，茄蛋白酶会引起人畜肠道和神经功能紊乱，某些生物碱还具有抑制胆碱酯酶的作用。

2. 抗营养因子的灭活

对于饲料原料中的抗营养因子，可采用物理、化学或生物学方法破坏或降低。

（1）物理方法

① 加热法。通过加热来破坏饲料原料中的一些不稳定因子，比如蛋白质消化酶抑制剂等。

② 扒皮加工方法。谷物类植物种子的外壳中存在大量的多糖因子，大豆和高粱的外皮中存在大量的酚化合物、含氧代苯丙醇以及六磷酸肌醇等抑制养分分子。对种子外皮进行加工能够除去这些抗营养因子，相对提升蛋白质所占百分比，提高其利用率。

③ 水浸法。利用单宁易溶于水的特点来去掉单宁。高粱含有大量的缩合单宁，可以把高粱放在水中浸泡煮沸，这种方法大概可以除去 70%的单宁。

④ 蒸汽处理。常压加热的温度低，一般在 100℃以下。常压蒸汽处理 30 分钟左右，大豆中的胰蛋白酶抑制因子活性可降低 90%左右，而不破坏赖氨酸的活性。高压蒸汽处理时，加热时间随温度、压力、pH 及原料性质而不同。全脂大豆在 120℃蒸汽加热 7.5 分钟胰蛋白酶抑制因子从 20.6 毫克/克降低到 3.3 毫克/克。

⑤ 微波处理。通过微波辐射，原料中的极性分子（水分子）震荡，使电磁能转化为热能，使抗营养因子灭活。其效果与原料中的水分含量和处理时间有关。加热 15 分钟，胰蛋白酶抑制因子的活性可降低 90%。而胰蛋白酶是反刍动物瘤胃内重要的消化酶。

⑥ 炒烤处理。190℃时 10～60 秒即可使大豆中的植物凝集素彻底被破坏。以 120℃/15 分的速度干热豇豆，胰蛋白酶因子、植物凝集素、总单宁含量降低，聚合单宁和植酸的含量基本没有变化。

⑦ 膨化处理。原料受到的压力瞬间下降而使其膨化，导致抗营养因子灭活。豆类中的胰蛋白酶抑制因子的活性随着膨化温度的升高而逐渐降低。植物凝集素对热很敏感，在温度达 120℃时所有植物凝集素全部失活。膨化涉及许多参数，如孔径、物料的粒径和含水量等，因此不同的试验条件下所得的结果有所不同。干膨化处理可使大豆中的胰蛋白酶抑制因子的活性下降 80%，脲酶和脂肪氧化酶的活性降至较低水平，是目前国内外较理想的抗营养因子灭活方法。

（2）化学方法　化学钝化是指在饲料中加入化学物质，并在一定条件下反应，使抗营养因子失活或活性降低，达到钝化的目的。近年来，人们在用化学方法钝化抗营养因子方面取得了较大进展。如亚硫酸钠处理法、半胱氨酸处理法以及 $H_2O_2+CuSO_4$ 处理法等。这些方法费用较高，国内应用较少。对于已污染黄曲霉毒素的饲料，可用有机溶剂如氯仿、甲醇等进行提取，还可用氢氧化钠、高锰酸钾等处理。硫代葡萄糖苷的水解酶可用硫酸铜灭活，其他金属如铁、镍、锌的盐等也能将硫代葡萄糖苷的水解产物去除。用 1%硫酸亚铁处理菜籽粕可显著减轻甲状腺肿，提高日增重和饲料效率。硫酸亚铁中的亚铁离子还能与游离棉酚结合，使之失活。用化学方法钝化饲料抗营养因子是一种有效的方法。但应当注意，有些化学试剂有残留，会对动物体产生毒副作用。

（3）生物学方法

① 酶处理法。酶制剂可以灭活和钝化饲料中的抗营养因子。酶制剂有单一酶制剂和复合酶制剂。植酸酶是应用最广泛的单一酶制剂。植酸酶能水解植酸和植酸盐，释放磷等有用元素并使植酸抗营养作用消失。饲粮中添加植酸酶会增加钙、镁、磷等的沉积量。添加 β-葡聚糖酶能提高大麦-豆粕型饲粮的粗蛋白质、能量和大部分氨基酸的消化率；也可提高小麦-豆粕型饲粮的能量消化率。复合酶制剂可同时降解多种抗营养因子，能最大限度地提高饲料的营养价值。由 β-

葡聚糖酶和果胶酶、阿拉伯木聚糖酶、甘露聚糖酶、纤维素酶组成的NSP酶就能对多种饲料起作用。使用这个方法的一般原因在于幼畜的消化道发育不完全，而该方法可消除动物对外源性蛋白的免疫反应和未利用养分在后肠的发酵等不良反应。

② 发酵法。发酵法具有加工和处理条件、工艺设备要求简单，能够强化部分不好吸收的饲料的吸收率，增加动物的食用量等特点。

③ 发芽法。使种子萌发的方法也可以分解种子类饲料原料中的抗营养因子，如大豆中含有的胰蛋白酶抑制因子、糖蛋白和酚类化合物等，均会有一定水平的降低。

④ 育种法。如今研究的植物中已经有了抗营养因子含量极低或不含的实例，如酚类化合物含量极低的高粱作物等作为今后的研究对象将受到重点关注。而在此基础上我们可以寻找降低或者排除抗营养因子的方法，为今后的研究提供理论与实践依据。

研究饲料原料中的抗营养因子，有助于提高进料加工的效率，开发新的饲料资源，对动物营养调控理论研究具有重要意义。

四、体外产气法

饲料营养价值评定是从饲料和动物两个方面进行的全面评价。其中活体外产气量法（in vitro gas production method，以下简称体外产气法）是1979年由德国霍恩海姆大学动物营养研究所Menke等人建立的，是基于饲料样品在体外用瘤胃液发酵所产生气体（CO_2和CH_4）的比率来估计有机物消化率的快速方法，是目前全世界采用最多的用来评价反刍动物饲草饲料营养价值的方法之一。国外文献多称该方法为HFT（Hohenheimer Futterwert test或Hohenheim gas test）技术，是目前发达国家采用最多的用来评价放牧家畜饲草饲料饲用价值的技术之一。自20世纪90年代初以来，体外产气法由于能够较好地模拟瘤胃中的发酵历程和预测体内物质消化率，引起了营养学家们的很大兴趣。人工瘤胃产气法的应用范围很广。利用活体外产气量可以比较准确地估测饲料的瘤胃有机物质消化率和绵羊干物质采食量；估计单种饲料或混合饲料的代谢能值；测定饲料添加剂和瘤胃调控剂的作用效果；研究某种饲草是否含有棉酚、单宁等抗营养因子及其作用程度；评定瘤胃中各种微生物区系对于发酵的相对贡献；估测动物代谢产生的对环境有害的气体数量，以及用于在植物育种工作中选择营养价值高的品种等。

该方法的优点是快速、简单、成本低，且测定结果的重现性好等。

体外产气法由于能够较好地模拟瘤胃中的发酵过程，且可通过分析饲料对瘤胃发酵产气量、pH、氨态氮（NH_3-N）和挥发性脂肪酸（VFA）浓度，以及体外干物质降解率（IVDMD）等指标的影响，对判断饲料中的能氮是否符合瘤胃微生物发酵所需，是否可被高效利用具有重要地位。自 1988 年 Menke 等成功应用体外产气法预测发酵底物的营养价值以来，该技术因其简便、经济、评价效率高等优点最终成了一种评价反刍动物粗饲料营养价值的简单有效的方法。孟庆翔等的一系列研究证明了体外产气法与体内法有很高相关性（$R>0.97$），使得该方法越来越多地应用在反刍动物饲料的营养研究领域（图 1-2）。

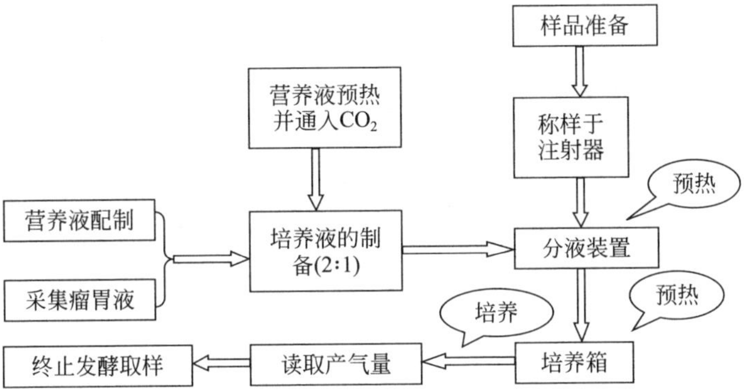

图 1-2 体外产气法的操作方法示意图

下面以中国农业科学院饲料研究所反刍动物生理与营养实验室的方法为例，介绍体外产气法的操作过程。

1. 所需的仪器及材料

需要准备二氧化碳气罐、除氧铜柱、恒温培养箱、水浴培养箱、分液装置、恒温及磁力搅拌体系装置、纱布和漏斗、玻璃培养管（带刻度的注射器，密闭性能好）、分析天平等。

2. 仪器设备与培养液配制

（1）仪器设备

① 玻璃培养管：1 个批次培养需要 57 支，为德国制造特种玻璃注射器，长度 27 厘米，内径 3 厘米，在 100 毫升范围内具有刻度显示，最小分度 1 毫升。在注射器前端的 3.5 厘米延伸管外套有硅橡胶软管，用特制 PVC 止水夹将硅橡胶软管夹紧。

② 人工瘤胃培养箱：德国霍恩海姆大学经典的人工瘤胃培养箱具有 1 个可以承载 57 支培养管的圆形 PVC 材质转盘，模拟瘤胃蠕动的转速为 1 转/分，通过变速电机来实现。箱体内通过电热管实施自动加热功能，并通过风扇转动保证箱内空气温度均匀。中国农业大学最新研制的培养箱为水浴摇床式设计，克服了德国设备采用空气作为导热介质温度变化范围大的缺点，而且震荡速度可调，每个培养箱可以承载 56 支培养管。

③ 二氧化碳气罐及气体：采用市售 CO_2 气体（纯度 99.99%）作为进行厌氧条件产生和维持的气源。由于市售 CO_2 气体中含有氧气，需要利用加热至 350℃特制的除氧铜柱制备无氧 CO_2 气体。

④ 恒温培养箱：采用上海华联医疗器械有限公司制造的 DHP-9162 型恒温培养箱作为预热玻璃培养管的装置。试验前应将培养管在预热状态下涂适量的凡士林，加样后的培养管在培养箱中预热至 39℃。

⑤ 恒温水浴箱：采用北京长安科学仪器厂制造的 HH. wzi. cr600 型电热恒温水浴箱，在试验前将足量的水预热至 39℃用于采集瘤胃液时的保温以及为培养管在分液过程中提供缓冲环境。

⑥ 分液装置：采用 OPTIFIX 型通用分液装置（universal dispenser）用于培养液的分装，分装范围从 0～50 毫升，最小刻度为 1 毫升。且该分液装置具有进气和出气管道，可以通入 CO_2，保证培养液的厌氧环境。

⑦ 恒温及磁力搅拌体系装置：采用德国 Julabo Labortechnik Gmbh D-7633 Seelbach 生产的 p/1 型恒温装置及 Janke&Kunkel Gmbh&Co. KG IKA-Werk. D 7813 Stauten T. Breisgau 生产的 Typ RCO Nr 型磁力搅拌器，用于保证培养液的恒温及混合均匀。恒温装置采用循环水系统保证培养液的温度保持 39℃，循环水及磁力搅拌器的频率均为 50 赫兹。

⑧ 瘤胃液供体动物：带有永久性瘤胃瘘管的动物。

⑨ 医用纱布：标准的医用纱布，用于瘤胃液的过滤。

⑩ 漏斗：瓷制漏斗，用于瘤胃内容物的过滤。

（2）培养液配制

① 微量元素溶液（A 液）：

氯化钙	$CaCl_2 \cdot 2H_2O$	13.2 克
氯化锰	$MnCl_2 \cdot 4H_2O$	10.0 克
氯化钴	$CoCl_2 \cdot 6H_2O$	1.0 克

三氯化铁	$FeCl_3 \cdot 6H_2O$	8.0 克
蒸馏水至		100 毫升

② 缓冲溶液（B 液）：

碳酸氢铵	NH_4HCO_3	4.0 克
碳酸氢钠	$NaHCO_3$	35.0 克
蒸馏水至		1000 毫升

③ 常量元素溶液（C 液）：

磷酸氢二钠	Na_2HPO_4	5.7 克
磷酸二氢钾	KH_2PO_4	6.2 克
七水硫酸锰	$MgSO_4 \cdot 7H_2O$	0.6 克
蒸馏水至		1000 毫升

④ 刃天青溶液：　　0.1%（w/v）

⑤ 还原剂溶液：

1 摩尔/升氢氧化钠	1 摩/升 NaOH	4.0 毫升
九水硫化钠	$Na_2S \cdot 9H_2O$	625.0 毫克
蒸馏水至		95 毫升

（3）操作步骤

① 样本称量。将待测样品烘干（或冻干）、粉碎至粒径为 0.5 毫米（或 40 目），备用。用小药勺称取饲料样品干物质 200 毫克（或风干样 220 毫克），小心送入 100 毫升玻璃注射器底部，不要粘在管壁上。在注射器活塞前 1/3 部位均匀涂抹适量医用凡士林，39℃预热。为了保证测试样品具有代表性，每个样本做 3 个平行测定。

② 人工瘤胃营养液的准备。按照以下比例和顺序配制人工瘤胃营养液：

蒸馏水 400 毫升＋A 液 0.1 毫升＋B 液 200 毫升＋C 液 200 毫升＋刃天青溶液 1 毫升＋还原剂溶液 40 毫升。使用前新鲜配制，再用 CO_2 饱和，并预热至 39℃。

按上述比例依次向玻璃瓶中加入蒸馏水、A 液、B 液、C 液和刃天青溶液。加入刃天青溶液后混合液变为红色，通入无氧 CO_2 并预热至 39℃后约 30 分钟，混合液颜色变淡或无色。在与过滤瘤胃液混合之前加入还原剂并通 CO_2 气体至溶液褪至完全无色。

③ 人工瘤胃培养液的配制。需要 3 头以上安装有瘤胃瘘管的试验牛。在晨

饲前用导管经瘤胃瘘管真空抽取至少3头牛的瘤胃内容物置于预热至39℃的容器中，混合均匀后经四层纱布过滤，量取所需体积（瘤胃液与人工瘤胃营养液的体积比为1∶2）的瘤胃液迅速加入到准备好的人工瘤胃营养液中，制成混合人工瘤胃培养液。混合人工瘤胃培养液边加热边用磁力搅拌器搅拌，同时通入无氧CO_2。

④ 分装和培养。用自动加液器向每个培养管（注射器）中分别加入30毫升上述混合培养液。将玻璃培养管进液端竖直向上排尽管内气体，用铁夹夹住前端硅橡胶软管，并记录相应的初始刻度值（毫升），同时做3个空白（只有培养液而没有底物）。将培养管迅速放入已预热（39℃）的水浴箱中，待加液完毕后成批转入人工瘤胃培养箱中培养。

⑤ 读取产气量。当培养至1小时、2小时、3小时、4小时、5小时、6小时、8小时、10小时、12小时、16小时、20小时、24小时、28小时、32小时、36小时、40小时、44小时、48小时各时间点（纤维饲料需要120小时以上）时，取出培养管，快速读取活塞所处的刻度值（毫升）并记录。若某一时间点读数超过80毫升时，为了防止气体超过刻度而无法读数，应在读数后及时排气并记录排气后的刻度值。

⑥ 终止发酵和取样。淀粉含量高的饲料在体外培养48小时（纤维饲料120小时或更长）后，将培养管（注射器）分别取出放入冰水浴中使发酵停止。将培养管中的发酵液排出至50毫升塑料离心管，立即用pH计测定发酵液pH。发酵液经低温离心（4℃，8000*g*，15分钟），取上清液冷冻保存以备测定其他发酵参数（挥发性脂肪酸、氨态氮等）。同时洗涤培养管（注射器）中的残渣并将其与对应样品离心所得沉淀一起用蒸馏水悬浮，再离心，重复两次后在105℃烘干12～24小时，称重并计算样品干物质消化率。烘干后的残渣也可以用作测定中性洗涤纤维、酸性洗涤纤维等的含量，并计算各组分的消化率。

（4）结果计算

① 某一时间段培养管累积净产气量（0.2000克DM）计算公式：

净产气量(毫升)＝某时间段产气量(毫升)－对应时间段3支空白管平均产气量(毫升)

② 样本干物质消化率计算公式：

消化率(DM,%)＝(样本DM重－残渣DM重＋空白管DM重)/样本DM重×100%

DM 为干物质。

③ 动态发酵参数计算：

活体外产气量法提供了计算活体外动态发酵参数的良好数据源。在计算动态发酵参数时，需要选择合适的数学模型。一般来说，对于无发酵延滞期（$lag \leqslant 0$）的饲料，适宜的模型为（1）（2）和（3）；而对于有发酵延滞期（$lag > 0$）的饲料，适宜的模型可选（4）和（5）：

$$Y = B(1 - e^{-ct}) \tag{1}$$

$$Y = B/[1 + e^{(2-4ct)}] \tag{2}$$

$$Y = B_1(1 - e^{-c_1t_1}) + B_2(1 - e^{-c_2t_2}) \tag{3}$$

$$Y = B[1 - e^{-c(t-lag)}] \tag{4}$$

$$Y = B/(1 + e^{[2-4c(t-lag)]}) \tag{5}$$

式中，Y 为 t 时间点 0.2000 克 DM 样本累积产气量（毫升）；B 为 0.2000 克样本的理论最大产气量（毫升）；c 为 0.2000 克样本的产气速度（%/时）；B_1 为 0.2000 克样本快速发酵组分的理论最大产气量（毫升）；c_1 为 0.2000 克样本快速发酵组分的产气速度（%/时）；B_2 为 0.2000 克样本慢速发酵组分的理论最大产气量（毫升）；c_2 为 0.2000 克样本慢速发酵组分的产气速度（%/时）；t 为培养时间（时）。

公式(1) 和公式(4) 为指数曲线模型，目前应用最为广泛。公式(2) 和公式(5) 为美国 Cornell 大学 Schofield 教授提出的经验模型，公式(3) 为双组分模型，即发酵饲料包含快速消化组分 B_1（如淀粉或糖）和慢速消化组分 B_2（如纤维）。

在获得这样一组数据后，可以利用 SAS 统计软件中 NON-LINEAR 方法计算动态发酵参数。

（5）注意事项

① 称样时，应将样本尽可能送到注射器的 0～30 毫升的刻度间，避免样本洒在注射器壁上。

② 为了使瘤胃微生物的纤维分解酶和淀粉分解酶的活性均衡，瘤胃液供体动物应经过预饲，供给瘤胃液动物的饲粮结构尽可能与待测饲料相近，一般饲料的精∶粗比例为 5∶5 或 4∶6。

③ 采集瘤胃液时的装置要进行预热，而且尽可能厌氧。

④ 还原剂一定要现用现配，且应在加入瘤胃液之前将还原剂加入混合营养液中，并通入 CO_2 至溶液变为无色，然后才可以加入瘤胃液。

⑤ 在整个加样过程中，磁力搅拌器一定要正常工作，一方面搅拌可以使接种物中物质混合均匀，另一方面也可以避免 CO_2 在液体溶液中形成过饱和导致试验过程中读出的产气量不能代表实际产气量而发生错误。

五、体外消化率测定

几十年来，体外方法评定饲料营养价值由于具有不需要或少需要动物、测定时间短、成本低、易于标准化等优点，已经在全世界得到了广泛应用。目前应用较多的有活体外产气量法、两阶段法及活体外消化率测定法。另外还有半活体外法——尼龙袋法等。

两阶段法（也称两步法）是国内外应用最多的测定饲料营养物质消化率的活体外方法。在此方法应用的基础上，中国农业大学经过改进，发展了一种快速测定反刍动物饲料活体外营养物质消化率的技术，其优点包括：①把样品直接放入特制的无纺布小袋中，每个培养管可放置 3 个小袋，比传统方法测定的样品数量多；②样本消化完后不需要离心或过滤过程而直接在洗衣机中水洗，操作简单；③由于滤袋干燥过程不吸水分，而且经过酸碱处理没有重量损失，所以测定结果的误差很小；④滤袋可用于测定中性洗涤纤维、酸性洗涤纤维和木质素含量，使这一测定方法与其他纤维测定程序接轨。

1. 测定原理

将饲料样品经过两个阶段消化，其中第一阶段与瘤胃液一起发酵 48 小时，用以模拟瘤胃消化过程；第二阶段是在第一阶段的基础上再用盐酸胃蛋白酶水解 48 小时，以模拟真胃和小肠的消化过程。然后，样品经过过滤、干燥、称重，从而计算饲料干物质消化率。根据试验需要，如果对残渣进行蛋白质、脂肪、纤维组分或其他营养成分含量的测定，还可以用来计算这些营养物质的活体外消化率。

2. 仪器设备与试剂

（1）培养管　100 毫升玻璃培养管，内径 4 厘米，高 15 厘米，带有特制的硅橡胶塞，上面装有只允许气体单向外溢的本生阀门。

（2）称量、加液和培养设备

① 电热恒温水浴箱（北京长安科学仪器厂生产）：内装自制支架，可同时培

养 96 支培养管；

② 瘤胃液采集装置：真空泵和预热 39℃的抽滤瓶（1000 毫升）；

③ 自动加液器：德国生产；

④ 磁力搅拌器：德国 IKA-COMBIMAG RCO 公司生产；

⑤ 恒温搅拌器：德国 Julabo 公司生产；

⑥ 滤袋：特制无纺布小袋，中国农业大学肉牛研究中心专利产品；

⑦ 塑料封口机：温州兴业机械设备有限公司生产；

⑧ 其他：二氧化碳罐和附属减压阀、多通管、分析天平等。

（3）试剂与溶液

① HCl 溶液：1 摩/升；

② 0.2% pepsin（胃蛋白酶）溶液：以 0.1 摩/升 HCl 溶解 pepsin，最终浓度为 1∶10000 活性单位；

③ 瘤胃液：采集牛的瘤胃液，用四层纱布过滤；

④ 缓冲液：

试剂		浓度/(克/升)
碳酸氢钠	$NaHCO_3$	9.8
磷酸氢二钠	$Na_2HPO_4 \cdot H_2O$	9.3
氯化钠	NaCl	0.47
氯化钾	KCl	0.57
尿素	Urea	1.0
氯化钙	$CaCl_2$,无水	0.04
氯化镁	$MgCl_2$,无水	0.06

注：当需要测定 NH_3-N 浓度时，则不添加尿素。

3. 操作步骤

（1）样品称量　准确称取 0.5 克的样品装在特制的滤袋中，放入 100 毫升的玻璃培养管中，每根管可放 3 个滤袋，不加样品的过滤袋作为空白对照，用塑料封口机封口，每个样品需 3 个重复，且需要 3 个空白袋。

（2）瘤胃液采集与混合培养液制备　通过瘤胃瘘管分别采集几头牛的瘤胃内容物，等体积混合后，四层纱布过滤，并迅速加入装有经 CO_2 饱和并预热（39℃）的缓冲液的玻璃瓶中，配制成混合培养液（瘤胃液与缓冲液配比为 1∶1）。

（3）样品中加入混合培养液　混合培养液边加热边用磁力搅拌器进行搅拌，同时通入经除氧铜柱除氧的 CO_2。向培养管中通入 CO_2，同时用自动加液器向各培养管加入70毫升混合培养液，迅速盖好橡胶塞，放入39℃恒温水浴箱中培养48小时。

（4）振荡　发酵开始6小时内每小时摇动1次，以后每2小时摇动1次，12小时后每4小时摇动1次。

（5）冲洗　发酵48小时后倒去全部培养液，取出过滤袋，迅速用冷水冲洗，以终止微生物发酵反应。

（6）加入胃蛋白酶溶液　在每个含有滤袋的管中加入35毫升的新鲜的胃蛋白酶溶液，但无需通入CO_2，然后在39℃水浴锅中厌氧培养48小时，并且每天振荡2次。

（7）烘干　培养完取出后用水洗净，105℃烘干12～24小时，称量和计算样品干物质消化率。

4. 结果计算

干物质消失率(%)=[样品干物质量－(未消化的残渣干物质量－空白试验样品的干物质量)]/样品干物质量×100%

5. 注意事项

① 采集牛瘤胃液的时间最好在晨饲前，因为这时瘤胃液的活性和组成是最稳定的。

② 瘤胃液至少是2头以上实验动物的瘤胃液的混合物，这样才能更好地保持瘤胃液的活性。

③ 缓冲液要保持39℃。

④ 培养管中加入瘤胃混合培养液时要同时通入CO_2；加入胃蛋白酶溶液无须通入CO_2。

⑤ 恒温水浴箱要保持39℃。

六、动物半体内试验（瘤胃尼龙袋试验）

瘤胃内饲料营养物质的降解率将反刍动物饲料营养价值评定和营养需要研究联系起来，给人们提供了更多更清晰的饲料营养物质在动物体内的动态变化的信息，真正与瘤胃内微生物活动挂钩，充分体现了反刍动物的生物学特性。饲料在瘤胃中的降解特性已是反刍动物饲料营养价值评定的重要指标。在评定饲料营养价值的诸多方法中，瘤胃尼龙袋法是国际认可的测定瘤胃蛋白降解率的有效方法，能直接为有效生产提供可用的参数。目前，此法多用于饲料干物质、粗蛋白质、粗纤维和氨基酸等的瘤胃降解规律研究，少数也用于有机物和淀粉的降解规律研究。冯仰廉等和莫放等首次采用尼龙袋法测定精饲料的降解率并建立了奶牛的常用饲料蛋白质降解率数据库。Hoffman 等和 Edmunds 等对奶牛采食牧草的 DM 或蛋白质的动态降解率特点进行了研究。

根据体外产气试验可以大致推测出每种饲料的降解品质，但与动物有最直接关系的方法为半体内法，国内采用半体内法最普遍的是尼龙袋试验。尼龙袋试验的原理为使样品在动物体内经过消化降解后，在不同的时间点测定样品的消化率、降解率等来判定试验样品的消化及降解性能，进而研究样品的营养价值。尼龙袋试验是在完全实现瘤胃环境内的实时降解与消化，消化率与降解率均可极近真实地代表该饲料的营养价值。

在此，以中国农业科学院饲料研究所反刍动物生理与营养实验室的操作方法为例，介绍用尼龙袋降解试验评定农作物副产物营养价值的主要步骤。

1. 尼龙袋的准备

在新制作的尼龙袋（10 厘米×12 厘米）上用不易在瘤胃褪色的记号笔编号，用前放入瘤胃内 48 小时，取出，用洗衣机洗净，烘箱中恒温 65℃烘干 48 小时后称重，记录尼龙袋重量。

2. 待测饲料样品的制备

将饲料待测样品粉碎通过 2.5 毫米筛孔。

3. 试验动物及饲养管理

试验动物应为安装有永久性瘤胃瘘管的成年牛，按该品种动物常规程序饲养管理，每天饲喂 2 次，自由饮水。测定前至少预饲 15 天，饲喂符合其营养需要量的饲粮。

4. 尼龙袋的称样和试验时间点选择

（1）尼龙袋的称样　尼龙袋样品称样量为 6 克。每个待测饲料样品 3 个重复，即在 3 个试验动物瘤胃中同时投放；每个重复 2 个平行样品（每头牛放置 2 个尼龙袋。因为在瘤胃中培养一定时间后，尼龙袋中剩余的残渣会减少，有时一个尼龙袋中剩余的饲料残渣量不足以用来测定营养成分含量，因此一般需要同时放置 2 个尼龙袋，以保证剩余残渣量足够）。故此，每个样品每个培养时间点就需要准备 6 个尼龙袋。

（2）试验时间点选择　每头动物设不同的取样时间点，每个时间点设 2 个平行，即 2 个重复的尼龙袋，绑在一个塑料管上。时间点选择可为 0 小时、2 小时、4小时、6小时、8小时、10小时、12小时、16小时、20小时、24小时、30小时、36小时、48小时、60小时、72小时等，对不易消化的粗饲料，甚至需要144小时。

5. 尼龙袋的固定

通过数根半软塑料管将尼龙袋固定于瘤胃内，浸入瘤胃食糜中。半软塑料管的作用是固定尼龙袋，并保证装有待测样品的尼龙袋始终沉浸于瘤胃食糜中。

（1）半软塑料管的规格　半软塑料管的直径应介于0.3～0.5厘米之间，长度为25厘米。在半软塑料管的一端距顶端1厘米处向内划透一长2厘米的夹缝，用于固定尼龙袋。在塑料管的另一端距顶端1厘米处打孔。

（2）尼龙袋的固定　每2个尼龙袋夹在一根长约25厘米的软性塑料管上。将每2个装有待测饲料的尼龙袋口交叉夹于一根半软塑料管的夹缝中，用橡皮筋缠绕固定，确保其不渗漏、不脱落；用粗尼龙绳穿过软管另一端圆孔，固定到瘤胃瘘管盖上。

6. 尼龙袋的投放

尼龙袋放入瘤胃的时间都需要控制在早晨同一时间。例如，一次一头牛可放置两个时间点的样品（每头牛瘤胃中最多放置16个尼龙袋，其中8个为一个时间点的样品，即4个饲料原料×2个平行样。例如：第1天早晨放置2、4时间点，到时间分别取出；第2天早晨放入6、8时间点，到时间分别取出）。尼龙袋开始投放时间为试验动物饲喂2小时后。

7. 尼龙袋的冲洗

从瘤胃中取出尼龙袋后立即连同半软塑料管一起浸泡在冷水中。用手洗，多次换水，直至滤出水澄清为止。在冲洗过程中严禁用手捏或用手揉搓尼龙袋。0时间点的也需要一起冲洗。

8. 尼龙袋的烘干

将冲洗过的尼龙袋（连同其中的残余物）置于真空干燥箱或鼓风干燥箱内65℃下恒温烘48小时，称重并记录尼龙袋和残渣的总重量。回潮24小时，之后将每头牛每个时间点的2个尼龙袋中的残渣收集到1个自封袋中，供实验室分析。

9. 测定指标

（1）尼龙袋残渣营养成分的测定　称取一定量的残渣，分析其中的营养成分，包括干物质、有机物、粗蛋白质、粗脂肪、总能、中性洗涤纤维、酸性洗涤纤维。计算各时间点营养物质降解率。

（2）瘤胃降解参数和有效降解率的计算　计算样品各营养成分的瘤胃降解参数 a、b、c，以及有效降解率。

七、组合效应的测定

饲料间组合效应是指来自不同饲料来源的营养物质、非营养物质及抗营养物质间相互作用后的整体效应。反刍动物饲料间的组合效应表现得更为突出和普遍。在此着重论述反刍动物饲料间组合效应的概念、衡量指标和类型，以及其发生机制和调控技术，以便为配制安全高效的饲粮提供参考。

实践和研究均证实，饲粮结构、采食量和营养水平会改变单个饲料营养素的价值和利用率。即饲料之间的互作可以改变单一饲料或饲粮的采食量及利用率，即所谓的组合效应。表明简单的、静态的饲料营养成分利用率可加性原理已不再适合现代动物营养学发展的需要。只有充分了解与掌握饲料间和营养素间的组合效应产生的机制及影响，科学地利用正组合效应进行饲粮的优化配置，才能提高动物的饲料利用率和生产性能。因此，研究饲料间组合效应的理论及应用方法在现代家畜饲养实践中具有重大意义。

1. 组合效应的概念、衡量指标及其类型

（1）组合效应的概念　混合饲料或饲粮的可利用能值或消化率，不等于组合成该饲粮各饲料的可利用能值或消化率的加权值，这就意味着产生了组合效应。饲粮配合中的组合效应实质上应指来自不同饲料源的营养物质之间互作的整体效应，包括营养因素与非营养因素或措施之间的互作效应。卢德勋（2000）指出，饲粮组合效应的实质是来自不同饲料源的营养物质、非营养物质以及抗营养物质之间互作的整体效应，并且根据利用率或采食量等指标分为“正组合效应”“负组合效应”和“零组合效应”3 种类型。负组合效应可降低有效代谢能，正组合效应可以提高粗饲料的消化率和采食量。

（2）组合效应的衡量指标　组合效应的程度究竟有多大，用什么指标来衡量，是研究组合效应的难点之一。其衡量指标主要包括能量在内的所有营养物质的各种利用率和动物对饲粮的采食量，关于组合效应的衡量指标也没有取得一致性看法，目前常用消化率和采食量来衡量组合效应。消化率是衡量饲料组合效应的主要指标。Mould 等指出，把单一饲料的消化率进行加权求和就可以计算出该饲粮消化率的期望值，再把该期望值与饲粮的实测消化率值进行比较，就可以知道该饲粮消化率降低或升高的程度，这样也就知道了饲料组合效应的程度。Gill和Powell（1993）首先把采食量的变化作为衡量饲料组合效应的指标，但未对其进行量化，卢德勋则提倡用替代率（substitution rate，SR）来定量研究饲料间组合效应的程度，并将替代率定义为：$SR=(CRDMI-TRDMI)/(TCDMI-CCDMI)\times100\%$，（*CRDMI* 和 *TRDMI* 分别代表对照组和处理组粗饲料干物质采食量；TCDMI和CCDMI分别代表处理组和对照组精饲料干物质的采食量），当 $SR=0$ 时，为零组合效应；$SR<0$ 时，为正组合效应；$SR>0$ 时，为负组合效应。同时 *SR* 绝对值的大小，可用于比较组合效应的强弱程度。

（3）组合效应的类型

① 正组合效应：

对低质饲草进行青绿饲料的催化性补饲时会产生正的组合效应。Preston在由西沙尔麻渣（sisal pulp）、尿素、微量元素组成的绵羊饲粮中，当添加少量青绿禾本科牧草时，纤维素的体外消化率由40%提高至80%，同时伴有采食量的增加。Silva等的研究表明，未处理的秸秆在饲喂氨化秸秆的绵羊瘤胃内发酵比在饲喂未氨化秸秆的绵羊瘤胃内发酵速度要迅速得多，这可能是因为饲喂未处理秸秆的动物瘤胃内微生物的增殖，由于缺乏易于利用的底物而受到限制，而饲喂氨化秸秆则可以缓解这种限制，使瘤胃微生物增殖改善，从而产生正的组合效应。

最常见的组合效应是在某一饲粮中加入少量易降解的碳水化合物时，纤维消化率增加，但易降解的碳水化合物加入量增大时，饲粮中粗料的消化率就会降低。这是因为添加大量易降解的碳水化合物时，瘤胃细菌会快速降解糖和淀粉，产生大量的挥发性脂肪酸，从而导致了瘤胃pH下降，当瘤胃pH低于6.0～6.1时，对pH十分敏感的纤维素分解菌活性完全被抑制，最终导致粗料的消化率降低。Hoover等研究认为饲粮中非结构性碳水化合物（NSC）与结构性碳水化合物（SC）比例是影响微生物蛋白（MCP）合成的重要因素。

② 负组合效应：

典型的负组合效应是由于大量饲喂富含可溶性碳水化合物的饲料，导致饲粮纤维物质降解率下降。通过尼龙袋法测定西沙尔麻渣降解率时，发现混合样内糖蜜添加量达到30%时，西沙尔麻渣在牛瘤胃内的降解率明显下降。严冰发现在氨化稻草基础饲粮中，当菜籽饼与桑叶同时补饲时，湖羊的日增重比单独补饲菜籽饼时降低了19%～31%，比单独补饲桑叶时降低15%～20%。在体外消化试验中也发现菜籽饼与桑叶之间存在着负组合效应。

2. 反刍动物饲粮主要营养成分组合效应的影响因素及发生机制

饲料配合过程中的组合效应受诸多因素的影响，如动物种类、饲养水平、饲料种类和质量、配合比例、加工调制、饲养环境、评定方法和指标，以及营养调控措施等。正因为影响因素众多以及组合效应的整体表现程度和方向的复杂性，对组合效应理论机制的探索就显得更为重要。然而，近年来组合效应的研究主要集中在单一饲料或饲料之间，直接从营养素角度的研究比较少，因此，在阐明饲粮主要营养素之间组合效应发生机制方面尚需做大量工作。

（1）饲粮中不同碳水化合物比例所产生的组合效应　饲粮组合效应在纤维素和易降解性碳水化合物饲料间发生的较多，主要表现在结构性碳水化合物和非结构性碳水化合物的不同比例所产生的不同程度的组合效应。最常见的组合效应是在某一饲粮中加入少量易降解的碳水化合物时，纤维消化率提高，但易降解的碳水化合物加入量过大时，饲粮中粗料的消化率反而会降低。这是因为添加大量易降解的碳水化合物时，瘤胃细菌会快速降解糖和淀粉，产生大量的挥发性脂肪酸，从而导致了瘤胃pH下降，当瘤胃pH低于6.0～6.1时，对pH变化十分敏感的纤维素分解菌活性完全被抑制，最终导致粗饲料消化率的降低。谭支良通过研究发现，绵羊饲粮中SC与NSC的比例在2.40～2.64时，不仅有利于饲粮纤维物质在瘤胃和后端肠道的消化，而且还能使纤维物质在羊整个消化道的消化率提高。可以看出，在配合饲粮时充分考虑饲粮的类型，选择适宜的SC/NSC的比例，是提高饲粮营养成分消化率的重要途径之一。对精料水平较高的饲粮，也可以考虑适当地添加缓冲性矿物质盐能有效地调节瘤胃的pH，增加瘤胃液的流通速率，增强纤维分解菌的活性，从而提高饲料的消化率。

马俊南（2016）通过体外产气法研究了象草与柑橘渣、桑叶、红苕藤、油菜秸秆4种经济作物副产物之间的组合效应。试验采集肉牛瘤胃液，通过体外发酵实验并采用批次培养法，将象草以100%、75%、50%、25%、0%的比例分别与柑橘渣、桑叶、红苕藤、油菜秸秆（干物质基础）进行组合后在体外条件下培养120小时，在培养过程中分别记录0小时、2小时、4小时、6小时、8小时、10小时、12小时、16小时、20小时、24小时、30小时、36小时、42小时、48小时、60小时、72小时、84小时、96小时和120小时各个时间点的产气量，通过分析以上系列数据以及产气量组合效应、产气速率组合效应、发酵参数来评价组合效应。结果表明，由组合效应情况来看，各个组合产气量均随发酵时间的延长先逐渐升高最后趋于平衡，其中象草以 25%的比例与红苕藤组合时 24 小时及 48 小时时的正组合效应突出，产气特性也相对较好；象草以 75%的比例与桑叶组合、以 25%的比例与油菜秸秆组合也出现了正组合效应。在本试验条件下，象草以 25%的比例与红苕藤组合最佳；象草以 75%比例与桑叶组合、以 25%比例与油菜秸秆组合均能改善发酵状况；单一柑橘渣的产气特性较好，与象草间的组合效应不太理想。

（2）饲粮中不同蛋白质水平和能氮平衡产生的组合效应　蛋白质水平对保障微生物生长和创造适宜的瘤胃内环境是非常重要的。用低质粗料作为反刍动物饲粮的主要部分，容易造成蛋白质缺乏和消化率降低而限制动物的生产性能。所以在以粗料为主的饲粮中添加蛋白质可以改善适口性，提高采食量，但是不同的添加水平则可产生不同的组合效应。粗料型饲粮添补蛋白质导致正组合效应主要表现在能够提高饲料纤维物质的消化率，其机制可能是添补蛋白质使瘤胃氨态氮浓度升高，细菌和原虫数量上升，支链脂肪酸和瘤胃降解产生的氨基酸或小肽增加，纤维分解菌活性增强。Amosa 试验也表明，饲粮中可溶性蛋白质含量降低能够导致瘤、网胃干物质、纤维素、半纤维素和淀粉消化率的降低，发生负组合效应。饲粮的能氮平衡也会产生组合效应，瘤胃可降解氨与可发酵碳水化合物之间的比例失衡，可降解氨含量不足或过高都会导致饲料间的负组合效应。如果瘤胃中氨和能量不同步释放，则可导致可发酵底物利用率下降和 MCP 合成量减少。Strokes 等报道，含有 31%或 39%非结构性碳水化合物与 11.8%或 13.7%可降解蛋白质的饲粮，其 MCP 合成效率要高于 25%非结构性碳水化合物和 9%可降解蛋白质的饲粮。吴跃明在对桑叶与菜籽粕间组合效应的研究中发现，当桑叶与菜籽粕按 40/60 和 20/80 的比例搭配时，40/60 出现正组合效应，20/80 出现负组合效应。谭支良等认为绵羊在 1.2 倍维持饲养水平条件下，当饲粮的过瘤胃蛋白质（UDP）与瘤胃降解蛋白质（RDP）的比例为 0.5～0.7 时，绵羊瘤胃的发酵调控最为理想，有利于纤维物质的降解，可产生正组合效应。可见，对不同的饲粮类型选择添加不同水平的蛋白质饲料，并尽可能使能量与蛋白质、瘤胃可降解蛋白质与非可降解蛋白质比例平衡，才能使饲粮的正组合效应得以体现。

（3）饲粮中不同的脂肪添加量所产生的组合效应　瘤胃对饲粮的脂肪水平十分敏感，若脂类超过饲料干物质的 2%～3%，就会抑制瘤胃微生物特别是纤维分解菌与甲烷合成菌的活动。饲粮添加油脂后瘤胃原虫数量减少，特别是亚麻籽油对原虫抑制作用最大，导致瘤胃微生物区系失衡从而造成结构性碳水化合物消化率的降低。添加脂肪降低了反刍动物对钙、镁二者的消化率，原因是在瘤胃、小肠远端及大肠内，脂肪酸与这些阳离子形成了不溶性皂盐。可见，饲粮中添加脂肪时，应注意其添加量，只有饲粮脂肪含量在适宜范围内，才能产生正组合效应。

3. 组合效应的调控技术及应用中存在的问题

（1）组合效应的调控技术　通过调控饲粮配合过程中饲料的优化组合，尽量克服饲粮营养素之间的负组合效应，发挥正组合效应的作用，充分发挥动物的生产潜能，是配制反刍动物饲粮的真正目的。饲粮的组合效应往往在精饲料和粗饲料之间表现得最为明显。我国的反刍动物饲养以低质饲料为主，纤维物质含量高，能量水平低，往往需要适当地添加精饲料来弥补其不足。但饲粮的精粗比例不同又可产生不同的组合效应，如饲粮的粗料比例增高时，纤维物质的分解能力增强，产生正组合效应。而随着精料水平的提高，瘤胃微生物对粗饲料的降解就会受到不同程度的抑制，从而降低了粗饲料的流通和消化速度，导致瘤胃容量变化使粗饲料采食量下降，产生负组合效应。所以，在饲粮的优化设计时首先应考虑精粗比之间表现的组合效应。有研究表明，精料和粗料的“负组合效应”点为精料比例大于70%，其实质是结构性碳水化合物与非结构性碳水化合物之间的互作。

（2）组合效应实际应用中存在的问题　尽管现行的饲料配制中存在着组合效应，但组合效应对饲粮消化率的影响程度和引起生产力下降的幅度在实际生产条件下是难以监测的。尽管已观察到瘤胃pH保持在6.0以上，便可避免瘤胃pH对纤维素分解的抑制作用，但在实践中怎样才能做到这一点？饲喂特定饲粮的奶牛瘤胃pH怎样精确测定？瘤胃pH与组合效应的相差性如何？组合效应可能是由淀粉降解的减少引起，也可能是由易发酵的碳水化合物存在时纤维素分解减少引起的，即使pH大于6.0，在这些情形下，碳酸氢盐的存在也只有很少的有益作用。现在需要的是简单、准确的测定方法，用此法要能测出任何饲粮对纤维素分解或淀粉降解影响的程度。这样就可评价任何配合饲料是否产生非加性效应，程度如何，以及校正消化率的下降是否经济合算。分析粪中淀粉的含量，可估计出淀粉消化的抑制程度，一般说来，用加工过的谷物饲喂反刍动物，很少或没有淀粉不被消化。如果粪中淀粉的含量高，则说明存在组合效应。

关于粗饲料的组合效应，在第二章第六节中还将做更详细的说明。

传统的饲粮配制技术往往忽视饲料间的组合效应，特别是负组合效应的出现会降低饲料营养的效率，影响动物生产性能的发挥。尽管人们对饲料间的组合效应逐渐予以关注，并进行了一些有效的研究，但在饲粮主要营养素之间、有机物之间和无机物之间的组合效应机制、调控措施、优化配置技术及饲料加工处理等问题上尚需进行广泛研究和深入探索，才能真正发挥饲粮的正组合效应，最大限度地降低或减少负组合效应，形成具有一定整体优化目标的营养调控模式，最终实现最优化的饲粮配制，最大限度地提高饲料的利用率和动物的生产性能。

新饲料资源的开发过程包括饲料营养价值评定，抗营养因子消除以及体内及半体内法对饲料降解特性的研究等。通过一系列的评定措施，总结营养价值结果，确定新饲料资源的使用价值，在饲料资源的合理利用上有一定的积极作用。饲料资源问题已成为饲料工业及畜牧业发展日益严重的限制因素，充分利用现有饲料资源、加强开发非粮型饲料资源、实现饲料资源的工业化生产，是我国饲料工业可持续发展的必要措施。利用现代生物技术、微生物发酵技术、酶解技术、脱毒技术及其他加工工艺，对非常规能量及蛋白质饲料资源进行加工处理，变废为宝，提高饲料消化利用价值，拓宽饲料资源渠道；运用动物营养学原理，结合氨基酸平衡技术、低碳及低蛋白配方技术、低豆粕配方技术等，减少环境污染，改善动物生产性能，进而缓解我国饲料资源不足，增强饲料工业可持续发展能力。

第二章　饲用经济作物副产物的综合应用技术

第一节　饲用经济作物副产物的抗营养因子及其去除方法

饲料中存在着对家畜和畜产品有危害的抗营养因子。饲料抗营养因子是一些对饲料营养物质消化、吸收和利用，畜禽的健康和生产力产生不利影响的物质的总称。植物性饲料中存在多种抗营养因子，可通过不同的途径作用于蛋白质、脂肪、淀粉、维生素以及矿物元素等，降低其利用价值和动物的生长速度。不同的抗营养因子因来源和作用机理不同，对饲料质量安全影响有差异性。

研究抗营养因子对于提高植物性饲料的利用率和效益，乃至减少环境污染都具有重要的意义。

一、抗营养因子概述

抗营养因子的种类繁多，以抗营养作用为标准，可以将其分为六大类：①对蛋白质的消化和利用有不良影响的抗营养因子，如胰蛋白酶和胰凝乳蛋白酶抑制因子、植物凝集素、酚类化合物、皂化物等；②对碳水化合物的消化有不良影响的抗营养因子，如淀粉酶抑制剂、酚类化合物、胃胀气因子等；③对矿物元素利用有不良影响的抗营养因子，如植酸、草酸、棉酚、硫代葡萄糖苷等；④与维生素拮抗物或引起动物维生素需要量增加的抗营养因子，如双香豆素、硫胺素酶等；⑤刺激免疫系统的抗营养因子，如抗原蛋白质等；⑥综合性抗营养因子，对多种营养成分利用产生影响，如水溶性非淀粉多糖、单宁等。而按来源分类可分为植物性饲料抗营养因子和动物性饲料抗营养因子。

1. 饲用经济作物茎叶类饲料中的抗营养因子

饲用经济作物茎叶类饲料常作为牛的粗饲料，为牛提供一定的粗纤维水平，但因含有抗营养因子，影响粗饲料的消化与利用（表 2-1）。

表 2-1　饲用经济作物茎叶类饲料的特性和抗营养因子

饲料类型	特性	抗营养因子
桑叶	基础营养物质含量接近大豆，优于苜蓿草粉	单宁、植物凝集素
竹叶		单宁（1.25～16.55 毫克/克）
油菜秸		硫苷（3-丁烯基硫苷、2-羟基-3-丁烯基硫苷）、少量的植酸与多酚
棉花秸	含较多的木质素	游离的多酚羟基联萘醛类化合物（棉酚）
甜菜秸		硫代葡萄糖苷，并在细胞内切酶的作用下转换成硫氰酸盐或异硫氰酸盐
大豆秸		胰蛋白酶抑制因子和脲酶
辣木		有微量单宁、皂素和植酸磷

2. 饲用经济作物糟渣类饲料的抗营养因子

饲用经济作物糟渣类饲料，糟渣类是非常规饲料，因其具有产量高、供应充足和使用方便的优点，越来越受到人们的青睐。糟渣类饲料不仅具有较高的营养水平，也含有抗营养因子抑制反刍动物对其的消化与利用（表 2-2）。

表 2-2　饲用经济作物糟渣类饲料的抗营养因子

饲料类型	来源	抗营养因子
柑橘渣	柑橘果实加工制汁或制罐后的下脚料	黄烷酮糖苷类化合物（如柚皮苷、新橙皮苷等）和三萜系化合物（如柠檬苦素）
甘薯渣	甘薯提取淀粉后所剩的残渣副产物	果胶和胰蛋白酶抑制因子
苹果渣	苹果加工之后所剩的副产物	鲜苹果渣含有具多聚半乳糖醛酸长链键的果胶、单宁
番茄渣	加工番茄所剩产物	果胶、单宁
甘蔗渣	甘蔗制糖过程生成的副产物残渣	鲜甘蔗渣中含有以木聚糖为主的非淀粉多糖
茶叶渣	加工茶饮品浸提之后的副产物	茶皂素、茶多酚和单宁

3. 饲用经济作物饼粕类饲料的抗营养因子

饲用经济作物饼粕类饲料在我国拥有着丰富的资源，饼粕类饲料是重要的蛋白质饲料原料，可提高反刍动物饲料的质量，并改善蛋白质饲料原料短缺的现状。但是饼粕中的一些抗营养因子限制了饲料的利用价值，造成我国饲料行业蛋白质原料严重短缺的现状（表 2-3）。

表 2-3 饲用经济作物饼粕类饲料的抗营养因子

饲料类型	来源	抗营养因子
豆粕	重要的蛋白质饼粕饲料	胰蛋白酶抑制剂、大豆凝血素、植酸、脲酶低聚糖、大豆抗原蛋白（致敏因子）、致甲状腺肿素、皂苷、胃胀气因子
花生饼粕		胰蛋白酶抑制剂、植酸
棕榈仁粕	棕榈仁脱壳榨油后的副产物	甘露聚糖和少部分半乳甘露聚糖
菜籽粕		硫代葡萄糖苷（硫苷）、芥酸、植酸和单宁
向日葵饼粕		胰蛋白酶抑制因子和绿原酸抗营养因子
棉籽饼粕		棉酚及其衍生物、环丙烯脂肪酸（CDFA）、植酸及植酸盐、α-半乳糖苷、非淀粉多糖
茶籽粕	经提取油脂后所剩的饼粕	茶皂素（14%）、单宁（3%）和生物碱等抗营养因子

二、抗营养因子的作用和机理

动物采食的饲料中含有过多的抗营养因子，可降低养分消化率，影响饲料的利用率。也会因破坏维生素生物活性，或是其化学结构与某种维生素类似，在动物代谢过程中与维生素产生竞争，从而干扰动物对该维生素的利用，从而引起维生素缺乏症。饲料中主要存在的抗营养因子有：

1. 胰蛋白酶抑制因子

胰蛋白酶抑制因子（soybean trypsin inhibitor，STI），属于多肽类或蛋白质，分子量在 7975～21500 之间，由 72～197 个氨基酸残基组成。而在生大豆中 40%的抗营养作用是由胰蛋白酶抑制因子造成的。胰蛋白酶抑制因子的抗营养作用主要表现在抑制动物生长和引起胰腺增生、胰腺肿大。胰腺分泌的丝氨酸蛋白酶系（如胰蛋白酶、胰凝乳蛋白酶和弹性蛋白酶等）可以与胰蛋白酶抑制因子发生反应。

当动物食入含有胰蛋白酶抑制因子的饲粮时，胰腺分泌的胰蛋白酶在小肠内与胰凝乳蛋白酶和抑制因子迅速发生反应，形成稳定的复合物而失去酶的活性，一方面使胰蛋白酶的量下降，饲料蛋白质的消化率降低，致使外源氮的损失；另一方面反馈调节刺激胰蛋白酶和胰凝乳蛋白酶的过多分泌，致使内源氮（含硫氨基酸）的大量流失。肠道中胰蛋白酶含量的下降引起肠促胰酶素的分泌，当胰蛋白酶与胰蛋白酶抑制因子形成复合物时诱导肠促胰酶素（cholecystokinin-pancreozymin CCK-pz）的分泌。

饲喂含有胰蛋白酶抑制因子的饲粮时，动物日增重与采食量下降，饲料转化率降低。但对于犊牛而言，大豆胰蛋白酶抑制因子对生长的抑制作用较小。反刍动物对食入的胰蛋白酶抑制因子在瘤胃中并不能脱去毒性，会进入皱胃和小肠，影响反刍动物对饲料的利用与转化。

2. 植物凝集素

植物凝集素是含有至少一个非催化结构域的植物蛋白，并能可逆地结合特异单糖或寡聚糖。在胃肠道中能够抵抗酶的降解，并和消化道表面的糖基受体结合，引起细胞和机体代谢发生改变。

植物凝集素是植物在长期进化过程中形成的一种抵御病虫害和动物消化的物质。部分植物凝集素能显著影响小肠的结构和功能，菜豆凝集素可引起空肠绒毛缩短、绒毛中部和上部微绒毛的结构紊乱与发育异常、绒毛细胞周转率加快、细胞老化和损失增加；凝集素能够刺激小肠内细菌大量增殖，并引起小肠的损害和营养吸收不良；影响小肠黏膜免疫系统。植物凝集素对动物的消化系统代谢产生重要的影响，与消化酶相互作用降低蛋白质的消化率，与未被利用的氨基酸结合造成氮的负平衡，造成消化器官的改变从而影响消化代谢。进而破坏草食动物的免疫功能，降低其对营养物质的吸收，使其生长速率降低甚至引起死亡。

3. 皂苷

皂苷是由皂苷元、糖类和糖醛酸（或其他有机酸）构成。大豆含有2%的皂苷和异黄酮等糖苷，皂苷约占0.5%，大豆皂苷具有辛辣味和微苦味，对黏膜具有刺激性。皂苷的分子量较大，分子极性较大，可溶于水而易溶于热水，不溶或难溶于极性较小的苯、乙醚等有机溶剂。大豆皂苷的熔点较高，具有较强的热稳定性。

4. 胀气因子

大豆中胃肠胀气因子主要成分为低聚糖（包括蔗糖、棉籽糖和水苏糖）。其中蔗糖可被吸收，而棉籽糖与水苏糖由于动物缺乏 α-半乳糖苷酶不能被水解、吸收，随食糜进入大肠后，被肠道微生物发酵产气，引起消化不良、腹胀、肠鸣等症状。

5. 多酚类化合物（主要是单宁和酚酸）

多酚类化合物是指结构上含有两个或两个以上酚羟基的化合物，是广泛存在于植物中的一类重要的次级代谢产物，在植物的生长过程中起到防止植物紫外线辐射性损伤，抗害虫、病毒和细菌的侵害以及植物荷尔蒙的调节作用。

单宁又称鞣酸或单宁酸，是多元酸的聚合物，多存在于菜籽外壳中，并与其中的其他成分结合在一起。菜籽粕中的单宁含量大约为3.65%，是主要的抗营养因子，单宁具有涩味，影响饲粮的适口性。单宁溶于水，与铁盐相互作用产生沉淀，能够将蛋白质从水中沉淀出来，这种对蛋白质的亲和性可引起蛋白消化酶、脂肪酶和淀粉酶的失活，从而使家畜的生长速度和饲料转化率降低。饲粮中添加过多的菜籽粕可致动物出现食欲减退或废绝、反刍停止、便秘、粪便呈黑色、体温降低、水肿等中毒症状。

酚酸以游离、酯化和不溶结合态形式存在，游离态酚酸包括对羟基苯甲酸、香草酸、原儿茶酸、丁香酸、咖啡酸、芥子酸、阿魏酸、水杨酸、肉桂酸、藜芦酸和龙胆酸等；由9种酚酸与细胞壁上的蛋白质或碳水化合物结合在一起形成不溶结合态酚酸，在菜籽饼粕中的质量分数约为0.1%。酚酸中的抗营养因子大部分为芥子酸，其含量占各种酚酸总量的94%以上，其他的微量酚酸可与菜籽中的蛋白质、碳水化合物结合在一起。菜籽粕含有1.2%～2.3%芥子碱，奶牛喂饲含较多芥子碱的饲粮使奶有较大的异味，肉牛的肌肉组织和脂肪也均有异味，严重时导致肝脏损伤或出血等症状。多酚类化合物具有酸、苦、涩、辛辣等不良味道而影响饼粕的适口性；游离酚酸由于能氧化成邻醌并与饼粕中的赖氨酸、蛋氨酸结合使这两种氨基酸不能被利用，降低菜籽粕的营养价值。

6. 植酸

植酸又称肌醇六磷酸，广泛存在于籽实中，是籽实中磷酸盐和肌醇的主要贮存形式。谷物植酸具有螯合作用和抗氧化性，是单胃动物的抗营养因子，对草食动物牛而言影响较小，但对于饲喂开食料的犊牛影响较大。

植物籽粒内植酸可与钾、钙、镁等金属离子形成植酸盐，与蛋白质形成具有单层膜的泡状小球，聚集成球状体。植酸主要存在于植物籽粒中，多存在于糊粉层、胚芽以及子叶中。通常谷类中植酸含量为0.06%～2.20%（约占其干物质的1%）；豆类中植酸含量为0.2%～2.9%，高于谷类。籽粒植酸含量因品种、成熟阶段和栽培条件的差异也会不同。植酸分子结构中的6个磷酸基团具有极强的螯合能力，与二价或三价金属离子结合形成难溶的植酸盐后，犊牛难以消化和吸收，从而导致磷和金属元素的生物利用率降低；植酸能够与体内的蛋白质结合形成植酸-蛋白质复合体，使蛋白质结构改变而产生凝聚沉淀作用，同时可螯合蛋白酶活性中心的金属离子，抑制胃蛋白酶、胰蛋白酶、胰凝乳蛋白酶活性，导致其溶解度和蛋白酶水解程度降低，致使蛋白质的效率降低；植酸可通过氢键直接与淀粉链结合，也可通过蛋白质间接地与淀粉作用形成植酸-蛋白-淀粉复合体，不能被淀粉酶充分地降解。幼畜摄入大量的植酸会降低食物中矿质元素的生物利用率，抑制蛋白质、脂肪和淀粉的消化。

7. 非淀粉多糖

非淀粉多糖是植物组织中由多种单糖和糖醛酸经糖苷键连接而成的多聚体，是植物性饲料细胞壁的主要成分，一般分为纤维素、纤维多糖（半纤维素性聚合体）和果胶聚糖三大类。

非淀粉多糖进入消化道后会部分溶解吸水膨胀，使消化道内容物的黏稠度增加，致使养分溶出速度减缓，营养物质和内源消化酶的扩散速度减慢，内源消化酶对食糜的消化速率减弱，黏稠度升高显著增加了食糜在肠道中停留的时间，降低了单位时间内养分的同化作用；使内源酶活性降低，非淀粉多糖可与消化酶或消化酶必需的物质结合降低其活性，大量试验证明可降低脂肪酶、淀粉酶和胰蛋白酶的活性；改变肠道微生物菌群，非淀粉多糖能使食糜在消化道内停留的时间延长，减缓食糜在消化道中的排空速度，导致有害微生物的大量繁殖；形成物理屏障，会对动物内源消化酶产生屏蔽作用，阻止蛋白质、淀粉与酶的相互作用，降低饲料消化率；对脂肪消化与吸收的不良影响，黏稠度效应对脂肪的影响比较大，阻碍肠道内容物的机械混合，减缓乳化作用，阻止脂肪形成脂肪微粒。

8. 糖苷

糖苷主要以硫代葡萄糖苷的形式存在，硫代葡萄糖苷通常以钾盐形式存在，热分解成腈类物质而具有毒性。热处理能够降低菜籽饼粕中硫代葡萄糖苷的含量。在低硫代葡萄糖苷饲粮中补充碘和铜，可以提高动物的生产性能。奶牛对饲粮中硫代葡萄糖苷的耐受量相对较大，因牛的消化系统尤其瘤胃的微生物区系能够不断降解硫代葡萄糖苷的降解产物，使其抗营养作用减弱。

9. 抗维生素因子

抗维生素因子又称脂肪加氧酶或脂肪含氧酶，是一类化学结构与某种维生素具有相似性，能影响动物对相应维生素的利用，破坏维生素的酶类而降低其生物学活性的物质。抗维生素因子主要有抗维生素因子 A、抗维生素因子 D、抗维生素因子 E、抗维生素因子 B_{12}，能够专一地催化顺-1,4-戊二烯结构的多元不饱和脂肪酸，生成含有共轭键的过氧化物，而过氧化物会消耗大量的维生素 B_{12}，使动物出现维生素的缺乏症。抗维生素因子（脂肪加氧酶）能与脂肪反应生成乙醛而使大豆粕具有豆腥味，影响适口性。

10. 硫苷

硫苷对于植物本身是一种杀虫杀菌制剂，对于草食动物而言是一种抗营养物质。菜籽饼（粕）中的硫代葡萄糖苷其本身无毒，易被水解为噁唑烷硫酮、异硫氰酸酯、硫氰酸酯和腈而呈现毒性，硫苷在植物中主要以 3-丁烯基硫苷、2-羟基-3-丁烯基硫苷的形式存在，而脂肪族硫苷和碘选择性的结合阻止了甲状腺对碘的吸收，可引起甲状腺肿大，甲状腺素的分泌紊乱；引起肝脏肿大和肝功能障碍，并影响草食动物的生长发育和养殖经济效益。异硫氰酸酯有辣味，长期或大量饲喂会引起胃肠炎、肾炎及气管炎，甚至肺水肿；腈可以抑制动物生长等。另外，硫代葡萄糖苷过多会引起肝脏出血，使维生素 K 含量下降，影响凝血作用。

11. 大豆凝血素

大豆凝血素是一种聚合在糖蛋白、糖脂或多糖上的高亲和性的糖蛋白，脱脂的大豆粕中含 3%的大豆凝血素抗营养因子，其在动物肠道中不易被蛋白酶水解，通过与小肠壁上皮细胞表面特异性受体相结合，损坏小肠壁刷状缘黏膜结构，干扰消化酶分泌，抑制肠道对营养物质的消化吸收，降低蛋白质利用率，使动物生长受阻甚至停滞；凝血素还对肠壁、肠道细菌及免疫机能产生一定影响，引起肠腔糜烂、微绒毛变短萎缩、肠细胞退化、病变周围组织水肿和杯状细胞肥大增生等；凝血素能被胃肠道酶消化，对热也不稳定，通过加热处理可以失活。

12. 茶皂素与茶多酚

茶皂素是皂苷的一种，广泛存在于植物中。茶皂素属于三萜类皂苷，具有皂苷的通性，有苦辛辣味并能起泡，刺激鼻黏膜引起喷嚏；结晶茶皂素纯品为白色微细柱状的晶体，具有较强的吸湿性，难溶于冷水、无水乙醇等有机溶剂，能溶于温水中，易溶于含水乙醇、酸酐和吡啶。在未经提取的废茶或茶粉中，有 6%以上的茶多酚，茶多酚具有较好的耐酸性，在 pH 2～7 范围内均十分稳定，光照或 pH 大于 8 时易于氧化聚合，遇铁离子生成绿黑色化合物，具有吸湿性和耐热性。

13. 棉酚

棉饼（粕）中的棉酚以游离态和结合态两种形式存在，结合棉酚基本没有毒害作用，而游离棉酚具有活性羟基致使其毒性较强。棉酚中的活性羟基和醛基可以和蛋白质结合，降低蛋白质的利用率，也可以与铁离子结合，从而干扰血红蛋白的合成，引起缺铁性贫血。游离棉酚对血管、细胞和神经具有毒害作用，当大量棉酚进入消化道可刺激胃肠道黏膜，引起胃肠炎，而通过吸收进入血液后，能损伤心、肝、肾等实质器官，同时棉酚可溶于磷脂在神经细胞中积累造成神经细胞的功能发生紊乱。棉籽在榨油的压榨过程中受湿热的作用，棉酚的活性醛基可与氨基酸的ε-氨基结合，使棉籽饼中赖氨酸的有效性降低。

14. 绿原酸

绿原酸是存在于向日葵粕中的一种抗营养因子，使蛋白质产品呈深褐色或棕褐色，同时绿原酸极易被氧化成邻醌，进而与蛋白质反应生成非营养物质，降低了蛋白质的营养价值和功能效果。

三、抗营养因子的消除方法

抗营养因子的种类很多，抗营养作用机理各不相同，在实践中根据实际情况，选用适当的灭活方法，才能取得较好的效果。各种不同的方法联合应用，以消除饲料中不同的抗营养因子。

1. 加热

通常加热法主要有干热法和湿热法。干热法有烘烤、焙炒、爆裂、微波辐射、红外辐射等；而湿热法主要有蒸煮、膨化、制粒挤压等。加热法效率较高、简单易行，成本也较低，但加热法仅适用于对热不稳定的抗营养因子，如胰蛋白酶抑制因子、脲酶、植物凝集素、致甲状腺肿素和抗维生素因子等；对于热稳定性较强的抗营养因子作用不强，如植酸、单宁、皂角苷、氰类化合物、非淀粉多糖等。加热的程度不够不能去除抗营养因子，而加热过度使饲料中的氨基酸（赖氨酸、精氨酸和部分含硫氨基酸）和维生素失活，同时会引起氨基酸与碳水化合物的反应，而降低饲料的利用价值。膨化加工工艺提高了饲料利用率，营养损失率最低，生产成本较高。膨化可以将饲料中的棉酚降低到世界卫生组织的标准规定以下 $FG \leqslant 0.0125\%$（标准 $FG \leqslant 0.04\%$），而膨化后棉籽饼粕中的粗蛋白质、粗脂肪等营养成分的有效值提高至98%以上。部分抗营养因子不能通过简单的热处理而减小抗营养作用，必须通过其他处理方式或多种处理方式联合使用，消除饲料中的抗营养因子。

2. 超声波失活法

超声波失活法是近几年发展的新技术，超声波具有波动和能量的双重性，在液体中具有空化气泡的膨胀现象。超声波在溶液的传递过程中，液体中的微小气核随着超声波的声压变化而产生剧烈膨大、振荡和崩溃等过程，产生极短暂的强压力脉冲及高温作用，对溶液中悬浮的微粒（如蛋白质）产生生化反应，造成一些生理活性的蛋白质的物质失活、胰蛋白酶抑制剂的钝化。

3. 机械加工

机械加工主要有粉碎、去壳以及脱皮等。存在于禾谷类籽实以及饼粕饲料原料的种皮的非淀粉多糖、单宁、木质素和植酸等抗营养因子可通过机械加工进行去壳处理，降低其抗营养作用。油菜全籽中90%以上的单宁和芥子碱抗营养因子主要存在于种皮中，脱皮可以除去大部分多酚抗营养因子，得到蛋白质变性小的饼粕。

4. 化学处理法

化学处理法是在饲料中加入化学物质，在一定的条件下使抗营养因子失活或钝化，主要有酸、碱处理法，氨处理法以及添加特殊化学物质的方法。因处理费用高而在国内应用较少，有待进一步研究最佳钝化剂和最佳处理条件对抗营养因子的效果。化学处理法对不同的抗营养因子均有一定的效果，同时能够节省设备和资源，但残留的化学物质能降低饲料的营养价值，对家畜有一定的毒副作用。添加3%～6%的氢氧化钠处理谷物类饲料，可以改变半纤维素的结构，提高饲料的降解率。

5. 酶制剂

在钝化研究中最具有应用价值的酶有植酸酶、纤维素酶、木聚糖酶、β-葡聚糖酶、甘露糖酶、果胶酶等，随着生物技术的高速发展，这些酶类具有广阔的应用前景，同时应保持酶的活性和酶剂量的适用。

添加适量的酶制剂可以钝化或去除饲料中的抗营养因子物质，酶制剂不仅可以消除饲料中的多酚等抗营养因子，也可促进家畜的生长，但饲料的成本将提高。袁建等研究表明淀粉酶法与碱提法相结合提取菜籽粕中的蛋白质，在最佳提取工艺条件下，单宁的去除率达56.65%。

6. 微生物发酵

通过细菌和真菌产生微生物降解酶将部分抗营养因子分解，利用生物发酵技术生产饼粕发酵饲料，可以降解饲料中的抗营养因子，提高饲料的营养价值，因此具有广阔的应用前景。通过枯草芽孢杆菌、酿酒酵母菌、乳酸菌对豆粕进行发酵，结果表明，豆粕经发酵后粗蛋白质含量提高了13.48％，氨基酸含量提高了11.49％，胰蛋白酶抑制因子和其他抗营养因子得到了彻底消除。利用热带假丝酵母和黑曲霉在30℃下静态复合固态发酵棉籽粕48小时，可以显著地减少棉籽粕中的游离棉酚。饲料中加入适量蛋氨酸或胆碱作为甲基供体，可使单宁甲基化，促使其排出体外。菜籽粕的发酵菌种多为芽孢杆菌、乳酸菌和霉菌，有单菌发酵和混菌发酵两种形式。通过添加9％的枯草芽孢杆菌接种量来微生物发酵菜籽粕，以1∶1的料水比并发酵48小时，可降低菜籽粕中的抗营养因子，并使菜籽粕中的植酸抗营养因子的去除率达到69.8％。通过诱导黑曲霉发酵柑橘皮渣，可使果胶含量从17.51％降低至1.76％～1.98％。

四、抗营养因子的检测方法

常见抗营养因子的检测和控制方法有：

1. 物理化学分析法

物理化学分析法是根据抗营养因子的理化性质，借助简单测量工具或者化学分析法测定饲料中的抗营养因子的含量。

（1）黏度法　是比较原始的方法。通过测定溶液黏度对抗营养因子进行定性、定量分析，溶液黏度与抗营养因子的分子量和浓度有关，但是不同提取方法或者相同方法不同操作环境，溶液的黏度特性差异较大，因此可靠性与准确性较低。

（2）沉淀法　利用等电点法沉淀溶液中的抗营养因子，但会受其他物质的干扰。

2. 光谱分析法

光谱分析法就是利用各种抗营养因子的结构特征光谱研究物质结构或测定其化学成分的方法。该方法在饲料行业中应用得较为广泛。用于检测饲料中抗营养因子的光谱分析法主要有紫外-可见分光光度法和红外吸收光谱法。

（1）紫外-可见分光光度法　抗营养因子能够将200～760纳米波长范围内的电磁辐射能吸收而产生分子吸收光谱，利用这种光谱进行物质定性、定量分析。例如，马铃薯中的龙葵素在波长530纳米用乙醇法、乙醇-乙酸法和混合溶剂法提取后测定；此测定方法测定棉籽或棉粕中的总棉酚，灵敏度达0.08微克。

（2）红外吸收光谱法　运用化合物中的含氢基团振动光谱的倍频及合频吸

收，当有机物分子受到红外光照射被激发后产生共振，同时吸收光的一部分能量，测量其吸收光并通过图谱分析可以对被测物质进行定性、定量分析。

3. 色谱分析方法

该方法是利用不同物质在不同相态的选择性分配，用流动相对固定相中的混合物进行洗脱，混合物中不同的成分会以不同的速度沿固定相移动，最终实现分离和检测。该方法主要包括气相色谱法、高效液相色谱法、薄层色谱法等。

4. 其他分析方法

酶联免疫分析法、电泳分析法、荧光分析法和核磁共振波谱分析法也能够检测饲料中的抗营养因子。

五、抗营养因子在养牛业中的影响

由于牛对抗营养因子的耐受力很强，如植酸会在牛消化道微生物作用下分解，而单宁和芥子碱主要是对饲料的适口性造成影响，因此在实际生产中各种抗营养因子无需全部去除，通过限制用量的方法直接饲喂牛即可。

对于经济作物副产物中含有大量糖类的物质，易引起蝇、细菌等微生物的滋生，饲喂时要注意及时调制，及时饲喂，避免被污染，同时应注意经济作物副产物中的抗营养因子，运用合理、经济的方法降低其抗营养性，提高各种饲用经济作物副产物的经济价值。

第二节　鲜饲应用技术

青饲（鲜饲）是将牧草刈割并经简单处理后直接饲喂畜禽的利用方式。牧草青饲具有柔嫩多汁、维生素与矿物质含量丰富、适口性好、营养损失少、纤维素含量低、消化利用率高、饲喂方便等特点，是夏秋牧草生长季节普遍采用的利用方式。在家畜饲粮中搭配适量的青草，可以有效促进家畜的生长、发育和繁殖，同时也可以提高肉、蛋、奶等畜产品的产量和品质。

一、青绿饲料的营养价值和适口性

青绿饲料的营养含量与饲草的种类、生长阶段和气候有关。同一物候期，豆科青草营养含量最高。在不同生长阶段中，以营养生长阶段和生殖生长初期，营养物质含量最高。青绿饲料营养丰富，蛋白质的含量较高，并且蛋白质生物学价值较高。有的青绿饲料的蛋白质含量要比禾本科的籽实还多，用青绿饲料作为基础饲粮可基本满足反刍动物对蛋白质的相对需求量。青绿饲料的氨基酸组成良好，尤其以赖氨酸、色氨酸的含量最高。青绿饲料含有丰富的维生素，可满足肉牛对维生素种类和数量的需求，其中包括维生素 C、B 族维生素、维生素 E、维生素 K、胡萝卜素等。因此，在以青绿饲料为基础饲粮饲喂反刍动物时不会出现维生素缺乏的情况。特别是在营养生长期和生殖生长初期，青绿饲料含干物质10%～25%，粗蛋白质1%～5%，粗脂肪不到1%，粗纤维2%～6%，无氮浸出物为10%左右，胡萝卜素含量为30～60毫克/千克，维生素含量是自然青干草的2倍左右。青绿饲料还含有较为丰富的钙、钾、磷等矿物质元素，以及铁、锰、铜、锌等微量元素，可以为反刍家畜提供充足的营养。

青绿饲料的适口性取决于饲草的种类和生长阶段。通常青绿饲草适口性比较为：豆科＞禾本科＞杂类青草。青绿饲料的含水量较高，有的水生类植物可高达90%以上，尤其是炎热的夏季，饲喂青绿饲料，可在一定程度上起到防暑降温的作用。青绿饲料的适口性良好，鲜嫩多汁，其纤维素含量低，消化率较高，合理地饲喂青绿饲料可提高饲粮的利用率。

二、青绿饲料种类

1. 豆科青绿饲料

豆科青草，富含蛋白质、维生素和钙等营养物质。目前使用较多的豆科青绿饲料主要为紫花苜蓿、三叶草和红豆草等，其中紫花苜蓿是目前种植面积最大的一种牧草，其营养价值高，品质好，产量高，适口性好，蛋白质、维生素等营养物质的含量较为丰富，但是其茎叶含有皂角素，反刍动物采食过量易引起臌胀病。

2. 禾本科青绿饲料

这一类青绿饲料的种类较多，主要包括天然草场、农作物、人工种植的牧草等，如羊草、黑麦草、冰草、早熟禾，以及青刈玉米。这类饲草蛋白质和钙含量较低，其营养价值低于豆科牧草，使用时应搭配其他饲草，以免发生亚硝酸盐中毒。

3. 其他类青绿饲料

叶菜类的饲料种类较多，可为人工栽培的一些饲料，也可以是蔬菜以及经济作物的副产品。最常见的叶菜类青绿饲料为萝卜叶、甘蓝叶、叶用甜菜等；常见的根茎类青绿饲料主要有胡萝卜、白萝卜、甜菜等。这类饲料适口性良好，水分含量高，干物质的含量少，能量不足，但是矿物质的含量较为丰富，在饲喂时要注意保持饲料新鲜。

树叶嫩枝也可作为青绿饲料，这类饲料主要是一些树木的幼嫩枝叶，如柠条、柳树、杨树、榆树、刺槐等。其含有较为丰富的蛋白质、粗脂肪以及胡萝卜素等，可提高反刍动物的食欲，提高采食量。水生植物常见的有水葫芦等，含水量极高，质地柔软，和其他青绿饲料相比营养成分的含量偏低。另外一些藤蔓类植物也可作为青绿饲料，其营养特点与叶菜类相似，如南瓜藤、马铃薯藤等。

三、青绿饲料利用原则

1. 适时刈割

适时收获是保证牧草质量、提高利用率的关键。具体生产中应根据所饲养的畜禽的品种、生产阶段、牧草种类、种草数量等综合因素合理确定刈割时间。但以牧草营养价值饲用效果好、生物产量适中时刈割为佳。

2. 保持新鲜

青绿牧草水分含量高，长期堆放因微生物活动和自身代谢发热会降低适口性，并且造成亚硝酸盐等大量富积，容易导致畜禽中毒。因此，牧草青饲必须保证草质新鲜、洁净，在生产中要尽可能按计划收获，随割随喂，减少堆放发酵时间，一旦草堆内部发热，要及时摊开晾晒，防止牧草霉烂变质。

3. 利用合理

青绿牧草是畜禽的优质饲料，但单位重量牧草的营养物质含量偏低或某些营养成分不足。在实际应用中，要选择不同牧草品种和饲料合理搭配使用，以实现营养物质互补，提高饲用价值。草食畜禽对粗纤维的消化利用能力较强，合理搭配豆科和禾本科青绿牧草，可以满足生产需要；对于猪、鸭等非草食畜禽，青绿牧草只能作为补充饲料使用，要选择粗纤维含量低并适时提早刈割的豆科和多汁类牧草品种。

四、青绿饲料利用方法

牧草青饲时要依据牧草种类、畜禽品种、加工条件等进行加工处理，以达到方便采食、减少浪费、提高利用率的目的。青饲牧草的加工处理方法主要包括切短、揉碎、打浆等。

1. 切短

对于牛、羊、驴（马、骡）、鹿等大中型草食家畜饲喂苜蓿时，可以不切短直接投喂，饲喂饲用高粱及其杂交种，苏丹草及其杂交种，青绿高大、粗茎牧草时，必须进行切短处理。对于兔、猪、鹅等中小型畜禽，各类青绿牧草都要切短后利用。饲喂牛、羊、驴（马、骡）、鹿等大家畜一般草段长度为3.0～5.0厘米。

2. 揉碎

对于青贮玉米、饲用高粱及其杂交种、苏丹草及其杂交种等粗纤维含量较高、表皮硅化而粗硬的禾本科牧草，利用揉碎机进行揉碎处理，可以改善适口性，增加采食量，提高利用率。利用上述牧草饲养牛、羊、驴（马、骡）、鹿等大中型草食家畜时，有条件的要进行揉碎后饲喂；利用豆科或多汁类牧草饲养鹅、猪等非草食畜禽必须揉碎后饲喂。

3. 用量合适

牧草青饲时，一般草食家畜可以自由采食，对于猪、禽等粗纤维消化能力较差的畜禽品种，则必须限量使用，以免影响饲养效果。反刍家畜饲喂青牧草特别是豆科牧草时，必须晾晒至完全去除牧草上的雨水或露水，以防家畜采食后发生瘤胃臌胀病。适当晾晒还能降低青绿牧草水分含量，提高牧草营养浓度，增加营养物质的有效采食量。

4. 防止中毒

防止亚硝酸盐中毒。青绿牧草特别是多汁类牧草大多含有硝酸盐，在长期堆放、代谢发热或蒸煮加热过程中，硝酸盐可被还原为毒性更强的亚硝酸盐。亚硝酸盐可致畜禽中毒，采食量较大时，畜禽能够在半小时内死亡。因此，要做好这类饲料的保存工作，保持通风，防止发生腐烂，最好随割随喂。

防止氢氰酸等氰化物中毒。部分禾本科牧草特别是青贮玉米、饲用高粱及其杂交种、苏丹草及其杂交种等苗期或再生初期有氰苷配糖体，反刍动物采食后，在瘤胃微生物的作用下，产生毒性更强的氢氰酸，导致动物快速死亡。有些植物本身就含有毒素，如夹竹桃、嫩栎树等，另外还有一些野草也可能有毒，因此在饲喂，尤其是在放牧时要注意仔细检查，防止误食毒草。

五、青绿多汁饲料的加工利用技术

青绿多汁饲料，包括块根饲料、块茎饲料、瓜菜类饲料和水生植物饲料等。

这类饲料具有水分含量高、干物质含量低、产量高、鲜嫩多汁和适口性好等特点。块根、块茎及瓜菜中的一些种类富含淀粉，蛋白质含量低，有效能值高，属于能量饲料。

1. 块根饲料的加工利用

(1) 饲用甜菜　又称饲用萝卜，是一种大型甜菜，全国各地都有栽培，而主要在东北、华北和西北种植。饲用甜菜适应性强，产量高，适口性好，块根和茎叶的营养价值均较高，其全株都是各种家畜良好的多汁饲料。在利用方式上，饲用甜菜的块根可鲜饲和鲜贮，其叶可青饲和青贮。不同的畜种应采用不同的饲喂方式。

用饲用甜菜的青贮料和青鲜料饲喂牛和猪，均有较高的消化率。但在饲喂时，必须注意其干物质含量特点，将其与其他干料配合饲喂，以满足营养需要。用块根喂乳牛，日喂量为 40 千克。用甜菜叶和块根喂猪时，最好生喂。因其在熟化的过程中有大量的维生素被破坏并浪费能量，在放置的过程中容易产生亚硝酸盐，引起急性中毒，甚至死亡，故应加以预防。青贮饲用甜菜可长期保存，是牛、羊的良好饲料。在饲喂时，青饲料和青贮料都不可喂量过多或长期单一饲喂，否则会出现腹泻、厌食等现象。

(2) 芜菁　又称莞根、圆根和不留客等。芜菁在我国的栽培历史较长，我国已培育出许多优良品种，主要分布于东北、华北和西北各省、市、自治区。芜菁既是蔬菜作物，又是一种适于高寒地区栽培的块根类饲料作物。

在北方地区，一般每亩（1 亩＝667 平方米）产块根和鲜叶 3000～4000 千克。在较好的栽培条件下，仅块根的亩产量即可多达 5000 余千克。芜菁富含维生素和矿物元素，并且总消化能较高。

芜菁为牛、羊所喜食。鲜叶肥厚，幼嫩多汁，在生长季节采取擗叶的方法进行青饲利用，也可秋季收获后青贮利用。块根可鲜贮鲜饲，喂牛时应切碎，以避免噎塞。芜菁含水量为 85%，是一种含水分较高的饲料作物。在利用时不可长期单一饲喂，而应与其他干料混合饲喂，避免因厌食和营养不平衡而造成动物生长发育不良。

(3) 胡萝卜　又称红萝卜和丁香萝卜等，既是一种蔬菜作物，也是鲜嫩多汁、品质优良的饲料作物。胡萝卜具有栽培容易、产量高、耐贮藏、营养丰富、适口性好等特点，栽培极广。

胡萝卜的主要营养物质是无氮浸出物，为鲜重的 6%以上；其胡萝卜素含量尤为丰富，每千克鲜胡萝卜中含胡萝卜素200毫克以上；含水分90%左右，粗蛋白质0.8%，粗脂肪0.2%，粗纤维0.8%，灰分0.8%。胡萝卜叶青绿多汁，适口性好，消化率高，为各种禽畜所喜食，适合饲喂各种禽畜。加入一定量的胡萝卜，用以饲喂奶牛，可提高产奶量和奶品质，喂幼畜有利于幼畜的生长和发育。

胡萝卜的块根和青叶，均为良好青饲料，可生饲或晒干饲用，但应以生饲为主。熟饲加热过程中破坏了胡萝卜素和维生素，会使其营养价值降低。

2. 块茎饲料的加工利用

块茎饲料有菊芋和马铃薯等。

（1）菊芋　人们一般把它当作蔬菜食用。其特点是含水量高，达80%～95%，属多汁饲料，富含糖类、矿物元素和维生素；纤维素含量低，不超过10%。表皮薄嫩，组织柔软，适口性好，易消化，消化能为2.0～4.7兆焦/千克。由于其细嫩多汁，因此在收获、运输和贮藏过程中，容易引起机械性损伤，导致微生物侵染，甚至腐烂。同时，也容易受冻害。其加工要点主要是采取正确措施，安全贮藏。

（2）马铃薯　在块茎饲料中，马铃薯占有重要的位置，是我国重要的栽培作物之一，东北、华北、西北和西南地区都有栽培，主要集中在东北、内蒙古和西北的黄土高原地区。马铃薯，又称土豆、洋芋和山药蛋等。它既是粮食作物、蔬菜作物和工业原料，又是重要的饲料作物。马铃薯有较高的块茎产量，每亩产量一般为2500～3000千克。其营养物质的主要成分是淀粉，占鲜块茎重的14%～22%。块茎的干物质含量较高，一般为17%～26%。粗蛋白质约占干物质的10%。粗纤维含量低，占干物质的4.4%。

马铃薯为多种家畜所喜食，可饲喂各种家畜，并具很高的消化率。马铃薯含有被称作龙葵素的生物碱，具毒性。一般情况下含量较低，对家畜无害。当块茎变青、发芽时，其含量增加，此时饲喂家畜容易出现中毒现象。因此，当马铃薯发芽或变青时，应将芽或变青部位去掉，或经蒸煮后才可饲喂，以避免家畜中毒。

3. 瓜菜类饲料的加工利用

（1）南瓜　又称中国南瓜和倭瓜。南瓜具有较长的栽培历史和较广的种植区域，在我国的南北各地均有种植。南瓜具有产量高、营养丰富、耐贮藏等特点。其果实为多种禽畜所喜食，藤蔓也是良好的饲料。

南瓜有菜用南瓜和饲用南瓜之分。饲用南瓜的产量较菜用南瓜高。其瓜果每亩产量可达1500～4000千克，鲜茎叶每亩产量为1500～2000千克。南瓜营养物质含量的特点：淀粉含量高，纤维含量少。饲用南瓜的水分高达90%以上；粗蛋白质含量为干物质的13.85%，无氮浸出物为干物质的67.68%，粗纤维占10.77%。

南瓜收获时，应在外皮变硬时采摘。过早采摘的南瓜含水量高，干物质含量少，适口性差，不耐贮藏。南瓜果肉具甜味，适口性好，畜禽均喜食。南瓜多以青饲利用为主。因其含水量在90%以上，故不宜单一饲喂。南瓜的胡萝卜素含量较高，适于饲喂泌乳家畜和繁殖家畜。南瓜的淀粉含量较高，可作为能量饲料，替代一部分精料。其茎叶粉碎后，可与其他饲草混合青贮利用。

(2) 饲用甘蓝　是甘蓝（或称为卷心菜、莲花白与包菜）的一个饲用型品种。饲用甘蓝与蔬菜型甘蓝在植物学特征上存在较大差异。蔬菜型甘蓝卷心结球，而饲用甘蓝不结球，具有很高的茎，茎上生有多而肥大的叶片。饲用甘蓝在我国南北各地均可栽培种植，是一种优良的叶菜类饲料作物。饲用甘蓝具有产量高、品质好的特点，是重要的青绿饲料作物。

饲用甘蓝产量较高，一般每亩产量为3000～4500千克。其营养价值较高，主要成分为无氮浸出物和粗蛋白质，含量分别占干物质的46.6%和20.3%。粗纤维含量较低，约为14%。饲用甘蓝鲜嫩多汁，适口性好，为各种畜禽所喜食。饲用甘蓝应以青饲利用为主。当株高达到50厘米时，即可自下而上地逐渐割叶青饲利用。一次割两片，间隔10天左右割一次。当水肥充足、生长茂盛时，可缩短采收的间隔日数。至霜冻即将来临时，将老茎齐地一次性割回利用。当产量较高且较为集中，直接青饲难以利用完时，可采取青贮的方法，进行贮藏利用。

饲用甘蓝是奶牛的好饲料。但由于饲用甘蓝中含有芥苷，在挤奶前饲喂甘蓝，挤出的奶中存有芥子气味。因此，宜在挤奶后饲喂。饲用甘蓝具有较高的水分，应避免单一饲喂，而应将它与其他青干料及精料配合饲喂。否则，会不利于幼畜的生长发育，降低家畜的生育能力。

4. 水生植物饲料的加工利用

(1) 水葫芦　又称凤眼莲、水仙花、水绣花等，是一种野生的水生植物。原产于珠江流域，在长江以南的各省、市、自治区均有分布。山东、辽宁、河北、陕西等地也已引进，并生长良好。水葫芦具有生长快、产量高、适应性强、易于管理、利用期长等特点。水葫芦主要以无性的方式进行繁殖，其繁殖能力强，生长速度快。当放养水塘水面已长满水葫芦时，即可采收。采收时，应先捞取发育较老和密度大的，采收量以不露空余水面和剩余植株能相互接触为宜。水葫芦的产量很高，在南方地区种植，每亩水面可采收青鲜饲料 5×10^4 千克左右。水葫芦虽然产量很高，但其水分过大，适口性较差，饲用价值偏低。鲜样的主要营养成分含量为：水分约 94%，粗蛋白质 1.2%，粗纤维 1.1%，无氮浸出物 2.3%。水葫芦可青饲，也可做成青贮饲料和发酵饲料。青饲时，用净水冲洗后即可饲喂。青贮加工时，先将捞出的水葫芦晾晒 1～2 天，切碎并拌入糠料后再进行青贮。发酵利用时，应将新鲜的水葫芦切短打浆，并拌入糠料后发酵 1～2 天，产生酸香味时即可饲用。

饲喂水葫芦时，要避免单一长期饲喂，应与其他水分含量较低的饲料配合使用。

（2）水花生　又称水苋菜和喜旱莲子草等。水花生原产于南美洲，我国长江流域各地均有种植，以江苏和浙江两省为多。水花生具有生长快、产量高、茎叶柔软、适口性较好、种植方便等特点，是一种较好的青绿水生饲料。

水花生的含水量较其他水生饲料少，营养价值较高。鲜样营养成分含量为：水分 90.79%，粗蛋白质 1.28%，无氮浸出物 2.03%，粗纤维 4.03%。水花生生长快，茎枝茂盛，当长出水面 20～30 厘米时即可收割。过晚收割，会出现因郁闭度过大而腐烂。水花生一般每亩可收鲜草 1.5×10^4～2.5×10^4 千克，产量较高。

水花生茎叶柔软，牛、羊喜食。利用时，可青饲，也可青贮利用或晒制干草。由于水花生的含水量低，稍加晾晒后进行青贮可制成品质优良的青贮饲料。青饲时，也应避免单独长期饲喂。如果长期单独饲喂水花生，家畜就会出现生长发育不良和生产能力下降的现象。

（3）水浮莲　又称大浮萍、大叶莲、水莲花和水白菜等。它是一种野生的水生植物，分布于热带和亚热带，原野生于珠江三角带的沼泽地，在长江和黄河流域都有养殖。水浮莲具有生长快、产量高、利用期长的特点。放养水浮莲可有效利用水面，扩大饲料来源，促进家畜养殖业的发展。

当水浮莲长满放养水面时，即可采收。捞取量以不超过放养水面的 20% 为宜。水浮莲的产量很高。在广东省，每亩水面可采收青鲜水浮莲 10×10^4 千克左右。在华北地区，每亩水面可产青鲜水浮莲 0.5×10^4～1×10^4 千克。水浮莲虽然产量很高，纤维素含量低，根叶很柔软，但是水分多，适口性较差，饲用价值较低。其鲜样的主要营养成分含量一般为：水分 95.35%，粗蛋白质 1.1%，粗纤维 0.75%，无氮浸出物 1.3%。水浮莲可青饲，也可做成青贮饲料。因其青嫩多汁，故多青饲，但以切碎打浆后与糠料或干粗饲料混合饲喂为宜。青贮时，因水分较高不宜单贮。可晾晒 2～3 天后，与干粗饲料混合青贮。水浮莲水分高，营养价值低，应避免单一长期大量饲喂。家畜饲喂水浮莲有时会发生中毒现象，停喂后症状即可消除。

水浮莲在放置的过程中容易产生亚硝酸盐，引起动物急性中毒，甚至死亡，故应加以预防。

六、青绿饲料在反刍动物饲养中的应用

研究表明，紫花苜蓿、黑麦草和青花菜叶单独饲喂泌乳奶牛时，对产奶量影响不明显；紫花苜蓿和黑麦草分别搭配青花菜叶饲喂泌乳奶牛，可明显地提高其产奶量；紫花苜蓿、黑麦草和青花菜叶同时搭配饲喂泌乳奶牛，能够显著地提高其产奶量；豆科牧草、禾本科牧草和青绿多汁饲料合理搭配饲喂，能有效地降低饲料成本，提高经济效益。研究显示，当精料∶粗料＝4∶6 时，青饲料添加水平的最佳量为 5%；而动物被饲喂精、粗料比为 6∶4 饲粮时，最佳青饲料添加量为 10%。青草添加 5%和 10%显著提高了瘤胃 pH，而青草添加 20%却使瘤胃 pH 降低，但差异并不显著。饲粮中添加 6%鲜番茄皮籽对奶牛干物质采食量和产奶量有提高作用，奶牛乳尿素氮和血液尿素氮均处于正常生理指标范围，而添加 12%鲜番茄渣则会降低奶牛干物质采食量和产奶量；奶牛饲粮中添加 10%和 20%干燥番茄皮籽可提高奶牛产奶量、干物质采食量，提高乳成分中的乳脂率，节约奶牛饲喂成本。

七、青绿饲料脱毒技术

1. 氰苷毒理作用

有些青绿饲料在幼苗生长期含氰苷量较高，刈割后再生的幼苗含氰苷量更高，还有三叶草、亚麻叶、亚麻籽饼、苦杏仁、桃仁等也含有氰化物。

含有氰苷的饲草进入家畜机体后，氰苷发生酶解作用产生剧毒的氢氰酸。摄入较少时，家畜在 3～6 小时后呼吸加快、流涎、可视黏膜鲜红色、瞳孔散大；摄入过多时，很快转为抑郁、衰弱无力、四肢麻痹、卧地不起，头歪向一侧，眼

球、心脏活动微弱，呼吸浅表微弱，直至呼吸麻痹而死亡。

2. 防治措施

①不能喂给过量的含氰苷类饲草，而且喂给的含氰苷类植物要经脱毒处理，并与其他饲料搭配饲喂。②对中毒家畜首先用1%的亚硝酸钠，按每千克体重1毫升加在10%～15%葡萄糖溶液内静脉注射；紧接着用5%～10%硫代硫酸钠，按每千克体重1毫升加在10%～15%葡萄糖溶液内静脉注射，待1小时后，如中毒症状不见好转可按上法再注射1次。③洗胃排毒，用0.1%～0.5%的高锰酸钾溶液或3%的过氧化氢液洗胃，然后内服10%硫酸亚铁浓液10毫升。

木薯植株中含有氰苷，所以饲喂新鲜的木薯块根必须要经过脱毒处理。可采用浸水、晒干、烘干和水煮4种方法处理木薯，处理后氢氰酸含量均降低，去除氢氰酸能力的大小依次是水煮＞烘干＞晒干＞浸水。

3. 亚硝酸盐的毒理作用

青绿饲料如饲用甜菜、萝卜叶、芥菜叶、油菜叶等均含有硝酸盐，硝酸盐本身无毒或低毒，但是在细菌的作用下，硝酸盐可被还原为有毒的亚硝酸盐，毒性大大增加，也会引起家畜中毒。

4. 防止亚硝酸盐中毒的措施

青绿饲料不宜堆放时间过久，防止霉变腐败，应保持通风。

王胜祥等研究了28种青绿饲料在室温条件贮存期间亚硝酸盐含量的动态变化，结果显示，各种牧草的亚硝酸盐含量随贮存时间的增加而增加，升高至峰值后又缓慢下降。峰值出现的时间集中在贮存48～144小时之间。认为抑制硝酸还原菌的活力是降低亚硝酸盐含量的关键。各种青绿饲料的贮存时间不应超过48小时。苋科植物应现收现用，不宜贮存。

第三节　青贮制作技术（专贮、混贮）

青贮饲料，是指在厌氧环境下，经过乳酸菌发酵，调制成的可长期保存的青绿多汁饲料。青贮饲料原料来源广泛，许多禾本科、豆科植物，一些块茎甚至树叶，以及许多经济作物副产物都可以制作青贮饲料。

经济作物副产物经青贮调制后纤维素含量降低，蛋白质和维生素含量升高。青贮饲料还具有芳香味，柔软多汁，适口性好，有利于动物消化吸收，提高消化率。通过发酵过程还可杀灭副产物中的有害微生物和病虫害，延长这些副产物的贮藏期。因此，青贮发酵是经济作物副产物加工利用的有效措施，可在畜牧生产中广泛应用。

一、青贮的特点

1. 保持营养成分

经济作物副产物在发酵过程中处于厌氧状态，氧化分解作用弱、损失小，一般营养损失不超过15%，低于其他饲草调制、保存方法，并可以有效维持饲草中的蛋白质和维生素。青贮饲料可以缓解青饲料供应的季节性和均衡青饲料供应的矛盾，满足反刍动物全年对青绿多汁饲料的需要，从而保证反刍动物全年维持较高水平的营养状态和生产水平。在奶牛和肉牛养殖业中，青贮料已经成为创造高产和节约化经营不可或缺的重要饲料。

2. 扩大饲料来源

农作物（如玉米、水稻、高粱等）的秸秆，大多数质地粗硬，纤维素含量高，消化率低，适口性也差，如果能及时进行青贮，既可以避免营养物质丢失，又可使其成为柔软多汁芳香的青贮饲料。还有一些饲料青饲或晒成干草，通常会有异味，影响适口性，家畜不喜食，如一些菊科植物、马铃薯茎叶等，但是经过发酵后，却成为家畜喜食的良好饲料。青贮可以有效扩大饲料来源。

二、青贮的发酵过程

青贮的发酵过程，一般分为三个阶段：好氧性微生物繁殖期、乳酸发酵期和青贮保存期。

1. 好氧性微生物繁殖期

新鲜青贮原料在青贮窖内封存后，植物细胞并没有立即死亡，仍延续生命大概1～3天。期间，由于植物细胞受到机械挤压而渗出的细胞液中含有丰富的碳水化合物，为好氧微生物大量繁殖提供了温床。假单胞菌属等好氧菌通过有氧呼吸，分解有机物，直到窖内氧气几乎消耗殆尽。

2. 乳酸发酵期

经过3天左右的植物细胞呼吸作用和好氧性微生物活动，氧气耗尽而产生二氧化碳，好氧性微生物停止活动，窖内形成厌氧环境，这时就进入了植物分子间的厌氧呼吸和快速的乳酸菌发酵阶段。植物分子间呼吸主要是在细胞内酶的作用下消耗体内氧气，产生二氧化碳、水和有机酸，并伴有放热的过程。乳酸菌迅速繁殖，分解可溶性碳水化合物，产生大量乳酸，使青贮物料的 pH 值迅速降低，致使腐败细菌、酪酸菌等活动受到抑制而停止，菌群数量减少直至死亡。一般乳酸发酵大约在原料装入之后的 4～6 天，此时的乳酸菌为明串珠（球）菌属、片球菌属、链球菌属、肠道球菌属、乳球菌属等的球菌以及乳杆菌属的杆菌。一般发酵初期以球菌繁殖为主，随着 pH 值的下降球菌繁殖能力减弱，接着耐酸的乳酸菌的繁殖占主导地位，进一步降低 pH 值。

乳酸菌的繁殖和发酵过程，是青贮质量的决定性阶段，在生产中要尽可能地创造有利于其乳酸菌发酵的环境条件，缩短和避免其他发酵过程。

3. 青贮保存期（发酵稳定期）

如果原料中的可溶性糖含量充足，并且能保证厌氧条件，经过旺盛的乳酸发酵，当乳酸生成量达到新鲜物料的 1.0%～1.5%时，pH 值会在 6 天以后迅速下降至 4.0 以下。当 pH 值降至 4.2 以下时，不良细菌的繁殖受到完全抑制，青贮发酵进入稳定状态，可长期保存。

4. 酪酸发酵

青贮原料不佳、调制方法不当、青贮设施漏气等会导致乳酸发酵过程中所产生的乳酸转化为酪酸，进入酪酸发酵。酪酸发酵使牧草中的蛋白质和氨基酸被分解成胺类物质，导致 pH 值升高，青贮品质下降甚至失败。通常这种变化在青贮填装后的 30 天左右发生。

酪酸菌能够在厌氧条件下进行丁酸发酵，分解糖和乳酸，并转化成酪酸，属于一种厌氧性芽孢形成菌，在完全厌氧条件下也能生长。若大量产生酪酸时，青贮饲料不仅有腐臭味，而且有大量养分损失。酪酸菌繁殖也引起蛋白质分解而产生大量氨基酸、胺和硫化氢等物质，形成具有刺鼻臭气的产物，伴有碱性反应，酪酸菌还能破坏青贮牧草中的叶绿素，在其外表形成不同程度的黄斑，这些物质和酪酸一起引起青贮饲料腐败。

5. 取用阶段

取用阶段是指在青贮饲料被打开时暴露在空气中的阶段。在这个阶段，受抑制的微生物重新被激活并破坏青贮饲料中的养分，主要是将残余的可溶性碳水化合物（WSC）和乳酸分解为二氧化碳、水和酒精，降低其在饲喂上的营养利用价值。参与到青贮变败的微生物主要包括酵母菌、霉菌和肠杆菌等。

研究表明，青贮有氧腐败的微生物或许本身就存在青贮原料中，并在青贮过程中存活下来。这意味着，青贮原料初始自然附着变败菌的数量和种类会影响到青贮饲料开封之后的有氧稳定性。因有氧变质而产生的损失所占的比例最大，约为干物质的10%～30%。

三、青贮条件

1. 适量碳水化合物

饲料中的乳酸菌主要以消化碳水化合物（糖类）为自身提供能量而进行生长繁殖，并在代谢过程中把糖转变成乳酸。青贮成败的关键在于乳酸菌的繁殖数量，糖对乳酸菌的繁殖具有决定性作用。因此，青贮原料必须含有较高的糖类。常用作青贮原料的可溶性碳水化合物的含量一般占饲料干物质的10%以上，或鲜重的3%以上。正常情况下，禾本科作物碳水化合物含量较高，利于乳酸发酵，可单独青贮，如玉米秸秆、水稻秸秆。豆科牧草，蛋白质含量高，糖分含量较低，不利于乳酸菌快速繁殖，不适宜单独青贮，如苜蓿、草木樨、沙打旺等，可采用与玉米秸秆等含碳水化合物较高的饲草混合青贮的方式加以解决。

2. 适宜的水分

饲草青贮时要有一定的湿度，这是促进乳酸菌发酵的重要条件。一般青贮原料的含水量以65%～75%为宜，质地粗硬的原料含水量较高为宜，幼嫩多汁的原料含水量可较低。青贮牧草如果所含水分过少，贮藏时不易踩紧、压实，会增加窖内空气残留量，可致好氧菌大量繁殖，抑制乳酸菌繁殖，pH达不到要求，严重时会使青贮原料霉烂，导致青贮失败。如果青贮原料含有的水分过多，植物细胞液中的糖分和胶状物质会被过度稀释，不能达到乳酸菌发酵时所要求的糖分浓度，乳酸菌繁殖也会受到影响，青贮过程中同样会出现腐烂现象。如果牧草过于干燥，则需添加适量的水，或加入含水量较高的牧草，混合均匀后青贮。

判断青贮原料含水量的简单方法：用手抓起刚切碎的青贮原料用力挤压，如指缝有水流下，说明水分含量高；如指缝不见水，说明水分含量低；如指缝见水但不流下，则说明水分含量适宜。

3. 温度

温度也是影响青贮饲料制作过程的一个重要因素。在生产实践中，正常的青贮发酵过程能够达到乳酸菌等有益菌大量繁殖的温度要求。一般情况下青贮发酵最适温度为20～30℃，温度低于20℃乳酸菌生长繁殖受到抑制，原料难以在短时间内酸化，延长了青贮时间。青贮温度在40～50℃时，牧草营养成分损失率可以达到20%～40%。

4. 厌氧条件

创造厌氧环境促进乳酸菌发酵是青贮成功的关键。只有在厌氧条件下，乳酸菌才能在短时间内大量繁殖并进行正常代谢，分解可溶性碳水化合物，产生大量乳酸，迅速降低青贮料 pH，饲草营养成分及性状得以长期保存。厌氧条件在促进乳酸菌繁殖的同时，也抑制了植物酶对营养成分的无效消耗和对乳酸菌发酵的影响，以及各种好氧菌及酪酸菌的活动，从而减少青贮中干物质消耗以及对牧草青贮饲料品质产生的不利影响。压紧、快装、封严可以迅速而持久地创造一个厌氧环境，是调制优质青贮的重要条件。

5. 其他条件

适宜的切割长度：如果青贮原料切割得太短则会导致刺激奶牛咀嚼的有效纤维减少，容易发生瘤胃酸中毒。青贮原料切割得太长则会影响青贮窖的压实密度，导致青贮饲料变质。适宜的长度应控制在2.0～3.0厘米，如干物质含量在35%以下的全株玉米，其切割长度应控制在1.0～2.0厘米；干物质含量在35%以上很难被压实的全株玉米，其切割长度应控制在0.5～1.5厘米。

四、青贮方式

依据青贮的装置不同将青贮方式划分为塔贮、窖贮、裹包和堆积（表2-4）。在实际生产中要根据当地气候条件、装卸速度、容量大小，选择合适的贮藏方式。每一种青贮方式都有优势和不足，应根据具体情况选择适宜的青贮方式。其基本要求是因地制宜，投资少、易操作、易于密封、便于取用。

表 2-4　不同青贮方式优缺点

青贮方式	优点	缺点
塔贮	青贮仓与空气的接触面积小； 不需要很大的建筑面积； 在填充和饲喂时能够最大限度地利用机械； 在冬季时方便卸载； 容量大	起始成本高； 卸载速度慢； 无法贮藏高水分含量作物
窖贮	不需要精良的机械设备用来填充； 制作耗能少； 卸载快； 排水良好，方便取用，便于管理； 适宜小规模养殖户使用	不易压实和包裹

续表

青贮方式	优点	缺点
裹包	青贮系统灵活，可根据需要增加或减少； 起始花费少	需要高品质的薄膜
堆积	便宜	干物质耗损大； 与空气接触面积大； 难压实

青贮原料的种类很多，大体可分为三类。第一类为易于青贮的原料，如玉米、高粱、甘薯藤、胡萝卜秧、南瓜及禾本科牧草等。它们含有较多或适量的可溶性糖类，可供乳酸菌发酵利用，以形成足量的乳酸。第二类是不易于青贮的原料，如苜蓿、紫云英、三叶草、金花菜、草木樨、大豆、豌豆及马铃薯秧等，含糖分少，这类原料适于与第一类原料混合青贮。第三类如南瓜藤、西瓜藤等，含糖分太少，单独青贮很难成功，应与易于青贮的第一类原料混合青贮，或添加适量能量饲料如糠麸等，也可以添加无机或有机酸青贮，均能取得较好的效果。

1. 一般青贮

（1）青贮前准备　如果是首次制作青贮饲料，首先要检查青贮容器是否完好，排水系统是否完整畅通等；其次根据实际情况和条件进行设施的准备。如果已多次制作青贮饲料，要对现有青贮设施进行清洗、消毒或维修，以备使用。

（2）青贮饲料原料的制作　青贮原料进行切碎的好处，一是利于原料中糖分的渗出，使原料的表面湿润，有利于乳酸菌的迅速生长和发育；二是便于压实，可排出原料缝隙间的空气，为乳酸菌创造厌氧环境，抑制植物细胞与好气性微生物的呼吸作用，防止青贮饲料温度升高，造成养分的分解、维生素的破坏和消化率的降低。此外，也可防止有害微生物因活动时间长而引起的青贮饲料变质。切碎物料的长度由原料的粗细、软硬程度、含水量来决定。

（3）调节青贮原料水分　青贮原料的含水量直接影响青贮饲料的品质。一般禾本科牧草和饲料作物的含水量应为60%～75%，豆科牧草含水量应为60%～70%。当原料含水量较高时，一般采用晾晒或掺入粉碎的干草、干秸秆、谷物等方法进行调节。当含水量过低时，可掺入一些含水量较高的原料混合青贮。

（4）装填与压实　切碎的原料应立即装填，如果是青贮窖或青贮壕，可先在窖（壕）底铺10～15厘米厚的切短的软草，以吸收青贮原料渗出的汁液，窖（壕）四周要铺垫塑料薄膜，以加强密封，防止漏水和漏气。装填的同时必须用拖拉机或其他镇压器层层压实，特别要注意周边部分的镇压。青贮原料以一次装满为佳，如果是大型青贮窖（壕），也应在 2～3 天内装满。

（5）做好密封　青贮原料装填完毕应立即密封，这是调制优质青贮饲料的关键之一。一般先在原料上面盖 10～20 厘米厚切短的秸秆或软草，然后用塑料薄膜密封，薄膜上再加盖 30～50 厘米厚的土或其他物品。青贮设施如密封不严，进入空气和水分，将会导致腐败菌、霉菌的繁殖，使青贮失败。

（6）精心管理　密封后的青贮窖、青贮壕等应经常检查，发现有漏气之处必须及时密封。青贮窖、青贮壕等的四周还要挖排水沟，以利于排出积水。

如红薯渣是饲养家畜的良好饲料，但其含水量高，如不及时晒干就会引起酸败变质。晒干后红薯渣的营养成分损失大，饲喂费时、费工，既不方便又不经济。而采用鲜贮，其营养成分比晒干损失少、松软多汁、适口性好、利用率高、饲喂方便。其具体做法是：用无毒聚乙烯塑料薄膜制袋→选地势高、排水畅通、离畜禽舍近的地方挖窖→把红薯渣装入袋内压实封口→封窖。数天后开袋饲喂，开袋后的优质粉渣呈乳黄色，气味酸甜芳香，手感柔软湿润；如呈灰褐色，并有酸臭味或霉烂气味则不宜喂用，以免家畜发生中毒。

2. 混合青贮

当某种牧草本身不完全具备青贮条件时，可配合其他原料混合后青贮。不易青贮的饲草一般含糖量比较低，不利于乳酸菌生长繁殖。选择混合青贮原料的标准就是能够补充含糖量高的饲草。

混合青贮的制作方法与单贮基本一致，关键是青贮原料的搭配要合理，混合要均匀。李胜开等（2017）研究发现，香蕉茎叶∶木薯渣∶稻草＝65∶30∶5 的比例混合发酵 28 天后，青贮饲料的 pH 最低，颜色呈淡黄绿色、有光泽，茎叶分明且结构保持良好、不黏手，有酸香味，其青贮品质较高。同时，粗蛋白质、粗脂肪、中性洗涤纤维、粗纤维和粗灰分含量均显著提高，单宁含量有所降低。进一步混合青贮饲料和单独青贮饲料（青贮玉米秆和新鲜象草）对育肥后期夏南牛生长性能的影响的研究表明，两种青贮方式在平均日增重上无显著差异，混合饲料组肉牛干物质采食量、料重比显著低于其他组。有关番茄渣单贮和番茄渣分别与梨渣、小麦秸秆、玉米秸秆混合青贮效果的研究表明，番茄渣与梨渣混合发酵青贮质量最佳。且用此青贮料替代部分全株玉米青贮可有效地降低玉米青贮的使用，降低生产成本，显著提高乳蛋白。玉米秸秆和废弃白菜质量比为 21∶27 的混贮乳酸含量、干物质量显著高于其余混贮组，不仅可以实现秸秆的长期保存，还能使白菜在贮存期间得到降解，防止尾菜腐烂污染环境。苹果渣与玉米秸秆混贮饲料对育肥肉牛影响的研究显示，混合青贮可以显著改善饲料的适口性。苹果渣与玉米秸秆混贮饲料，不仅营养价值高，而且廉价、质软、味香、适口性好，综合利用了苹果渣和玉米秸秆两者的特点，较单一的鲜渣贮存具有更强的实用性与利用价值。

五、青贮添加剂

青贮添加剂大体可以分为促进乳酸菌发酵物质和抑制不良发酵物质两种。生产上应用较多的促进乳酸菌发酵物质包括糖蜜、玉米面、麸皮、甜菜渣、甘薯渣及乳酸菌制剂等。添加上述原料后能够提高青贮原料中易溶性糖含量，满足乳酸菌繁殖需要。抑制不良发酵的物质主要有甲酸、微生物添加剂、液氨、福尔马林等。

甲酸的主要作用是可以降低最初阶段的 pH，为乳酸菌繁殖创造适宜的条件。微生物添加剂的作用是促进乳酸菌发酵，降低青贮温度，减少青贮原料发酵时营养物质的损失。液氨的作用是增加青贮原料中蛋白质含量。添加福尔马林的作用是抑制常规青贮中不可避免的一次分解作用。

添加青贮添加剂能够确保不易制作青贮的豆科、多汁类牧草等高蛋白质、高水分原料调制出优质青贮饲料。不同种类的添加剂能够在不同的方面改善青贮饲料的发酵品质。通常来说，添加剂被用来降低干物质损失，提高干物质消化率和增强有氧稳定性。

在保存良好的青贮饲料中，干物质在发酵过程中的损失率一般不超过 8%，其中主要的营养损失来自保存和饲喂过程中的有氧发酵。真菌特别是酵母菌能分解乳酸、升高 pH，是引起青贮饲料变败的主要原因。虽然采用一些化学和生物添加剂在抑制真菌生长方面取得了一定的成果，但有氧发酵依然没有得到有效的解决，使其成为目前青贮微生物学研究的一个重要课题和难题。与生物添加剂相比，化学添加剂能够快速改善青贮饲料的有氧稳定性，因此具有抗真菌性质的化学添加剂已经被用于提高青贮饲料的有氧稳定性。山梨酸钾和苯甲酸钠也已经被用于提高青贮饲料的有氧稳定性。例如，向青贮玉米中添加 0.1%山梨酸钾有助于提高有氧稳定性并降低酒精的含量。美国学者报道了一种包含苯甲酸钠、山梨酸钾和硝酸钠的青贮添加剂，能够改善很多干物质大于 35%青贮作物的有氧稳定性，并且这三种物质具有抗真菌和细菌的聚合效应。然而，到目前为止，青贮饲料的化学添加剂却没有得到广泛的应用，其中一个最重要的原因是生产成本太高。因此研究出一种低成本、安全可靠和抗真菌的化学添加剂是十分有意义的。

将酶制剂复合物（主要是纤维素酶和半纤维素酶）添加到青贮饲料中，能够在发酵过程中把纤维素降解成能被乳酸菌利用的可溶性碳水化合物。Henderson等发现将植物乳杆菌和酶制剂组合添加到麦秸青贮饲料中，比乳酸菌或酶制剂单独添加效果更好，可能的原因是添加纤维素酶将秸秆中的纤维素降解为单糖或更易被乳酸菌利用的糖，为乳酸菌的发酵提供了更多的底物。然而酶制剂的高昂价格阻碍了这种方法的推广。2015 年，韩国科学家从白蚁体内分离到一株能够大量产生纤维素酶的酵母菌，并将其添加到稻秸青贮饲料中，发现不仅能够改善发酵品质，而且可使纤维素的降解率提高近 16%。这或许可以替代价格昂贵的纤维素酶制剂。

六、青贮管理

在常温条件下，饲草青贮需要 2～7 周时间。青贮完成后，无论是陆续饲喂，还是继续保存，都应该对青贮饲料进行科学管理，既可以保证青贮料质量，又可以延续饲草利用时间。

（一）开窖前的管理

在青贮发酵前期或发酵成熟后，应经常检查青贮设备密封情况，严防雨水渗漏和空气进入。青贮容器封严后，四周应修建排水沟，同时在青贮容器上面搭建遮雨棚。要注意随时检查，必须杜绝漏气、雨水淋入。

（二）开窖后的管理

1. 青贮容器的开启

地下式青贮窖要先把覆土全部取掉，打开塑料膜等覆盖物，由顶到底分层取用。长方形窖或壕，应从一端开始取用，先把计划取料处顶土和覆盖物取掉，由上至下截面取用。在取土和打开塑料膜时，应防止泥土掉入污染青贮饲料。

2. 青贮饲料的处理

取出的青贮饲料如果呈黄绿色，柔软、有酸香味，说明质量很好，即可使用；如果发现颜色呈黑色，有臭味，手感发黏，则表明青贮饲料已经霉败变质，应立即取出处理掉，不能使用或允许其继续留在青贮容器内，以免影响家畜健康或污染其他饲料。青贮饲料在空气中容易变质，一经取出应尽快饲喂。食槽中家畜没有采食完的青贮饲料要及时清除，不能再放回青贮容器内。

3. 及时密封窖口

每次青贮饲料取完后，应及时用塑料膜等密封窖、壕的开口处，以防青贮饲料长期暴露在空气中氧化变质。

4. 防止青贮饲料冻结

在寒冷的地区或季节，要采取保暖措施，防止青贮饲料冻结。一旦青贮饲料冻结，必须化冻后再饲喂家畜。

5. 防止鼠害

老鼠可能会在青贮容器周围的一些部位打洞做窝，影响青贮容器的密封性并污染青贮饲料，应采取措施加以防治。

6. 预防二次发酵

青贮饲料启封后，由于管理不当引起霉败、变质的现象，称为二次发酵。二次发酵主要是霉菌、酵母等好氧微生物大量繁殖，使青贮饲料温度和 pH 升高，最终彻底霉败、变质。防止青贮饲料二次发酵，必须避免开启后混入泥土或污物以及有害微生物等污染青贮饲料。

七、品质评价

青贮饲料发酵品质与贮藏过程中的养分损失和青贮产品的饲用价值有关，并且影响家畜的采食量、生理功能和生产性能，正确评价青贮饲料品质，可以为确定青贮饲料等级和制订饲喂计划提供依据。

青贮品质鉴定有两种方法：一种是根据发酵状况即发酵品质（狭义品质）评价；另一种是根据青贮饲料的饲用价值（广义品质）判断。通常所指的青贮品质为狭义品质。生产中常用感官评定法对牧草青贮进行质量评价。

（一）感官评定

感官评定主要是根据青贮后牧草的气味、颜色和质地等指标确定青贮质量。

1. 气味

品质优良的牧草青贮饲料，具较浓郁的酸味、果香味或芳香气味，气味柔和，不刺鼻，给人以舒适感。品质中等的青贮料，稍有酒精味或醋味，芳香味较弱。劣质青贮料带有刺鼻气味，或是腐败味，或是氨臭味，不能饲用。

2. 颜色

品质良好的青贮饲料呈青绿色或黄绿色。中等品质的牧草青贮饲料呈现黄褐色或暗褐色。品质低劣的牧草青贮饲料多为暗色、褐色、墨绿色或黑色。

3. 质地

品质良好的青贮饲料拿在手中感觉比较松散，质地柔软，略显湿润，植株的叶、小茎、花瓣等较易分辨。质地较差的青贮饲料黏成一团，或者质地松散干燥粗硬。

（二）青贮质量标准

我国对青贮饲料的感官评定标准如表 2-5 所示。

表 2-5　青贮饲料感官评定标准

等级色	味	嗅	质地
绿色或黄绿色	酸味浓	芳香味重	柔软湿润，保持茎、叶、花原状，松散，叶脉及绒毛清晰可见
黄褐色或暗绿色	酸味中等	芳香味弱，微有酒精或醋味	基本保持茎、叶、花原状，柔软，水分稍多或稍干
严重变色，褐色或黑色	酸味很小	刺鼻腐臭味、腐败味或霉味	干燥松散或黏结成块

第四节　干草应用技术

牧草刚收获以后，不容易贮存，要想使其保存时间长，减少养分流失，需要进一步深加工。干草调制就是牧草深加工的一种形式，其产品可作为反刍动物的重要能量来源。干草因具有营养好、易消化、成本低、简便易行、便于大量贮存等特点，而为畜牧养殖业所必需。影响干草品质的因素有饲草种类、刈割时期和干燥方法等。干草贮藏也是实际生产中非常重要的环节。

一、干草的种类

干草按照饲草品种的植物学分类分为以下几种：

1. 豆科干草

（1）紫花苜蓿　是目前世界上分布最广的豆科牧草，广泛种植于我国的北方地区。苜蓿被称为“牧草之王”，其茎叶柔软，适合调制干草。调制干草适宜的收割期为初花期，优质苜蓿干草粗蛋白质的含量是 16%～20%，粗脂肪含量是 3%～4%。如果收割过晚会使营养成分含量下降，干草质地粗硬；收获过早会影响产量。

（2）沙打旺　也叫直立黄芪，属于多年生草本植物。沙打旺在初花期收割，调制干草比较适宜。沙打旺干草粗蛋白质含量为12%～17%，粗脂肪2%～3%。沙打旺晾干后茎秆比较粗硬，用整株饲喂动物利用率较低，最好是粉碎后和其他饲料搭配使用，可以提高利用率，并使营养平衡。

（3）红豆草　也叫驴食豆，属于多年生草本植物，其饲用价值与苜蓿相近，有“牧草皇后”美誉。开花期的红豆草适于调制干草，因为此时茎叶水分含量较低，容易晾晒，但要注意防止叶片脱落。开花期的红豆草制成干草，粗蛋白质含量14%～16%，粗脂肪2%～5%，干草消化率在70%左右。

（4）小冠花　豆科小冠花属草本植物，原产于南欧及东地中海一带。调制干草宜在现蕾至始花期收割，干草饲喂各种家畜都很安全。盛花期制成干草的粗蛋白质含量为19%～22%，粗脂肪1.8%～3%，粗纤维含量较低，在21%～32%。

（5）红三叶　也叫红车轴草，为豆科三叶草属多年生牧草，原产于小亚细亚与东南欧，广泛分布于温带及亚热带地区。调制干草一般为现蕾盛期至初花期收割，现蕾期收割制成干草的粗蛋白质含量为20.4%～26.9%，而盛花期仅为16%～19%，粗脂肪含量4%～5%。红三叶的叶量大，茎秆中部是空的，且所占比例小，易于调制干草。

豆科牧草的种类还有很多。豆科牧草以开花初期到盛花期收割为最好，因为此时牧草养分比其他任何时候都要丰富，牧草的茎、秆的木质化程度很低，有利于草食家畜的采食、消化。

2. 禾本科干草

（1）羊草　也叫碱草，是一种广泛用于奶牛、羊饲养中的常见牧草。我国的羊草主要分布于东北、西北、华北和内蒙古等地，俄罗斯、朝鲜、蒙古等国也有分布。羊草不但适于放牧各种牲畜，而且是最适于调制干草的禾本科牧草品种之一。其干草粗蛋白质含量为7%～13%，粗脂肪2.3%～2.5%，叶片多而宽长，适口性好。

（2）芒麦　也叫垂穗大麦草、西伯利亚碱草，为多年生牧草，是在北半球北温带分布较广的野生牧草。我国主要分布在东北、西北和内蒙古一带。芒麦的叶子所占比例很大，幼嫩时适于放牧，在抽穗至始花期收割，调制干草，品质较好，粗蛋白质含量11%～13%，粗脂肪2%～4%。

（3）披碱草　也叫野麦草、直穗大麦草，是广泛分布于温带和寒带草原地区的优良牧草，我国主要分布在“三北”（东北、华北、西北）地区。调制干草的适宜收割期在抽穗至开花前，粗蛋白质含量为7%～12%，粗脂肪2%～3%。

（4）苇状羊茅　也叫苇状狐茅，为多年生草本植物，起源于欧洲和亚洲，主要分布在温带与寒带的欧洲、西伯利亚西部及非洲北部。我国主要分布在“三北”（东北、华北、西北）地区。苇状羊茅调制干草在抽穗期收割，干草粗蛋白质含量13%～15%，粗脂肪3%～4%，如果收割过晚，则干草质地粗糙，适口性差。

（5）黑麦草　原产于西南欧、北非及西南亚，现为我国亚热带高海拔地区广泛栽培的优良牧草，至今已经培育成不同特点的品种约60余个。其干草质地柔软，叶子含量较多，所有草食家畜、家禽、鱼都喜欢采食。调制干草是在初穗盛期，干草的粗蛋白质含量9%～13%，粗脂肪2%～3%。由于叶片多而柔软，是牲畜的优质干草。

以上是几种禾本科牧草的代表，禾本科牧草一般应以抽穗初期至开花初期收割为宜。此类牧草主要是天然草地、荒山野坡、田埂以及沼泽湖泊内所生长的无毒野草和人工种植的牧草，其特点是茎秆上部柔软，基部粗硬，大多数茎秆呈空心状，上下较均匀，整株均可饲用，抽穗初期收割其生物产量、养分含量均最高，质地柔软，非常适于调制青干草。但一旦抽穗开花结实，茎秆就会变得粗硬光滑，此时牧草的生物产量、养分含量、可消化性等均受到影响，再用于调制青干草，其饲用价值也会明显降低。

3. 谷类干草

如玉米、大麦、燕麦、谷子等，多为栽培的饲用谷物，在抽穗至乳熟或蜡熟期刈割调制成青干草最好。这一类干草虽然含粗纤维较多，但却是农区草食家畜的主要饲草。混合干草如以天然草场及混播牧草草地刈割的青草调制的干草。

4. 其他干草

以根茎瓜类的茎叶、蔬菜及野草、野菜等调制的青干草。

二、刈割时期

适时刈割原则：兼顾牧草产品的质量、产量及牧草的再生长。以单位面积内营养物质的产量最高时期或以单位面积的总消化养分最高时期为标准；有利于牧草的再生、安全越冬和返青，并对翌年的产量和寿命无影响；根据不同的利用目的来确定。

1. 禾本科牧草的刈割期

大多数多年生禾本科牧草的适宜刈割期应在抽穗至开花初期。

羊草——开花期；

老芒麦——抽穗期；

无芒雀麦——孕穗至抽穗期；

黑麦草——抽穗至初花期。

专用青贮玉米即带穗全株青贮玉米，最适宜收割期应该是在乳熟末期至蜡熟中期。粮饲兼用玉米，多选用在籽粒成熟时其茎秆和叶片大部分仍然呈绿色的玉米品种，在蜡熟末期采摘果穗后，及时抢收茎秆进行青贮或青饲。

2. 豆科牧草的刈割期

最适刈割期——现蕾至始花期。最后一次刈割，应在开花期或霜前一个半月时。饲料作物的收获期，禾本科一年生饲料作物，多为一次性收获；如果有两次或多次刈割，一般根据草层高度来确定，即 50 厘米左右时就可刈割。

三、干燥方法

干燥方法主要有自然干燥法和人工干燥法两种。无论采用哪种方法，干燥的过程越短越好。干燥方法不同，牧草中所含的养分有所不同，其中以人工快速干燥和阴干法效果最好。原料干燥要均匀，使养分损失在最低程度。

1. 自然干燥法

自然干燥法简便易行，成本低，不需特殊设备，但受天气的限制，遇阴雨天很难干燥，故适用于农村一般家庭。该方法生产的青干草具有青草的芳香味，产品有较高的消化率和很好的适口性，但干草养分损失大。

(1) 地面干燥法　选择晴朗的天气，将青草适时刈割以后，在原地或另选一地势高处将青草摊开暴晒，每隔数小时适当翻晒，估计水分降至 40%～50%，然后用搂草机或人工把草搂成垄，继续干燥，使其含水量降至 35%左右，这时牧草的呼吸作用减弱，然后用集草机或人工集成小堆晾晒干燥，再经 1～2 天晾晒后，就可以调制成含水量为 15%左右的优质青干草。

(2) 草架干燥法　在仓库或者空地处搭建草架，草架可用树干或木棍搭成，也可采用铁丝作原料，割下的饲草在田间晒至水分达 40%～50%时，将草一层一层放置于草架上，放草时要由下而上逐层堆放，堆成圆锥形或房脊形，以利空气流通。牧草堆放完毕后，将草架两侧牧草整理平顺，让雨水沿其侧面流至地表，减少雨水浸入草内。

(3) 发酵干燥法　将割下的青草晾晒风干，使水分降至50%左右，然后分层堆积。牧草依靠自身呼吸和细菌、霉菌活动产生的热量，草堆温度可上升到70～80℃，并借助通风将饲草的水分蒸发使之干燥。为防止发酵过度，应逐层堆紧，每层可撒上饲草重量0.5%～1.0%的食盐。发酵干燥需1～2个月方可完成，也可适时把草堆打开，使水分蒸发。这种方法养分损失较多，多属于阴雨天等无法一下子完成青干草调制时不得不使用的方法。

此外，常用加速田间干燥速度的方法有翻晒草垄、机械处理、化学干燥剂的应用。其中机械处理主要是压扁或压裂牧草茎秆，以提高茎秆水分散失速度，缩短牧草的干燥时间。通过压扁或压裂处理，可以破坏牧草茎秆的角质层、维管束和表皮，使茎秆的内部暴露于空气中，有助于消除茎秆角质层和纤维束对水分蒸发的阻碍，加快茎秆中水分蒸发的速度，实现茎秆和叶片的干燥速度尽可能同步，提高牧草整体的干燥速度，进而减少调制过程中的营养物质损失。对牧草进行压裂或压扁处理的报道多见于豆科牧草上。在良好天气条件下，茎秆压扁处理可使紫花苜蓿和白三叶较普通干燥法干物质和碳水化合物少损失1/3～1/2，粗蛋白质少损失1/5～1/3；但在阴雨天，茎秆压扁的牧草因雨淋而导致的营养物质损失更多，从而产生不良效果。切短也是提高牧草干燥速度的一种处理方式，切短能提高干燥速度，且切短和压扁同时处理效果更好。

虽然压裂茎秆的同时会导致细胞破裂引起细胞液的渗出，可能造成部分营养物质随之流失，但这种损失相对于压扁加速干燥所减少的营养物质损失还是比较小的，因此压扁或压裂处理在干草生产中具有一定的优势，是常用的调制干草的技术措施。

化学处理主要是将一些化学干燥剂喷洒到牧草的茎叶表面，以破坏其表皮上的角质层，使牧草内部水分能够顺畅地蒸发出去，从而缩短田间晒制干草的时间，减少干燥过程中营养物质的损失。到目前为止，用于干草调制的化学干燥剂已发展到10多种，主要为钾、钠、铯等盐类物质，此外还有若干种类的有机酸。化学干燥剂不仅能加快牧草的干燥速度，对干草的营养价值也有一定影响。化学干燥剂用于干草调制的研究主要集中在豆科牧草上，其他种类牧草的研究报道较少。碳酸钾（K_2CO_3）是调制干草时应用最广泛的一种化学干燥剂。山梨酸钾也能加快牧草的干燥速率，可缩短干燥时间，提高保存效果。化学干燥剂对干草营养价值的影响，目前尚无一致的结论，一般认为碳酸钾可提高反刍家畜对牧草干物质、粗蛋白质、中性洗涤纤维和酸性洗涤纤维的消化率，而钾离子对家畜无不良影响。

2. 人工干燥法

人工干燥法主要有常温通风干燥法、低温烘干法和高温快速干燥法。人工干燥法不受天气限制，干燥迅速，保存养分多，但需较复杂的设备，耗能大，适用于大规模集约化生产。该方法加工出来的青干草蛋白质损失少，但芳香性氨基酸却被挥发掉了，无芳香味，致使适口性有所降低。

（1）常温通风干燥法　先建一个干燥草库，库房内设置大功率鼓风机若干台，地面安置通风管道，管道上设通气孔，需干燥的青草，经刈割压扁后，在田间干燥至含水量35％～40％时运往草库，堆在通风管上，开动鼓风机完成干燥。

（2）低温烘干法　建造饲料作物干燥室，安装空气预热锅炉、鼓风机和牧草传送设备；以煤或电作能量将空气加热到50～70℃或120～150℃，利用鼓风机将热气流吹入干燥室；利用热气流经数小时处理完成干燥。浅箱式干燥机日可加工2000～3000千克干草，传送带式干燥机每小时可加工200～1000千克干草。

（3）高温快速干燥法　利用高温气流（温度为800～1000℃），将饲料作物水分含量在数分钟甚至数秒钟内降到14％～15％。

四、牧草的打捆

打捆，就是将收割的牧草干燥到一定程度后，为了便于运输和贮藏，把散干草打成干草捆的过程。为了保证干草的质量，在打捆时必须掌握牧草的适宜含水量（表2-6）。

表2-6　打捆时牧草的含水量与草捆密度、重量的关系

打捆时牧草的含水量/％	草捆密度/（千克/米^3）	单位体积（35厘米×45厘米×85厘米）草捆重量/千克
35	215	30
30	150	20
25	105	15

小型草捆打捆机有固定式和捡拾式两种。固定式打捆机一般安装在距离草库较近的地方，把散干草运回后进行打捆。这种方法适宜于产草量较低的天然草原或草原面积较小并且分布零散地区牧草的打捆。捡拾式打捆机是在牵引机械的牵引下，沿草垄捡拾和打捆的可走动式机械，打成的草捆为长方形。草捆的切面从

0.36 米×0.43 米到 0.46 米×0.61 米，长度从 0.5 米到 1.2 米，重量从 14 千克到 68 千克不等，草捆密度大约 160～300 千克/米^3，密度可调整，而密度大的草捆有利于机械操作、堆垛、装卸和运输。

由大长方形打捆机进行作业，捡拾草垄上的干草打成容积为 1.22 米×1.22 米×(2～2.8)米，重约 0.91 吨的长方形大草捆，草捆用 6 根粗塑料绳捆扎。当草垄宽窄均匀一致时，大长方形打捆机的工作能力为 18 吨/时，大方形草捆需要用重型装卸机或铲车来装卸。大圆柱草捆的制作由大圆柱形打捆机将干草捡拾打成 600～850 千克重的大圆形草捆，草捆长 1～1.7 米，直径 1～1.8 米。

牧草打捆通常有以下三个过程：原地打捆、草捆贮存和二次压缩打捆。

① 原地打捆：饲草收割后在晴天阳光下晾晒 2～3 天，当苜蓿草的含水量在 18％以下时，可在晚间或早晨进行打捆，这样做是为了减少苜蓿叶片的损失及破碎。在打捆过程中，应该特别注意的是不能将田间的土块、杂草和霉变草打进草捆里。调制好的干草应具有深绿色或绿色，闻起来有芳香的气味。

② 草捆贮存：草捆打好后，应尽快将其运输到仓库里或在贮草坪上码垛贮存。码垛时草捆之间要留有通风间隙，以便草捆能迅速散发水分。但要注意底层草捆不能与地面直接接触，应垫上木板或水泥板。在贮草坪上码垛时垛顶要用塑料布或防雨设施封严。

③ 二次压缩打捆：草捆在仓库里或贮草坪上贮存 20～30 天后，当其含水量降到 12％～14％时即可进行二次压缩打捆，两捆压缩为一捆，其密度可达 350 千克/米^3 左右。高密度打捆后，草捆体积减小了一半，降低了运输和贮存的成本。

五、青干草的贮藏

调制好的干草应及时妥善收藏保存，若青干草含水比较多，其营养物质容易发生分解和破坏，严重时会引起干草的发酵、发热、发霉，使青干草变质，失去原有的色泽，并有不良气味，使饲用价值大大降低。具体收藏方法可因具体情况和需要而定，但不论采用什么方法贮藏，都应尽量缩小与空气的接触面，减少日晒雨淋等影响。常见干草的贮藏方法如下：

1. 散青干草贮藏

露天堆垛。这是一种最经济、较省事的贮存青干草的方法。选择离动物圈舍较近，地势平坦、干燥、易排水的地方，做成高出地面的平台，台上铺上树枝、石块或作物秸秆约30厘米厚，作为防潮底垫，四周挖好排水沟，堆成圆形或长方形草堆。长方形的草堆，一般高6～10米，宽4～5米；圆形草堆，底部直径3～4米，高5～6米。堆垛时，第一层先从外向里堆，使里边的一排压住外面的梢部。如此逐排向内堆排，成为外部稍低，中间隆起的弧形。每层30～60厘米厚，直至堆成封顶。封顶用绳子横竖交错系紧。堆垛时应尽量压紧，加大密度，缩小与外界环境的接触面，垛顶用薄膜封顶，防止日晒漏雨。处理不好牧草会发生自动燃烧现象，为了防止这种现象发生，上垛的干草含水量一定要在15%以下。堆大垛时，为了避免垛中产生的热量难以散发，应在堆垛时每隔50～60厘米垫放一层硬秸秆或树枝，以便于散热。

草棚堆藏。在气候湿润或条件较好的牧场应建造简易的干草棚或青干草专用贮存仓库，避免日晒、雨淋。堆草方法与露天堆垛基本相同，要注意干草与地面、棚顶保持一定距离，便于通风散热。也可利用空房或屋前屋后能遮雨的地方贮藏。

2. 打捆青干草贮藏

打捆青干草的贮藏。散干草体积大，贮运不方便，为了便于贮运，将损失减至最低限度并保持干草的优良品质，生产中常把青干草压缩成长方形或圆形的草捆，然后一层一层叠放贮藏。草捆垛的大小，可根据贮存场地加以确定，一般长20米，宽5米，高18～20层干草捆，每层应有0.3立方米的通风道，其数目根据青干草含水量与草捆垛的大小而定。

另外，借助一些保存技术在适宜的水分含量下贮存干草，既可以减少干草调制过程中由于落叶造成的养分损失，也便于干草优质品质的长久保持。常用于干草贮存的添加剂主要包括化学防腐剂和微生物防腐剂两大类。干草贮存中常用的化学防腐剂有铵盐、尿素和有机酸类抗真菌剂。铵盐已经被成功用于高水分干草的打捆贮藏，可有效杀死霉菌孢子，抑制腐败菌等大部分有害细菌的繁殖，降低草捆内温度。铵盐不仅具有防腐防霉功能，而且由于其所具有的碱化作用，还能提高干草的消化率及粗蛋白质含量。牧草适时收割后，在田间经短期晾晒，当含水量降到35%～40%时，植物的细胞停止活动，此时应打捆，并逐捆注入浓度为25%的氨水，然后堆垛用塑料膜覆盖密封。氨水的用量是青干草重量的1%～3%，一般在25℃左右时，堆垛用塑料膜覆盖密封处理21天以上。用氨水处理半干豆科牧草，可减少营养物质的损失。与通风干燥相比干草的粗蛋白质含量提高8%～10%，胡萝卜素提高30%，干草的消化率提高10%左右。

有机酸类抗真菌剂的特性早已为人们所熟知，有机酸盐是食品的常用防腐剂。有机酸能有效地防止水分高于30%的青干草发霉变质，并可减少贮存过程中的营养损失。丙酸及其盐类是最常用的有机酸抗菌剂，能够抑制干草贮存期内真菌、放线菌的生长繁殖，但乳酸菌对其不敏感，仍有生活力，并能产生一定量的乳酸、乙酸等可使干草得以安全保存。当豆科干草含水量为20%～25%时，可用0.5%的丙酸，用量为1%～3%；含水量为25%～30%时，可用1%的丙酸，用量为1%～3%，采用喷洒方式效果较好。丙酸虽然能抑制真菌的生长，但不能杀死真菌，且由于其挥发特性，会导致喷施时带来大量损失，同时伴随着蒸发、汽化的损失，还可能被耐药性真菌代谢。当丙酸与氨完全或是一半发生中和反应后，可以降低其挥发性和腐蚀性，使操作更为简便安全。但是，有耐药性的微生物还是能将其代谢并使之在低浓度下效果降低，并允许更多的敏感真菌生长繁殖。有机酸类防腐剂的有效性与长效性主要由牧草种类、干草含水量和添加剂有效成分的量来决定。另外有机酸类物质具有一定腐蚀性，在使用过程中应注意对工作人员和机械设备进行安全保护。

所谓微生物防腐剂主要是微生物接种菌，在干草收获时接种这些微生物可以减少打捆的水分限制，加快收获速度，而接种菌产生的发酵酸又可控制有害微生物的活动，进一步获得高品质的干草。目前研究较多的干草接种菌主要是乳杆菌（*Lactobacil lus*）、片球菌（*Pediococcus*）和链球菌（*Streptococcus*）属的乳酸菌，这些最初是用来促进青贮饲料发酵的，属于兼性厌氧菌，更喜欢厌氧环境和相对高的水分，因此它们在干草上的作用效果不尽一致，有待于进一步研究。更多的研究者报道接种乳酸菌对干草贮存有较好的效果。

与化学防腐剂相比，生物防腐剂具有无毒无害的优点，国外许多研究已经表明其在干草贮存中能表现出较好的效果，将会有更好的应用前景。而国内的干草贮存多使用化学防腐剂，在干草生物防腐剂方面的研究还很欠缺。

第五节　压块及颗粒化技术

草颗粒是指将粉碎到一定粒度的草粉原料与水蒸气充分混合均匀后，经颗粒机压制而成的饲料产品。根据加工原料的不同，草颗粒可分为两种：一是将草粉压成颗粒，以便储运的纯草颗粒；二是以草粉作基础料，根据草食动物的不同特性和饲养标准，添加精料或其他辅料，加工制粒而成，称为混合草颗粒。

把优质牧草和低质粗饲料按合理的比例混合调制加工成混合草颗粒进行利用，可以扩大饲料来源，增加饲料利用率，是解决农作物副产物资源利用问题的有效手段。

一、草颗粒和草块的特点

草颗粒和草块加工工艺条件较高，生产成本有所增加，但与草粉、干草相比，具有明显的优点：

1. 有利于保持牧草营养成分

草颗粒容重为草粉的 2～2.5 倍，草块容重则是草粉的 3～4 倍，可以有效减少牧草表面与空气的接触，降低氧化作用，较好地保存营养成分。同时，草块较好地保持了干草的自然结构，更加符合反刍动物和草食家畜的生理特点。

2. 提高牧草的消化率和适口性

在草颗粒和草块加工过程中，由于水分、压力和热力的综合作用，牧草所含一部分的淀粉糊化、蛋白质变性、纤维素和脂肪结构形式有所变化，不仅增加了牧草的芳香味，改善了适口性，还可以延缓牧草通过消化道的速度，延长消化时间，提高牧草的消化率。另外，有些牧草中含有某些有害物质或抑制生长因子，在加工过程中高温的作用下可以被部分破坏解毒，有利于提高其消化率。

3. 便于畜禽进食和提高采食量

畜禽进食颗粒状饲料的速度明显高于粉状饲料，在生产中可以缩短进食时间，减少进食动作的能量消耗，有助于保持家畜体力，减少家畜体能消耗。用混合草颗粒饲喂家畜，可缩短采食时间 30%～50%。特别是牧草经制粒压块加工后，对反刍家畜的饲养效果非常明显，其采食量明显增加，牧草利用率提高，一般可以节约饲草料 6%～8%，并且饲喂方便，便于机械化饲养管理。

4. 可以减少贮藏及运输成本，提高贮藏稳定性

一般来说，牧草经成型加工后，密度高、质量大、体积小、形状规整，加工后其体积比草粉和干草减少 33%～50%，贮存时明显减少占有仓容，有利于包装和运输，并可大幅度减少在这些过程中的损失，节约运输费用。在制粒机压力作用下饲料密度提高（为散状饲草的 5 倍以上），且保持一定的硬度，减少饲草料颗粒的空气接触面，在制粒过程中还可以加入防霉剂，可长期安全保存，有利于规模化、标准化生产；由于密度高，吸湿性较小，不易吸水回潮，也不易燃

烧，便于贮存，能够提高贮藏的稳定性；在销售流通过程中不容易掺假，有利于确保饲料的质量安全。

草颗粒和草块除了上述优点外，也存在一些不足：一是需要较多的投资及相应的加工机械，能源消耗较多，生产成本较高；二是在压制颗粒饲料时，如使用蒸汽，加上机械加压、摩擦发热，可使部分不耐热的氨基酸和维生素被分解破坏。

二、加工方法

1. 加工原料

(1) 以优质草粉为主要原料的颗粒饲料　根据草食动物的生产阶段和营养需要，按照相应的饲养标准确定最佳饲料配方，一般利用草粉60%～70%、麸皮4%～5%、玉米18%～20%、矿物质添加剂3%、尿素和盐各1%，混合均匀后制粒。

(2) 以青绿豆科牧草为主要原料的颗粒饲料　豆科牧草在晒制过程中，叶片、嫩枝等营养丰富的部分易脱落，为了减少营养物质损失，提高以豆科牧草为主要原料的草颗粒的质量，生产中多采取刈割后稍加晾晒，在牧草含水量降至40%～50%后，添加2%～3%的矿物质及其他微量成分，压制成接近全价的无粮型颗粒饲料利用。

2. 加工设备

(1) 制粒设备　整套设备包括压粒机、蒸汽锅炉、油脂和糖蜜添加装置、冷却装置、碎粒去除和筛粉装置等，其中压粒机是关键设备。压粒机主要有两种类型，即平模压粒机和环模压粒机。

平模压粒机由螺旋送料器、变速箱、搅拌器和压粒器等组成。螺旋送料器主要用来控制喂料量，其转速可调。搅拌器位于送料器下方，在其侧壁上开有小孔，以便把蒸汽导入，使草粉被加热、熟化，然后被送入压粒器。压粒器内装有2～4个压辊和一个多孔平模板。工作时平模板以每分钟210转的速度旋转。熟化后的草粉落入压粒器内，被匀料刮板铺平在平模板上，在压辊的挤压作用下，穿过模板上的圆孔，形成圆柱形，再被平模板下面的切刀切成长10～20毫米的颗粒。平模板孔径有4毫米、6毫米、8毫米几种规格，草颗粒直径亦为上述几种规格。

环模压粒机是应用最广的机型，它由螺旋送料器、搅拌器和传动装置等组成。螺旋送料器用于控制进入压粒机的草粉量，其供料数量应能随压粒负荷进行调节，一般多采用无级变速，可以在每分钟 0～150 转范围内调节。搅拌室的侧壁开有蒸汽导入孔，草粉进入搅拌室后，与高压过饱和蒸汽混合，有时还加入一些油脂和糖蜜或其他添加剂。搅拌完的草粉被送入压粒器内，压粒器由环模和压辊组成。作业时环模转动，带动压辊旋转，不断将草粉挤入环模的模孔中，压实成圆柱形，从孔内挤出后随环模旋转，与切刀相遇后被切成直径 4 毫米、6 毫米、8 毫米的长圆颗粒。

（2）压块设备　压块机包括捡拾压块机、干草压块机和缠绕式压块机三种。

捡拾压块机能在田间行走，直接捡拾风干的草条并压制成草块。一般由捡拾器、喷水装置、输送装置、切碎器、压块装置、草块输送装置等组成。压制成的草块一般为 25 毫米×25 毫米×（100～150）毫米或 30 毫米×30 毫米×（100～150）毫米的方形草块，草块密度为每立方米 700～850 千克，生产效率为每小时 600～1000 千克。

干草压块机属于固定作业式压块机，其能将切碎长为 3～5 厘米的干草压制成高密度的草块。适用于有电源的打贮草站、草产品加工厂等，尤其适宜在牧草原料产区就地加工牧草。其效率为每小时生产豆科牧草块 1～1.5 吨、禾本科牧草块 0.5～5 吨，草块规格为 30 毫米×30 毫米×（40～50）毫米，密度为每立方米 600～1000 千克。干草压块机主机转速可调，主机处于高挡转速时适于压制豆科草块，低挡转速时适于压制禾本科草块。

缠绕式压块机可以将不经切碎的新鲜牧草直接压制成草块，欧美国家应用较多，其优点：一是对原料湿度要求不严格，该压块机可以对含水量 80%的牧草制块，最适宜的制块含水量为 35%～45%；二是能耗低，该压块机比其他制块机能耗低 67%以上；三是对原料种类适应范围广，豆科、禾本科牧草均可压块，一般草块密度为每立方米约 800 千克。但不足之处是压成的草块需要进行进一步干燥处理。

三、草颗粒加工工艺

1. 草颗粒的质量要求

草颗粒产品要求形状一致、硬度适宜、表面光滑、破损粒与碎粒不超过 5%，安全贮藏的含水量低于 14%等。颗粒大小取决于两个因素：一是饲养动物的采食行为及年龄，奶牛、肉牛、驴、马、骡 10～18 毫米，绵羊、山羊、犊牛

6～8毫米，兔5～6毫米；二是制粒机的生产效率，采用模孔直径大和较薄的环模生产牧草颗粒饲料时效率高、能耗少，但颗粒直径较大。牧草颗粒按制粒时原料含水量多少可以分为硬颗粒与软颗粒，硬颗粒在制粒过程中加水或加蒸汽，原料含水量一般为17%～18%，密度为每立方米1300千克左右，成品经冷却后即可包装贮运。软颗粒原料含水量在30%以上，密度为每立方米1000千克左右，一般边加工边饲喂，经干燥后才可贮运。

2. 原料粉碎

(1) 粉碎的细度要求　牧草原料粉碎的细度应根据原料品种及饲喂畜禽种类确定，不同动物对草粉的细度要求不同。一般牛、羊、驴、马、骡、鹿等大中型家畜2～3毫米，兔、鹅等小型畜禽不超过1毫米。

(2) 牧草粉碎的工艺流程　一般有三种方式：

一是一次性粉碎方式，即粉碎机采用较小直径的筛孔，干草经粉碎后，不需要筛分就可以直接作为粉碎成品送入配料仓加工草颗粒。其优点是节省设备、操作简单。

二是循环粉碎方式，即采用较大的筛孔，干草粉碎后，进入平筛筛选，符合要求的被送入配料仓，粒度较大的被自动送回粉碎机再粉碎。大型加工厂采用这种方式比较经济，产量高，耗电少。

三是粉碎与配料互为先后方式，在混合草颗粒生产过程中，有先粉碎后配料和先配料后粉碎两种方法。先粉碎后配料是将要使用的制粒原料先分别粉碎，然后进行混合配料，其优点是省动力，可以提高粉碎机的兼容性能，缺点是需要的粉碎仓较多。先配料后粉碎是将各种制粒原料按比例混合以后，再进行粉碎，其优点是在粉碎过程中，同时起到混合原料的作用，并可以节省粉碎仓，缺点是影响粉碎机的产量，并使有些原料粉碎过细而消耗过多的动力。这两种方法在国内均有采用。

(3) 混合制粒　混合是按要求把密度和浓度不一的制粒原料配在一起并混合均匀的过程。除了以优质草粉为主要原料的全价颗粒饲料外，生产草颗粒饲料一般较少配合其他饲料成分，但为了增加润滑度、提高黏性，要向草粉中加入2%的水，并添加适量的黏合剂，黏合剂的种类包括天然黏土、石灰等，以及二乙氨基磺酸脂、胶质制剂等商业黏合剂，一般用量不超过2%。

草颗粒加工的混合工序有两种形式：一种是连续混合，另一种是分批混合。连续混合是将草粉和黏合剂等原料分别连续计量，同时送入连续混合机，利用混合机不间断地搅拌混合，搅拌机同时起着输送物料的作用。分批混合是将草粉和一定数量的辅料，按配方比例计量，然后送入混合机混合，混合一次即生产出一批草颗粒。制粒是将混合好的原料输送到专用压粒机中，压制成所需颗粒的过程。

(4) 冷却装袋　由制粒机压制成型的草颗粒一般温度较高，必须经过充分冷却后，才能包装运输。包装前要检测草颗粒粗蛋白质、粗纤维等常规营养成分的含量，并按规范印刷在包装袋上，包装袋要求无毒无味、坚固耐磨、防水隔潮。

四、草块加工

草块加工是将整株切短或揉碎的牧草经特定机械压制成高密度块状草产品的加工方法。加工草块的原料主要是豆科或禾本科牧草，与草颗粒相比，草块的外形尺寸较大，断面通常为30毫米×30毫米的方形，草块密度可以达到每立方米500～900千克，堆积密度为每立方米400～700千克，其体积仅为自然状态下牧草的10%～12.5%。

草块加工工艺包括原料机械处理、原料化学预处理、添加营养补充料、调质、成型和冷却装袋等。

1. 原料处理

(1) 机械处理　在进行成型加工之前，为了便于压块成型和提高压块效率，生产上一般不直接利用整草压块，而是将牧草切成适宜的长度后压块。根据家畜消化生理特点，反刍家畜所食牧草的适宜纤维长度为20～30毫米，一般要求压块机所压制的草块截面在30毫米×30毫米左右。为了获得较适宜的草块纤维长度，压制草块的原料不可切得太碎或太长，若原料切得太碎，其长度小于模孔直径时，则草块的纤维长度、坚实度和成型率都会急剧下降；若牧草切得太长，会使其在压制过程中产生更多的破裂，很难达到所要求的纤维长度，同时还会增加压块过程中的能量损耗。切碎处理机械一般选用铡草机或揉碎机，在具体操作上，生产脱水草块的方法是在工厂把含水量40%左右的牧草切成草段后，放在滚筒干燥机里，以200～400℃的温度继续干燥至所需含水量。生产正常草块时，利用锯切式粉碎机把草捆切成段，为保证草块中草段的长度，要使用移动筛子或直径大于35毫米的粗筛子。

(2) 化学预处理　为了提高草块的适口性和消化率，在压制草块之前，有必要对草块原料进行适当的化学预处理，特别是对等低质差的牧草原料，进行化学预处理不仅能提高品质和利用率，而且还能改善压块性能。生产中最常用且效果较好的化学预处理技术是碱化处理和氨化处理。

2. 添加营养补充料

为了使草块营养均衡，需要将禾本科牧草和豆科牧草按一定比例混合压制草块。另外，若压制草块的基础原料是禾本科作物，则需要补充一定的氮源，氮源中除了一部分非蛋白氮外，还应有适当比例的蛋白质补充料和过瘤胃蛋白质，甚至还可以添加某些对机体代谢具有调节作用的非营养性添加剂和糖蜜等黏结剂，以改善压块的成型效果和压制效率，提高草块质量。

3. 原料调质

原料调质过程通常包括牧草加水、搅拌和导入蒸汽熟化等，调质对劣质禾本科牧草的压块尤为重要，直接影响牧草压块时的能量损耗、压块效率和草块质量。调质工艺通常在调质器中进行，在调质过程中，必须向原料牧草中添加一定比例的水，加水量是在原含水量基础上提高 2 个百分点。加水一是具有润滑作用，可以提高加工效率，二是利用水的渗透作用，使牧草茎叶中的果胶部分分解呈胶质状态，增强牧草的黏合性，提高草块密度和质量。压块较适宜的最终物料含水量范围为豆科牧草 12％～18％，禾本科牧草 18％～25％。值得注意的是，即使牧草原料本身的含水量已达到上述标准，也必须加入少量水，以改善牧草原料的压块性能。

压块前对原料充分搅拌也是重要的工艺环节。因为水基本是草块压制过程中的唯一黏结剂，所以当加入其他物料时，充分搅拌能够提高草块质量的稳定性和均匀性。否则，有时压制的草块质量难以保证。

在混合器中牧草原料通过高压蒸汽作用，有助于液体向固体原料渗透，可以使干草原料充分软化和熟化，降低压制过程中的能量损耗，减少压模磨损，改善牧草原料的压块性能，提高成型率和压块效率。

4. 压块成型

混合好的原料需采用特制的压块机压制成型，成型草块一般为 30 毫米×30 毫米×(40～50) 毫米的长方形块。国内外用于生产草块的压块机种类很多，根据其工作原理和结构可分为柱塞式、环模式、平模式和缠绕式等，其中以环模式压块机摄取物料的性能最好，是目前生产上普遍使用的压块机。其由揉切机、输送机、水平定量搅拌输送器、喂入机、压块机等组成，揉切机由定动刀组合而成，并可以通过调整定刀来控制牧草的纤维长度，采用轴向喂入、水平定量搅拌输送系统将揉切好的牧草和添加剂搅拌均匀，按需要量输送到喂入机口。喂入机利用搅轮将物料强制输送到压块机的入口，压块机将物料压入环模，压出所需要的高密度草块。

5. 冷却装袋

刚压制出机的草块，其湿度略低于压制前的物料，但温度可以达到45～60℃，故在装袋前需要进行冷却处理。草块冷却不是简单的表面冷却过程，而是一个调节草块内部温度和湿度的过程，机械化生产可利用立式或卧式冷却器冷却，较小量的可以采用自然冷却。草块成品的水分应控制在14%以下。水分超标时，须进行烘干或自然干燥处理。长期贮存的草块含水量应进一步降低到12%以下。

草块内部温度下降到常温状态时可装袋贮藏。外包装须无毒无味、结实耐用、防水隔潮，做到装袋标准统一，重量一致，产品质量标识清楚。

五、草颗粒和草块贮存

1. 贮存条件要求

（1）含水量适宜　草颗粒和草块含水量大小是其能否安全贮存的关键。一般寒冷干燥的北方地区草颗粒和草块的安全贮存含水量应控制在15%以下，炎热潮湿的南方地区其含水量不应超过14%。

（2）通风防潮　贮存草颗粒和草块的仓库应保持干燥、凉爽、避光、通风，注意防潮，避免仓内温、湿度突然急剧升高。

（3）防除鼠虫害　防止鼠虫危害草块和草颗粒。在贮存期间，要经常检查，发现鼠咬虫蛀，采取清洁卫生、物理机械防治及化学药物防治等措施，及时消除鼠虫害隐患。注意草库灭鼠除虫时，必须使用对畜禽绝对安全的药品，最好使用山苍子和花椒等中草药防治害虫。

（4）注意防火　成型后的草块含水量低，在贮存库内应严禁烟火，设立消防栓，定期检查，及时消除仓库内火灾隐患。

2. 贮存方法

（1）散堆贮存　一般利用芦席或竹席等围成圆筒形围囤，围囤内散堆草颗粒或草块。围囤直径2～3米，高2～3米，围囤距仓壁0.7米以上，囤间距0.5米，行间留过道1米。

（2）袋装贮存　草颗粒或草块包装后，垛堆于库内贮存，一般堆成长方形或金字塔形垛，堆垛的排列行向应与仓库长轴同一方向，垛的边缘距仓壁0.5米以上，行间留1米以上的过道，以利于通风和管理。

六、品质评价

目前国内尚无统一的草颗粒质量评定标准。生产中通常从感官性状、粉化率、硬度、含水量等方面评价草颗粒质量。

（1）表面状况　表面基本光滑，色泽均匀光亮，保留了加工原料的芳香气味，无发霉变质及其他异味。

（2）含粉率　通过净孔边长2毫米的标准编织筛的筛下物不超过5％。

（3）粉化率　用专用颗粒饲料粉化率测定仪测定，一级品粉化率不超过9％，二级品粉化率不超过14％。

（4）硬度　一般采用片剂硬度计测定，测定方法为取冷却后的草颗粒30～100粒，分别测定直径方向上的压碎力，以平均值和标准差作为硬度指标。

（5）含水量　含水量达到区域控制标准要求。

七、草颗粒的营养调控作用

1. 对反刍家畜采食量的影响

采食量是评价草颗粒饲用价值的一个重要指标。饲料种类及物理结构对反刍动物的采食与反刍有重要影响。大量研究表明，用草颗粒饲料饲喂草食家畜，可以增加干物质的采食量，主要原因是在草颗粒的加工过程中由于水分、温度和压力的综合作用使原料中的组分熟化，产生一种浓香味，改善了适口性，从而可以使饲草料消化率提高10％～12％。草颗粒产品保持一定硬度，符合牛、羊的采食特性，经蒸汽高温杀菌，减少了饲料腐败的可能性，酶的活性增强，纤维素和脂肪的结构形式有所变化，增加了食糜在消化道中的流通速度。反刍动物消化代谢试验表明，饲料在瘤胃内的降解速度受饲料的物理结构特性及其在瘤胃内停留时间的影响，粗饲料的采食量与其在瘤胃的滞留时间密切相关。饲料在瘤胃内的滞留时间越短，或者说饲料通过瘤胃的速度越快，饲料的采食量就越大。苜蓿与玉米秸秆、苜蓿与柠条混合制粒后能显著改善玉米秸秆、柠条的适口性，秸秆组合间的采食率差异显著。草颗粒中营养物质的消失率均高于秸秆和羊草及秋白草；用颗粒饲料饲喂育肥牛，牛的日增重和饲料转化率均显著高于对照组，草颗粒饲料的密度增加，牛的采食速度加快30%～50%。

2. 对反刍家畜瘤胃内环境的影响

瘤胃内环境的主要研究指标有与瘤胃消化产物有关的参数，包括瘤胃内pH、挥发性脂肪酸、氨态氮（NH_3-N）浓度、尿素氮及微生物区系等，这些参数能反映与饲草料利用率关系密切的瘤胃发酵模式，故可作为评价饲料营养价值的有效指标。反刍家畜能摄取大量饲草料并将其转化为营养丰富的畜产品，这主要靠瘤胃内复杂的消化代谢过程。因此，瘤胃的消化代谢在反刍家畜机体的生命活动中占有十分重要的地位。

3. 草颗粒在反刍动物饲养中的应用

饲草经过粉碎后制成草颗粒饲喂反刍家畜时，反刍动物的唾液分泌减少，瘤胃内微生物活性增强，挥发性脂肪酸产量增加，pH降低。用全颗粒料、颗粒料与切短料（6∶4）、颗粒料与切短料（4∶6）和全切短料饲喂成年绵羊，各处理间绵羊的唾液分泌量存在显著的差异，全切短料和全颗粒料之间的瘤胃液外流速度存在显著差异；饲料中的纤维素、半纤维素含量减少，动物的采食和反刍时间缩短，唾液分泌量相应减少，瘤胃液pH平均值下降，使瘤胃挥发性脂肪酸和氨态氮浓度波动降低，有利于非蛋白氮的利用。通过体外培养试验对9种不同组合的混合草颗粒在不同时间点的pH测定结果看出，9种颗粒饲料对应的pH均值都在6.36～6.57之间，适合纤维分解菌的活动，有助于粗饲料中干物质和中性洗涤纤维的消化。结果表明不同制粒条件下针茅草颗粒的干物质、有机质、粗蛋白质及脂肪含量不受粉碎粒度、颗粒直径及含水量的影响；粉碎粒度6毫米和含水量16%～20%对针茅草颗粒相对饲用价值和消化能的影响显著高于粉碎粒度6毫米和含水量20%～24%条件下制作的针茅草颗粒；直径6毫米的*RFV*值显著高于颗粒直径为8毫米的针茅草颗粒。综合分析表明，粉碎粒度6毫米、颗粒直径6毫米、含水量16%～20%条件下生产的针茅草颗粒营养价值及体外消化能较理想。吉生羊草通过颗粒加工改善适口性，显著提高了肉牛的采食量，并且改变了饲料纤维结构，提高了饲料的干物质、中性洗涤纤维和酸性洗涤纤维的消化率，进而提高肉牛日增重和饲料利用效率，最终显著提高了屠宰率、排酸胴体率和净肉率，并且背部皮下脂肪厚度有增加趋势。用吉生羊草颗粒化饲料饲养肉牛在肉牛生长性能、表观消化率和屠宰性能方面优于草粉组。

第六节　混合粗饲料应用技术

一、混合粗饲料概况

1. 粗饲料的定义

美国牧草牧场专门委员会（1991 年）定义粗饲料为：植物（不包括谷物）中可供放牧采食，也可供收获饲喂的可食部分，包括牧草、干草、青贮、嫩枝叶类、秸秆等。所以粗饲料的范围很广，但总的说来它们都含有可被草食家畜瘤胃微生物消化的细胞壁成分。粗饲料的组成和营养价值差异很大（表 2-7）。

表 2-7　不同类型粗饲料的养分含量

类型	代谢能/(兆焦/千克干物质)	粗蛋白质/(克/千克干物质)
温带牧草、干草、青贮	7.0～13.0	60～250
热带牧草	5.0～11.0	20～200
玉米青贮	10.0～12.0	60～120
麦秸	5.0～8.0	20～40
根茎类	11.0～14.0	40～130
甘蓝油菜类	9.0～12.0	140～220

注：资料来源于张吉鹍等（2003）。

粗饲料是反刍动物的重要营养源，在牛羊饲粮中占到 50%～90%。粗饲料品质的好坏，直接关系到牛羊饲养效果的好坏。粗饲料的品质实质上包括两方面的内容：①粗饲料本身的质量的好坏，即其养分含量的高低，可通过常规成分分析进行说明；②动物对粗料的采食量和利用率，后者是评价粗饲料品质的关键指标。生产实践中，随意采食量的多少往往是动物营养的第一限制因素。通常情况下，影响粗饲料采食量的因素主要是：粗饲料因素、动物因素和环境因素，其中粗饲料因素主要取决于其中细胞壁成分的含量以及它们对瘤胃微生物发酵的抗性和蛋白质含量。此外，酸碱度、粗饲料适口性、有毒有害物质同样影响动物采食量。因此，科学地评定粗饲料营养价值技术应将牧草因素及动物因素综合考虑，这样才能对该种粗饲料有一个确切的评价，从而合理地指导生产实践。

2. 混合粗饲料产生组合效应

卢德勋（2001 年）根据我国粗饲料利用的现状，以系统科学为指导思想，在广泛吸取 *RFV* 等粗饲料评定指数的优点的基础上，结合我国粗饲料生产及利用的实际，适时地提出了评定粗饲料品质的粗饲料分级指数（grading index，GI）。GI 指数不仅可以对粗饲料品质进行合理分级、评定，而且为粗饲料科学搭配提供了一项新的技术手段。当不同粗饲料共同饲喂时，它们所提供的营养素就会发生互作，从而改变了随后在动物体内的代谢过程。在某种程度上组合后的消化率和采食量不同于各组成成分的加权值。由于组合效应，对混合粗饲料饲粮的营养价值的估测通常过高或过低。所以可通过饲料之间的合理搭配，充分发挥饲料间的正组合效应，消除或抑制负组合效应的发生，从而改善动物的生产性能。

GI 指数与其他分级指数的重要区别在于，它可通过对粗饲料进行合理分级，从而对粗饲料进行优化配方设计。而粗饲料多样化、科学搭配的主要凭据是粗饲料间存在着组合效应。GI 指数提出的重大意义，在于对粗饲料进行的多样化组合和科学搭配，通过不同类型、品种及品质的粗饲料之间的适宜组合，最大限度地发挥粗饲料间的正组合效应，控制和消除饲料间的负组合效应，从而最大限度地发挥动物的生产性能，节约精料用量，降低饲养成本。当不同粗饲料共同饲喂时，它们所提供的营养素之间的互作可能为正、负或无，其主要依赖于粗饲料特性、物理形态及组分的替代率。

二、反刍动物饲料间组合效应的衡量指标

1. 采食指标

饲料的采食量是反刍动物饲料间组合效应最直观的一个表现，越来越多的研究表明，当低质粗饲料补充少量的青绿饲料时，粗饲料的采食量能明显改善，但随着饲粮精料水平的提高，低质粗饲料的采食量反而显著下降。在苜蓿干草饲粮中添加少量小麦，观察到饲粮采食量存在正组合效应；当小麦秸和玉米皮的比例为 1∶1 时，育肥羔羊的采食量最高，正组合效应最明显。

为了用动物采食量反映饲料组合效应，卢德勋提倡用替代率来定量评估其影响程度。*SR* 值的大小主要受粗饲料的质量、精料的组成和营养水平的影响，其绝对值的大小可用来比较组合效应程度的大小。一般情况下，当秸秆饲粮中适当补充能量饲料或蛋白质饲料时，其采食量会明显增加。

2. 消化指标

把饲料的消化率作为衡量组合效应的一个指标，当混合饲料的表观消化率不等于各组分消化率的总和时，饲料间就存在组合效应。

3. 利用指标

饲料间的组合效应也可用养分或能值的利用率来衡量。因为在消化道层次上产生的饲料间组合效应必然会反映到组织代谢层次上，通过改变挥发性脂肪酸产量和比例、葡萄糖的比例和数量、微生物蛋白质产量以及这些物质的吸收量，进而影响饲料养分和能量的利用效率。具体来说，葡萄糖代谢产生的NADP是脂肪酸生物合成所必需的，丙酸是葡萄糖最重要的前体物。因此，如果丙酸的代谢不足以提供足够的$NADPH_2$，瘤胃内发酵产生的大量的乙酸就会转化为热，阻止更多的代谢。此外，瘤胃氨态氮浓度是各种瘤胃分解菌生长所必需的，氨态氮水平低可抑制微生物活性，会影响纤维的消化速度和程度，进而影响到代谢能的利用。而添加蛋白质就是保证了氨态氮和支链脂肪酸、氨基酸（或小肽）的供给，有利于微生物的生长。研究显示，仅含干草的饲粮在瘤胃内发酵产生的乙酸利用率仅为0.27，精粗比为70∶30的饲粮中乙酸的利用率为0.69。在维持水平以上，给动物饲喂春季收割的牧草，其代谢能的利用率比秋季收割的牧草代谢能的利用率要高。

4. 生产性能指标

生产性能同样可以用作衡量饲料间组合效应的指标。由于饲粮各组分在消化代谢方面存在着组合效应，尤其是对可吸收养分代谢和营养素分配方面难以估计，所以现行的营养价值评定体系不能准确预测动物的生产力水平，而通过动物的生产性能则可反映出饲料在动物体内的互作结果以及某些营养素的分配情况。

三、反刍动物饲料间组合效应的研究方法

1. 饲养试验

应用饲养试验，测定动物对饲料的采食量和动物的生产性能，可以直观地反映饲料间的组合效应。Haddad（2000）以增重和采食量为指标评定了绵羊饲粮中苜蓿干草与大麦秸间的组合效应，提出对每只饲喂大麦秸秆日粮的羊来说，至少要添加150克/天的苜蓿，才能够满足每天的营养需要量。Franci等用公羔羊的生长性能和采食量评估了紫花苜蓿、麦秸和玉米皮之间的组合效应，发现当玉米皮占饲粮12%时，麦秸与其存在较高的正组合效应，生长性能最好，而仅饲喂玉米皮和麦秸时，未发现正组合效应。

但动物饲养试验要设计复杂的饲料组合试验，不仅消耗大量的人力、物力和财力，不利于饲料组合效应的整体评定，而且由于试验动物个体间差异较大，试

验结果的可重复性较差，不利于测定方法的标准化。

2. 原位试验

评定饲料间或营养措施间组合效应的方法，也有许多是通过体内消化代谢研究的。通常通过尼龙袋法、指示剂法，测定饲料有机物的消化率，以评估组合效应。但是尼龙袋法由于未经咀嚼和反刍，存在一定程度的失真问题，而且受瘘管动物的瘤胃微生物区系及微生态环境影响甚大，不易标准化；而指示剂法在重复性上也存在一定程度的偏差。

3. 体外试验

体外研究组合效应的方法有瘤胃持续模拟装置法和体外产气法。

王加启等（1995，1996）用瘤胃持续模拟装置分别研究了不同来源可发酵碳水化合物和可降解氮合成瘤胃微生物蛋白质效率以及饲粮精粗比对瘤胃微生物合成效率的影响，应用该装置，通过研究饲料在模拟瘤胃中的消化率，可在一定程度上评估饲料间的组合效应。

人工瘤胃产气法是体外评定反刍动物饲料营养价值的方法，由于气体产量同有机物消化率、有机物表观降解率和真降解率高度相关，而且该法具有简单易行，可重复性，易于标准化、批量操作和测试等优点，近年来已被科研工作者成功地用于评估饲料间的组合效应。

四、反刍动物饲料间组合效应发生的可能机制

某些饲料可通过改变与动物生理需要有关的营养物质的吸收，实现彼此间的互作，从而产生组合效应。组合效应的机制不是单一的，往往是几种机制同时存在。从已有的资料看，组合效应主要发生在消化道和组织代谢两个层次上，可能的发生机制包括瘤胃内环境的改变、瘤胃微生物种群与发酵模式的改变、饲料养分的平衡性与互补、养分吸收和利用率的改变以及动物本身自我营养调控功能的改变等。

1. 饲粮组合对食糜流通速度和滞留时间的影响

通常，饲喂粗饲料时瘤胃内食糜流体相流通速度要比饲喂精料时快些，适当提高食糜流通速度不仅能提高瘤胃微生物生长效率，提高葡萄糖聚合物和微生物蛋白质氨基酸进入小肠的数量，而且还可提高动物的采食量。大量研究证明，随着饲粮中精料水平的提高，快速可发酵碳水化合物数量增加，粗饲料细胞壁成分消化速度和流通速度下降，从而使得纤维物质的消化被完全抑制。Doyle 等

（1988）报道羔羊饲粮中随着精料水平的提高，NDF 和 ADF 的流通速度和消化速度都会下降。刘晓牧等（2002）报道，玉米秸、玉米面、麸皮和棉籽粕的营养物质瘤胃有效降解率与精料水平之间以及饲料瘤胃流通速度与精料水平之间均存在二次函数关系，表明饲料在瘤胃中的降解时间受到了影响。因此，饲粮组合比例及饲粮原料的特性，通过对食糜的流通速度和停滞时间的影响从而改变饲料营养成分的利用率，即产生组合效应。

2. 饲粮组合对瘤胃内环境及发酵的影响

（1）瘤胃液 pH　瘤胃内生存的大量微生物对瘤胃内 pH 有一个适宜的范围，当瘤胃内 pH 低于 6.2 就会严重抑制纤维利用菌的繁衍，使得瘤胃中纤维物质的消化抑制甚至完全停止。饲粮中精料水平提高，就会形成不利于纤维分解性微生物生长的瘤胃环境，原因在于随着饲粮精料水平的提高，使瘤胃内生成 VFA 尤其是乳酸的速度加快，超过了瘤胃壁的吸收速度，产量增多，瘤胃 pH 急剧下降。当瘤胃 pH 降至 6.3 以下时，pH 每下降 0.1 个单位，饲料 ADF 的消化率将下降 3.6%。对于精料水平较高的饲粮，添加缓冲盐能明显提高采食量和纤维消化率，其机理在于提高了瘤胃 pH，增加瘤胃液体流通速度，增强纤维分解菌的活性。通过添加碳酸氢盐缓冲剂能提高瘤胃内 pH，可以部分地缓解负组合效应。

（2）底物竞争　当提高瘤胃内 pH 还不能改善纤维消化率时，这种导致纤维消化率下降的效应称为“碳水化合物效应”（或称底物竞争）。饲粮含较高比例的可溶性糖，如糖蜜，这种效应就特别明显。卢德勋（2000）认为这主要是由于瘤胃微生物具有优先利用易发酵可溶性碳水化合物的特性，当富含可溶性碳水化合物时，瘤胃内非纤维分解菌将优先从可溶性碳水化合物中获取能量，从而竞争性地抑制纤维分解菌的生长，或者是利用纤维分解产物的纤毛虫从其他途径获取了所需的能量，不再与纤维分解菌协同作用，从而阻止了纤维物质的降解。此时如果用优质纤维饲料将糖类稀释，可以消除这种负组合效应。

（3）微生物区系及发酵模式　瘤胃微生物数量和种群的改变必将影响饲料养分的消化吸收和利用，因而也将成为导致饲料间组合效应的重要影响因素。影响瘤胃微生物区系和发酵模式的营养措施主要有抑甲烷菌添加剂、瘤胃原虫抑制剂、脂肪补充剂、易降解纤维的补饲及优质青绿饲料的补饲等。添加微生物可提高纤维分解速度和提高饲料的采食量，其机理是添加微生物，使瘤胃内纤维分解菌数量增加。通过控制原虫，可以提高反刍动物对低质粗饲料的消化率和利用率，增加微生物蛋白的产量，也可能引起组合效应。Palmquist（1988）报道，饲粮中添加脂肪补充剂超过20～30克/千克时，瘤胃微生物尤其是纤维分解菌的活性将受到抑制。少量补饲青绿饲料可以改善瘤胃内环境，刺激瘤胃内纤维分解菌的生长繁殖，同时起到“接种”作用，使更多的纤维分解菌迅速扩展到秸秆的碎片上，从而促进纤维物质的消化。

组合效应最终的表现为纤维降解率的提高，故研究纤维素利用菌的数量对了解组合效应的机理很有帮助，但限于瘤胃的特殊性和技术上的限制，迄今为止少有对瘤胃纤维素利用菌进行准确定量的报道。

五、小结

综上所述，前人对粗饲料间的混合使用方面做了大量的研究，并对混合所产生的正组合效应做了不同的解释。通过不同类型、品种及品质的粗饲料之间的适宜组合，最大限度地发挥粗饲料间的正组合效应，控制和消除饲料间的负组合效应，从而最大限度地发挥动物的生产性能，节约精料用量，降低饲养成本。

第三章　饲用经济作物茎叶类饲料在牛饲料中的应用

第一节　桑　　叶

一、桑叶资源概况

桑树属桑科桑属，多年生乔木或灌木植物。我国桑树资源丰富，品种众多，包括鲁桑、白桑、广东桑、山桑、瑞惠桑 5 个栽培种，长穗桑、黑桑、华桑、长果桑、细齿桑、蒙桑、川桑、滇桑、鸡桑、唐鬼桑 10 个野生种，以及鬼桑、大叶白桑、垂枝桑、白脉桑 4 个变种，占到世界范围桑树资源的 4/5。我国是桑树种植面积最大的国家，全国常年种植面积在 1.0×10^{6} 公顷左右。桑叶是桑树的主要产物，约占地上部产量的 64%，桑叶再生性强，最高产量可达 60 吨/公顷。合理开发桑叶饲料资源既能促进生态桑产业发展，又能有效缓解畜牧业发展过程中的人畜争粮问题（图 3-1）。

二、桑叶的营养价值

1. 桑叶的概略养分

成熟新鲜的桑叶营养丰富，经测定，其含水分 67.75%，桑叶干物质中含粗灰分 5.05%、钙 3.7%、磷 0.33%、粗脂肪 8.2%、粗蛋白质 27.0%。其粗蛋白质含量高于优质苜蓿草，且其中动物的必需氨基酸含量高达 43%，比例适合家畜生长，其部分氨基酸组成见表 3-1。此外，桑叶中的矿物质以钙、钾最多，磷

图 3-1 桑叶

含量较低；微量元素含量也较高，维生素含量丰富，富含 B 族维生素和维生素 C，超过水果和蔬菜，对于提高机体免疫机能、抗氧化功能及保证机体正常的碳水化合物代谢具有重要意义。桑叶中亚麻酸、亚油酸、油酸、棕榈油酸和花生四烯酸等不饱和脂肪酸含量高，约占总脂类物质的 50%（周永红，2004）。

表 3-1 桑叶的部分氨基酸组成

氨基酸	含量/%
天冬氨酸	1.40
谷氨酸	1.92
甘氨酸	1.73
胱氨酸	1.07
缬氨酸	1.67
精氨酸	0.76
苏氨酸	1.69
赖氨酸	1.71
组氨酸	1.26
亮氨酸	1.17
异亮氨酸	1.52
蛋氨酸	0.12

注：资料来源于苏海涯等（2001）。

2. 桑叶的生物活性成分

桑叶中除含有较高价值的营养成分，还含有多种生物活性物质，主要包括黄酮类化合物、生物碱、多糖、多酚等。这些活性物质具有降血压、降血脂、抗氧化的功效，可提高免疫力，有利于动物抗病和保健，有促健康生长等作用。

（1）黄酮类化合物　黄酮类化合物是桑叶药理活性成分中的主要成分。研究显示，黄酮类化合物占桑叶干物质的1%～3%，是植物界中茎叶含量较高的一种。张芳等（2017）采用分光光度法对贵州省贵阳桑园基地的60个桑品种桑叶中总黄酮含量的测定显示，桑叶总黄酮含量分布为14.77～52.27毫克/克。

（2）生物碱　桑属植物中含有活性物质生物碱，现如今已有十几种生物碱从桑属植物中分离出来。干桑叶中总生物碱占0.058%～1.314%，不同桑树品种桑叶中总生物碱的含量有较大的差异。桑叶中存在的多羟基生物碱主要是1-脱氧野尻霉素（1-DNJ），其含量可达到干物质基础的0.1%～0.5%。1-DNJ是α-葡萄糖苷酶的抑制剂，能明显抑制血糖上升现象，是现代降血糖药物开发利用的重要方面。但是，受到桑叶品种、生长时期、桑叶采摘位置、提取工艺等因素的影响，1-DNJ的含量也会发生变化。不同采收季节、不同部位、不同气候条件和土壤的不同营养水平都会影响桑叶中总生物碱的含量。

（3）多糖　多糖具有降血糖、降血脂、抗氧化等功效，桑叶中多糖含量可达干物质基础的19%左右，桑叶中的多糖物质可能通过多种途径影响机体的血糖血脂代谢。

（4）多酚　桑叶多酚具备清除自由基的功能并能消除自由基毒性。张亮亮等（2013）检测了14个品种桑叶中总酚含量，显示桑叶多酚含量在1.94%～3.83%，并随桑叶成熟度的增加出现先降低后上升的趋势。

总之，桑叶中生物活性成分的含量受到桑树品种、叶片成熟度以及气候条件、土壤养分、采收季节、采收部位等的影响。

3. 桑叶中的抗营养因子

桑叶中的抗营养因子主要为单宁，又称单宁酸。单宁是一种由羟基黄烷类单体组成的高聚合酚类物质，按化学结构可分为水解单宁和缩合单宁，传统药用植物所含的多是水解单宁，是一种由衍生物与葡萄糖或多元醇通过脂类形成的多酚类物质，在稀酸、稀碱和细菌作用下水解成简单的化合物。单宁能与蛋白质形成难溶于水的复合物，阻碍蛋白质、氨基酸的消化吸收。单宁中含有多个邻位酚羟基能与金属离子发生络合反应形成五元环螯合物，从而影响微量元素的生物活性，尤其是阻碍动物对钙、镁离子的吸收。单宁通过对产甲烷菌的直接毒害作用可以降低 13%～16%的甲烷生成量，然而过高的添加浓度会降低饲料采食量和消化率。还有研究发现，饲粮中分别添加栗树单宁、椰子油和栗树单宁与椰子油的混合物对绵羊的生长无抑制作用，但均显著降低了瘤胃中产甲烷菌和原虫的数量，从而降低甲烷的产量（陈丹丹等，2012）。单宁一方面味苦会降低动物的采食量不利于动物的进食，且单宁具有收敛性，会影响动物的生产性能；另一方面含量适中的单宁可减少反刍动物瘤胃产生甲烷，防止胃胀气，能降低瘤胃微生物的作用，减少对饲料蛋白的降解，从而提高蛋白利用率。

三、桑叶的加工调制

鲜桑叶含水量较高，适口性好，可直接用于草食动物的饲粮中。但随着季节的变化并不能保证鲜嫩桑叶的持续供应，且桑叶水分含量高不易长期保存，故需要一定的加工处理，既能保证桑叶品质又能满足畜禽长期饲用。

1. 青贮

良好的青贮桑叶应颜色黄绿或略黑，具有芳香醇酸味、湿润、紧密等品质。桑叶青贮可有效解决桑叶生长的季节性与需要相对稳定之间的矛盾，保证全年均衡供给。

2. 干燥

干燥桑叶的方法主要有地面干燥、叶架干燥和高温干燥三种。

干燥时应注意以下事项：提前了解近期的天气情况，尽量减少雨淋。干燥时间不宜过长，阳光暴晒太久会减少维生素 A、维生素 C 含量。晒制时需要经常翻动，在保持水分均匀散发的同时需要避免因翻动而产生的叶片机械损失。在干旱地区常采用地面干燥法，天气晴雨、光照晒度对桑叶的干燥调制影响很大。把桑叶铺在地面上，根据量的多少确定平铺厚度，等到表层叶片凋萎时就可翻动晾晒；水分含量降到 40%～50%时可以搂成堆；降到 30%左右时运往堆草场或草棚堆垛，水分继续散发降至 14%左右时，即可上垛贮存。在多雨地区常采用叶架干燥法。草架的选择很多，可用木杆、竹竿或金属管搭建成梯形或分层式架子，将收集到的桑叶放在叶架上干燥即可。架上的桑叶堆积厚度不超过 70 厘米。干燥后桑叶见图 3-2。

3. 制粒

在畜禽饲料中除了应用青贮桑叶和干桑叶，也可将桑叶制成颗粒饲料。制粒

图 3-2　干燥桑叶

后便于桑叶运输流通，有利于桑叶商品化，是饲料桑加工调制的趋势。

四、桑叶作为反刍动物饲料的应用研究

桑叶作为一种优质高蛋白饲料可以改善反刍动物瘤胃内微生物结构，有利于瘤胃内纤维分解菌、乳酸杆菌等有益菌的生长繁殖，从而促进饲料消化吸收，提高动物生长性能，改善肉品质，降低饲养成本（杨春涛等，2016）。

1. 提高生产性能，降低成本

饲粮中添加桑叶对生长育肥期牛的日增重、采食量、血液生化指标等无显著影响，但饲粮中添加 10%～20%的发酵桑叶，生长育肥牛每千克增重的饲料成本下降 0.29～0.49 元。且桑叶添加组育肥牛血液低密度脂蛋白和高密度脂蛋白分别升高 31.1%和 17.4%，表明桑叶添加很可能通过调节胆固醇的转运而改善动物体的健康状况（吴配全等，2011）。用桑叶替代生长育肥牛精料的 10%和 20%，平均日增重分别提高 16.1%和 9.1%，效益增加 405 元和 229.5 元（郭建军等，2010）。吴浩等（2012）研究显示，添加发酵桑叶对肉牛的生长性能没有显著影响，但可显著提高屠宰率，降低饲养成本，增加肉牛的养殖效益。在奶牛饲料中添加桑叶，能增加牛奶中乳蛋白和干物质含量，提高维生素 E 含量，降低体细胞数量（郭建军等，2011）。李伟玲（2012）对蒙古羯羊的研究发现，添加桑叶可提高肉羊日增重，对肉羊的干物质采食量无显著影响（$P>0.05$）。用桑叶替代湖羊饲料中的蛋白质饲料不会影响动物的采食量、生产性能及血液指标（朱启等，2012）。

2. 改善肉质

桑叶中多种功能性物质具有降血脂作用。添加桑叶可提高肉羊机体抗氧化能力和免疫力，改善肉羊肉品质和风味，使羊肉中蛋白质的氨基酸更趋于平衡，提高肉羊的肉鲜味（李伟玲，2012）。在绒山羊饲粮中添加15%的青贮桑叶可有效抑制脂肪沉积（刘功炜，2017）。吴浩等（2012）分析肉牛饲粮中添加不同比例的发酵桑叶有利于肌内脂肪酸形成，改善牛肉风味。

3. 调控瘤胃发酵，降低甲烷

桑叶可以提供可利用的氮源，促进微生物的生长，改善瘤胃的微生态环境，增加瘤胃微生物的附着率、繁殖率，提高反刍动物对饲料的消化率，进而能提高动物生产性能（Uribe等，2001）。桑叶中的黄酮类物质能对瘤胃内产甲烷菌产生抑制作用，降低瘤胃中氢的生成，从而减少甲烷的产生与排放（陈丹丹等，2014）。

五、小结

桑叶具有丰富的营养和很好的适口性，为其在非桑蚕饲料领域的应用开辟了新的途径。桑树适应性强，种植面积广，成活率高，将桑叶用于畜牧业生产，有助于动物生长得更快、更健康，从而可以为人类提供更多、更安全的畜产品。

第二节　竹叶和竹笋

目前，全世界竹林面积达到 2.2×10^7 公顷，中国现有竹林面积 5.2×10^6 公顷。竹林产业的副产物非常丰富，可作为饲料资源开发，为养殖业所利用。

一、竹资源概况

1. 竹林生产情况

竹，多年生禾本科竹亚科植物，茎为木质，浅根性植物，是禾本科的一个分支，学名 Bambusoideae（Bambusaceae 或 Bamboo）。竹主要分布在年降水量 1000～2000 毫米的地区。全世界竹类植物约有 70 多属 1200 多种，主要分布在热带及亚热带地区，少数竹类分布在温带和寒带。竹子是常绿（少数竹种在旱季落叶）浅根性植物，对水热条件要求高，而且非常敏感，地球表面的水热分布支配着竹子的地理分布。世界的竹子地理分布可分为 3 大竹区，即亚太竹区、美洲竹区和非洲竹区。中国现有竹林面积占世界竹林总面积近 1/4，中国共有 22 个属、200 多种竹类植物。我国优良的竹笋主要产于四川、浙江、江西、安徽等省、市、自治区的山区，其中以福建、浙江、江西、湖南 4 省最多。主要竹种有长江中下游的毛竹（*Phyllostachys pubescen* Mazel，分布于浙江、江西等地区）、早竹（*P. Praecox* C. D. Chu et C. S. Chao，或称雷竹，如图 3-3 所示）以及珠江流域、福建、台湾等地的麻竹（*Sinocalamus latiflorus* McClure）和绿竹（*S. oldhami* McClure）等。

图 3-3　雷竹

竹子是一种速生型草本植物，生命周期不长，一般在数年之间。竹子地上部分是由有节的竹秆、竹枝和竹叶组成。竹秆的基部连接着地下茎（俗称竹鞭），地下茎也分节。地下茎节上细长的根，称为须根，它才是真正的根部。开花后竹子的竹秆和竹叶都会枯黄，饲用价值会大打折扣。竹的地下茎是横着生长的，中间稍空，也有节并且多而密，在节上长着许多须根和芽。一些芽发育成为竹笋钻出地面长成竹子，另一些芽并不长出地面，而是横着生长，发育成新的地下茎。嫩的竹鞭和竹笋可以食用。用种子繁殖的竹子，很难长粗，需要几十年的时间才能长到原来竹子的粗度。所以一般都用竹鞭（即地下茎）繁殖，只要 3～5 年，就能长到规定的粗度。秋冬时，竹芽还没有长出地面，这时挖出来就叫冬笋；春天，竹笋长出地面就叫春笋。冬笋和春笋都是中国菜品里常见的食材。竹笋可以食用，竹子也可以入药，可以说竹子全身都是宝。

2. 竹林生产带来的问题

我国笋壳年产量达15.7亿千克。这些笋副产物，除了一部分被集中运往垃圾场填埋外，其余的则没有得到有效处理，不仅污染了环境，而且浪费了宝贵的资源。笋壳粗蛋白质含量高于玉米秸、小麦秸、稻秸等秸秆饲料，略低于小麦麸。其中游离氨基酸含量高，必需氨基酸占游离氨基酸总量的一半以上，尤其以苏氨酸、组氨酸、丝氨酸含量较高，虽然蛋氨酸、赖氨酸等限制性氨基酸含量略低，但是可以通过氨基酸平衡及饲料配合技术提高其生物学利用率，在反刍动物饲养中达到替代中等质量蛋白质饲料的效果。笋壳富含动物必需的微量元素铁、铜、锌等，其必需微量元素含量高于玉米，其中铁的含量与羽毛粉中铁的含量相当。并且笋壳富含植物甾醇、多糖、黄酮类、酚酸等多种功能性物质，对动物机体具有重要的生理活性作用。当然，在笋壳的利用上也有瓶颈，例如上市时间短、收集不易、水分含量大、容易霉变、加工机械研究缺乏等。

现在能够在笋壳饲料化上利用的工艺主要包括青贮调制、微贮、制粒等，结合当今最新的微生物技术、发酵工程技术、消化道健康以及营养平衡技术，笋壳能够成为草食动物喜食、利于动物健康、增效节能的饲料。因此，开发笋壳资源不仅有利于提升笋壳的附加值，变废为宝，增加人民收入，而且在畜牧业结构调整、发展节粮型畜牧业、林牧复合发展、保护环境等方面均有重要意义。

竹笋（图3-4）是竹的幼芽，也称为笋，而笋壳就是竹笋长成竹子后脱落下

图3-4　竹笋

来的或竹笋加工后的副产品（图 3-5）。每年春季在我国竹产区会产出大量竹笋，而这些竹笋只有一部分用于鲜食用，且竹笋水分含量高，不易保存，所以大多数竹笋通常被加工成笋干或者罐头制品。实际上，在竹笋加工过程中，可食用的笋肉大概只占整个笋的 30%。因此，每年春笋上市时，随处可见被遗弃的笋壳、笋头。大量笋壳的堆放不仅影响村容村貌，而且腐烂后产生的废气和污水会影响环境，给生态环境和人们的生活质量造成了不小的压力。因此，开发笋壳资源不仅有利于提升笋壳的附加值，变废为宝，增加人民收入，而且在保护环境方面有重要意义。

图 3-5　笋壳

竹林资源的开发可在我国经济作物副产物饲料化利用、推动节粮型畜牧业发展、提高养殖户技术水平等方面发挥积极的作用。

二、笋副产物营养价值

1. 常规营养成分

王翀等（2016）对浙江临安、湖州等地 6 个笋加工副产物样品进行测定，其常规营养成分平均值（干物质基础）为粗蛋白质 14.0%，粗脂肪 2.56%，灰分 6.90%，中性洗涤纤维 75.0%，酸性洗涤纤维 33.1%。据赵丽萍等（2013）报道，鲜笋壳粗蛋白质含量为 8.12%～12.7%，高于玉米秸、小麦秸、稻秸等秸秆饲料，稍低于小麦麸的蛋白质含量（13.3%～17.7%）。笋壳中含有木质化程度较高的笋蔸，故笋壳的木质素含量达到了 4.69%。笋壳粗脂肪（1.42%～1.74%）、中性洗涤纤维（75.3%～78.9%）、粗灰分（4.28%～8.68%）和钙磷含量与玉米秸秆等常见粗饲料相近。不同加工方式对笋壳的营养价值影响较大，蒸煮笋壳的粗蛋白质、粗脂肪含量明显高于鲜笋壳，蒸煮笋壳的蛋白质含量最高可达16.0%，但纤维含量低于鲜笋壳。鲜笋壳中游离氨基酸含量为1.38%～1.69%（DM），其中必需氨基酸占游离氨基酸总量的一半以上，尤其以苏氨酸、组氨酸、丝氨酸含量较高，但畜禽所需的主要限制性氨基酸（赖氨酸和蛋氨酸）含量较低。笋壳富含动物必需的微量元素铁、铜、锌等，其必需微量元素含量高于玉米，其中铁的含量高达72.70毫克/千克（DM），与羽毛粉中铁的含量相当。

竹叶的营养成分与笋壳相当（表3-2），但其风干容易，干物质含量较高，可达到87.2%，但竹叶的加工利用仍不十分理想。如浙江省竹林面积多达7.29×10^6亩，其中毛竹林6.60×10^6亩。以前竹叶主要用于菜竹覆盖孵化使竹笋早出，但是由于近几年种植竹笋效益不高，竹叶应用量大幅下降，多作为垃圾进行焚烧处理。王翀等（2016）采集浙江金华地区的竹叶和笋壳样品进行了营养成分分析，发现竹叶干物质中含有粗蛋白质13.3%，粗脂肪3.4%，粗灰分9.0%，中性洗涤纤维和酸性洗涤纤维分别为66.4%、32.6%。可见，竹叶可作为一种质优价廉的非常规饲料资源加以利用。

表3-2 竹叶与笋壳营养成分比较 单位：%

项目	干物质	干物质基础				
		粗蛋白质	粗脂肪	粗灰分	中性洗涤纤维	酸性洗涤纤维
竹叶	87.2	13.3	3.40	9.00	66.4	32.6
笋壳	11.7	14.0	2.56	6.90	75.0	33.1

2. 笋壳对反刍动物的饲用价值

鲜笋壳和熟笋壳干物质潜在降解率均在78%以上，48小时降解率分别为57.4%和71.9%。假设流出速度$k=0.02$、0.04，干物质有效降解率分别在52.6%和43.5%以上。笋壳的干物质在瘤胃内易被降解，具有较好的消化性能。大麻叶竹笋壳在山羊瘤胃中48小时干物质降解率为38.17%，与玉米秸秆的干物质消化率相当，高于稻草和小麦秸。马俊南等（2016）利用体外产气法估测笋壳对肉牛饲用的营养价值发现，参试样品的产气量随时间先逐渐升高最后趋于平衡，120小时产气量在49.7毫升，高于象草、花生藤等饲料资源。笋壳24小时的挥发性脂肪酸含量较高，达到47.2毫摩/升，氨态氮达到18.89毫克/毫升，体外干物质消化率达到35.53%。而48小时的挥发性脂肪酸含量较高，达到59.5毫摩/升，氨态氮达到22.14毫克/毫升，体外干物质消化率达到47.41%。

3. 功能性营养成分

笋壳富含植物甾醇、多糖、黄酮类、酚酸等多种功能性物质，对动物机体具有重要的生理活性作用，可维持动物健康、提高动物的免疫能力。

研究表明，黄酮类物质具有抗癌、抗衰老、抗氧化、抗炎、降血压、降血糖、调节内分泌等诸多功能。以乙醇溶剂提取笋壳中的黄酮，得到黄酮类化合物总提取物0.72毫克/克，其抗氧化性强于合成抗氧化物芦丁。竹笋壳中黄酮提取物还具有抑菌作用，可抑制金黄色葡萄球菌、藤黄八叠球菌、大肠杆菌等常见肠道有害菌，有利于维持动物胃肠道健康。

笋壳中甾醇类化合物含量最高为3.22毫克/克（DM），包括β-谷甾醇、芸苔甾醇、谷甾醇、胆固醇、麦角甾醇、谷烷醇等，其中β-谷甾醇的含量最高，而且笋壳中植物甾醇含量经细菌发酵作用会成倍增加。植物甾醇可降低血脂和提高动物饲料转化效率，显著降低肉中胆固醇含量，提高育肥猪的瘦肉率和泌乳牛产奶量、乳脂率、乳蛋白率。

笋壳中还有含量较高的多糖（2.82毫克/克 DM），多为相对分子质量不大的水溶性多糖，但其结构组成和生物学活性以及对动物生产性能的影响等，还有待进一步研究。笋壳中还含有肉桂酸和咖啡酸等酚酸类化合物（0.31毫克/克 DM），具有清除自由基、抑制微生物生长的作用（高雪娟，2011）。此外，Katsuzaki等还从笋壳中分离出2种抗氧化成分：苜蓿素和紫杉叶素，其抗氧化活性分别是维生素E的10%和1%。

4. 笋壳的抗营养因子

竹笋中含有少量单宁，利用鲜笋壳粉饲喂单胃动物时需谨慎。毛春笋单宁含量最高，其他种类竹笋较低，而且主要集中在笋壳、笋衣和笋蔸。笋壳中存在少量单宁（0.34%～0.37% DM），但笋壳经青贮后未检测到单宁的存在。另外，发酵处理也能去除笋壳中的单宁。

韩素芳等（2010）报道，去皮竹笋（笋肉）中含有生氰糖苷（1.40～3.02微克/克 DM）。生氰糖苷是一类由氰醇衍生物的羟基和D-葡萄糖缩合而成的糖苷，生氰糖苷类物质水解可生成高毒性的氢氰酸。因此，在使用笋壳时也要加以注意。

三、加工处理

1. 制粒

笋壳、竹叶等竹林副产物均可进行制粒后作为反刍动物饲料。一般宜选用具有锤片粉碎和轧切功能的设备进行粉碎和切短，而且笋壳（包含笋蒲头、下脚料）比较硬，所有需要的设备功率比常规秸秆粉碎设备大 2～3 倍以上。通过秸秆颗粒机把粉碎的笋壳加工成颗粒状饲料，可以有效地缩小其体积，提高动物的适口性和采食量，从而促进笋壳饲料商品化、规模化的利用。但是，笋壳本身的物理性黏结力和成型效果不如精饲料好，因此，笋壳饲料制粒难度明显大于精料，对颗粒机制粒的工艺条件应有不同的要求。如果在笋壳中添加一定的精料就能够有较好的成型率。图 3-6 为初步试制的笋壳颗粒饲料，虽然成型度较好，但质地过硬。表 3-3 为测定的笋壳颗粒饲料营养成分，粗蛋白质达到 12%，中性洗涤纤维为 69%，酸性洗涤纤维为 38%，可以作为反刍动物很好的粗饲料。今后可从质地、适口性等方面进行改进。颗粒中加 30%～40%精料成型效果较好，可用作反刍动物的全价饲粮。另外，笋壳含水量大，加之集中收获期间正值南方多雨天气，腐败和发霉问题十分常见，收获后应及时对切短的笋壳进行碾压处理，再经过烘干机烘干，打包保存即可得到制粒笋壳饲料。

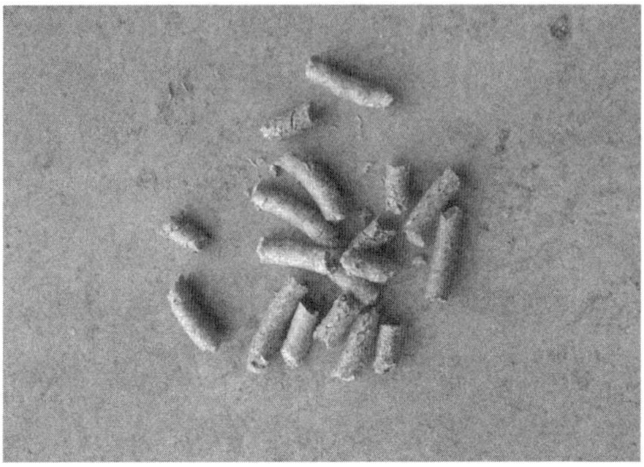

图 3-6 笋壳颗粒

表 3-3 笋壳颗粒饲料营养成分 单位：%

项目	粗蛋白质	粗脂肪	粗灰分	中性洗涤纤维	酸性洗涤纤维
笋壳颗粒饲料	12.0	8.0	10.5	69.0	38.0

注：干物质基础，干物质含量 87.2%。

2. 青贮

笋壳的含水量非常高，干物质含量仅为 11.7%左右，因此如何及时收集并贮存是笋壳高效利用所面临的关键问题。笋壳的青贮发酵是解决笋壳含水量高的有效方法之一。

有条件的山区可建地窖，如果在南方潮湿地区则适宜建高出地面的青贮窖。应选择在地势高燥、土质坚实、向阳、便于操作管理的地方建窖；还可用水泥、砖石建筑成长方形、混凝土结构、窖壁垂直光滑、四角圆弧形和屋顶式的青贮窖。一般每立方米装原料 450～650 千克。将用来做青贮的笋壳、蒲头，切成 2～3 厘米长，含水量掌握在 65%～70%，以手紧握切碎的原料指缝有液体渗出不滴下为宜。为提高青贮质量，可在青贮过程中添加 2%～3%碳酸氢钠或 10%的食盐。每层原料厚度 30 厘米装入窖内，一层层边装边压实，尤以四周压得越实越好，直至装至超过窖口 60 厘米时，上盖塑料布封顶，再压上 40～50 厘米湿泥土密封加压，也可在塑料布上加其他重物重压，防止漏水进气，影响青贮质量，一般经一个半月后开窖，经检查质量合格方可饲喂（图 3-7）。所做的青贮可达优质牧草的水平（表 3-4）。

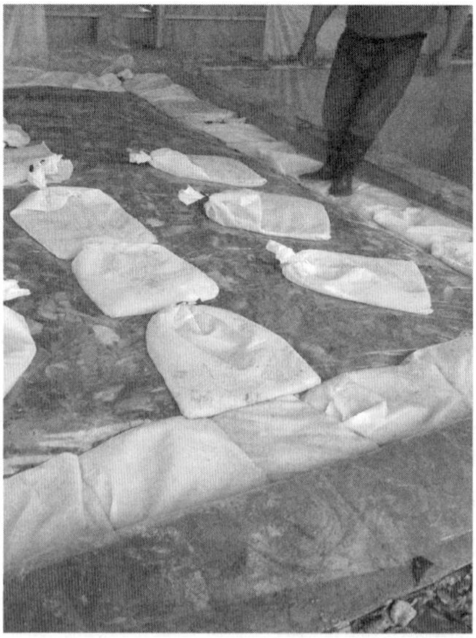

图 3-7　青贮笋壳

表 3-4　青贮雷笋壳营养成分　　单位：%

项目	粗蛋白质	粗脂肪	粗灰分	中性洗涤纤维	酸性洗涤纤维
青贮雷笋壳	24.0	6.4	13.0	75.1	36.8

注：干物质基础，样品干物质含量为14.4%。

亦可使用裹包青贮的方法对笋壳进行青贮。

制作笋壳青贮时，添加麸皮组优于添加10%稻草组，添加麸皮可减少干物质损失，降低氨态氮/总氮比例，增加乳酸和总有机酸含量，降低pH，显著改善笋壳青贮料的发酵品质。而添加10%稻草能够调节水分，减少干物质损失，降低氨态氮/总氮比例，但对pH、乳酸和总有机酸含量无显著影响。60%笋壳+40%麦麸青贮样品乳酸含量高，pH较低，无丁酸，青贮品质好；70%笋壳+30%麦麸青贮样品乳酸含量较高，pH较低，丁酸含量极微，青贮品质较好；80%笋壳+20%麦麸以及85%笋壳+15%麦麸青贮样品乳酸含量低，pH较高，有一定量的丁酸，青贮品质较差。刘大群等（2015）研究表明，与不添加麦麸和乳酸菌的笋壳单独青贮相比，10%麦麸+15%乳酸菌混合液处理显著增加了青贮的粗蛋白质、乳酸含量，显著降低了可溶性碳水化合物和中性洗涤纤维含量，显著降低了pH、氨态氮/总氮比例和丁酸含量，可以获得较理想的青贮笋壳饲料。

添加0.5%的丙酸或2.5克/吨的乳酸能改善笋壳青贮发酵品质。笋壳单独青贮时pH均达4.5以上，氨态氮占总氮比例高达22.8%，营养物质损失大，青贮效果不理想；添加玉米粉、玉米粉+乳酸菌、有机酸、甲酸+甲醛后笋壳青贮的pH、氨态氮占总氮比例均显著低于对照组，4种添加剂处理均能显著提高粗蛋白质、干物质及乳酸含量，可使笋壳青贮的发酵品质和营养价值得到改善。各处理中乳酸含量均高于乙酸、丙酸和丁酸，各添加剂均可显著提高乳酸含量并降低乙酸、丙酸和丁酸含量。

3. 微贮

王音等（2014）利用霉菌、芽孢杆菌、酵母菌和乳酸菌混合发酵笋壳生产动物饲料发现当纤维素分解菌和芽孢杆菌按比例接种10%在固体培养基中、发酵24小时后同时接入2%的乳酸菌和2%的酵母菌，再发酵48小时，其发酵产品中粗蛋白质含量得到有效提高，且外观良好。

四、竹副产物养牛

竹笋加工的下脚料、竹叶等，经过青贮、晒干、粉碎，均可直接饲喂牛、羊、兔等草食动物，也可经过处理后作为配合饲料的原料使用。如在浙江地区，可使用青贮笋壳作为优良的粗饲料来源代替部分优质牧草饲喂奶牛和羊等草食动物（图 3-8）。

图 3-8 笋壳喂牛

青贮笋壳可提高奶牛采食量、瘤胃干物质降解率、饲料转化率及生产性能。青贮笋壳可替代部分苜蓿干草在奶牛配合饲料中使用。用 50%的青贮笋壳代替青贮玉米秆喂泌乳奶牛，其日产奶量无变化，而当用鲜笋壳代替部分青干草喂泌乳牛时，有提高产奶量的作用。当用 7.5 千克和 10 千克鲜笋壳分别代替 2.1 千克和 2.3 千克青干草时，奶牛产奶量比试验前提高 1.96%和 1.99%，而对照组奶牛产奶量比试验前降低了 5.9%。

贾若愚（2011）研究了奶牛泌乳后期饲粮中补充竹提取物（竹原纤维加工废料经提取、发酵、干燥后得到的最终产物）的效果。A 组为对照组，B、C 两组在基础饲粮上分别添加 30 克/天和 60 克/天的竹提取物。结果表明，不同水平的竹提取物添加剂对试验牛的干物质采食量和日产奶量的影响不显著。其日产奶量呈现随竹提取物水平的提高而上升的趋势。但以 4%的标准乳产量对比时，C 组 24.0 千克最高，比最低的 A 组 21.5 千克提高 11.4%，B 组介于两者之间。乳品质方面，C 组乳脂率分别高于 A 组和 B 组 10.55%和 7.35%，乳蛋白率高于 A 组 4.00%。血清葡萄糖、总蛋白、白蛋白、球蛋白、碱性磷酸酶、谷丙转氨酶、谷草转氨酶、乳酸脱氢酶、尿素氮、肌酐、尿酸、甘-脯肽酶、肌酸激酶、γ-谷氨酰基转移酶、淀粉酶以及总胆汁酸这些生化指标中，各组之间差异不显著。因此，在泌乳后期高产奶牛饲粮中添加竹提取物作为添加剂，可以在一定程度上提高奶牛的产奶性能，有延缓产奶量下降的趋势，并能适当提高原料奶品质，对改善奶牛泌乳后期的生理机能、优化奶牛体内的物质代谢，具有一定的作用。

王一民等（2013）以花生秧干草粉和青贮笋壳为主的饲粮饲喂对比试验，结果表明以青贮笋壳饲喂为主的奶山羊比花生秧干草粉组日均增重高26.6%，平均降低单位增重成本35.5%。倪晓燕等（2010）发现成羊试验育成羊组饲喂竹叶颗粒饲料日增重相比对照组提高了249.71%。余斌（2016）研究表明，肉羊饲喂竹笋废弃物发酵料虽比饲喂豆渣+干草+玉米日增重略低，但也可明显提高日增重，并且净增收明显增加，作为育成羊饲粮是可行的。

但是，窖贮笋壳由于密封不严、排水不畅等原因可引起色泽褐黑、霉变腐烂发臭（图3-9），会导致牛群暴发中毒，临床主要表现为蹄病、关节炎、繁殖障碍等。

图3-9 霉变的青贮笋壳

五、小结

总的来说，竹林业的副产物是牛、羊、兔等食草牲畜喜食的饲料，值得大力开发利用。笋壳、竹叶等易采集、成本低、饲喂方便、促进增产增收。把竹林废弃物再利用，既降低了饲料成本，也使生态环境得到改善，畜禽粪便又可用于种植，有助于改良土壤，提高农产品质量，从而构建了一条新的生态循环农业的模式：竹笋种植—笋制品加工—竹林副产物饲料化利用—养牛、羊等草食性动物—

畜禽粪便加工有机肥还田还林。这种模式实现了经济效益、生态效益、社会效益共赢，促进了农业经济的可持续发展，同时，也为企业扩大经营范围及后续的发展奠定了基础。

第三节 油 菜 秸

我国是世界第二大油菜种植国，油菜种植面积和油菜籽产量约占世界总量的20%（FAO❶，2016)。2013年我国油菜产量就达到了1445.8×10^4吨，超过全世界油菜总产量的1/5。据中国统计年鉴（2016）报道，2015年我国油菜种植面积约为753×10^4公顷，油菜籽产量达1644×10^4吨以上。故此，我国的油菜秸秆资源十分丰富。然而，由于油菜秸营养浓度低，作为饲料不能被一般动物所消化利用，因此常常被随意抛弃，造成资源浪费和环境污染。随着生物质能源利用技术的发展，农作物秸秆已成为重要的生物质能资源。

一、油菜秸秆资源概况

1. 油菜生产情况

油菜，又叫油白菜、苦菜，拉丁文名：*Brassica napus* L.，十字花科、芸薹属植物，原产于我国，其茎颜色深绿，帮如白菜，属十字花科白菜变种，花朵为黄色。目前油菜主要栽培（品种）类型为：白菜型油菜（*Brassica campestris* L.），芥菜型油菜（*Brassica juncea* L.），甘蓝型油菜（*Brassica napus* L.）。油菜是喜冷凉、抗寒力较强的作物。种子发芽的最低温度为4～6℃，在20～25℃条件下4天就可以出苗，开花期15～19℃，角果发育期12～15℃，且昼夜温差大，有利于开花和角果发育，增加干物质和油分的积累。

油菜栽培历史十分悠久，中国和印度是世界上栽培油菜历史最长的国家。全世界栽植油菜以印度最多，中国次之，加拿大居第三位。北方小油菜原产于中国西部，分布于中国的西北、华北、内蒙古及长江流域各省（区），世界各地也广泛分布。台湾彰化县油菜栽培最盛，台中、苗栗、嘉义、云林、南投亦栽培不少。中国油菜主要分布在长江流域一带，为两年生作物，秋季播种育苗，次年5月收获。春播秋收的一年生油菜主要分布在新疆西南地区、甘肃、青海和内蒙古

---

❶ FAO指联合国粮食及农业组织（Food and Agriculture Organization of the United Nations)。

等地。

油菜为一年生或越年生草本，直根系，茎直立，分枝较少，株高 30～90 厘米。叶互生，分基生叶和茎生叶两种。基生叶不发达，匍匐生长，椭圆形，长 10～20 厘米，有叶柄，大头羽状分裂，顶生裂片圆形或卵形，侧生琴状裂片 5 对，密被刺毛，有蜡粉。茎生叶和分枝叶无叶柄，下部茎生叶羽状半裂，基部扩展且抱茎，两面有硬毛和缘毛；上部茎生叶提琴形或披针形，基部心形，抱茎，两侧有垂耳，全缘或有枝状细齿。

油菜茎秆由外到内大致可分为 4 个层次，分别是表皮、皮层、纤维层和茎髓。表皮是由排列紧密、外壁角质化的细胞组成，细胞形状呈现出长条形且较为规则。皮层位于表皮与纤维层之间，主要组成成分是薄壁细胞，皮层细胞具有一定的分裂能力，纤维层中包含大量的束状纤维，纤维之间以薄壁细胞相连接。茎髓是油菜秸秆的中心部分，由大体积细胞组成，且细胞之间留有大量的间隙。茎髓的这种生物组成特性，使其能够储存大量的营养成分，是维持皮层分裂和茎秆生长的动力来源。

2. 油菜秸秆的利用现状

油菜花可赏，油菜籽可食可用，而油菜秸秆（图 3-10）作为一种重要的农村可再生资源，无论是其植物特征、化学成分，还是其营养特征、材料特征等各类指标，均表明油菜秸秆具有极高的资源化利用开发潜力，但其利用现状却不甚理想。目前，油菜秸秆综合利用率仅为 25%。据张蓓蓓等报道，中国 2013 年油菜秸秆可收集资源量为 3817×10^4 吨。长江流域 12 省（市）每年的冬闲土地面积为

图 3-10　油菜秸秆

1648×10⁴公顷，可利用面积为494×10⁴公顷，油菜秸秆可收集资源量的生产潜力为2483×10⁴吨。在2013年油菜种植的基础上，中国油菜秸秆可收集资源总量达到6300×10⁴吨。据《中国统计年鉴2014》数据资料显示，根据各作物的大田秸秆系数、加工副产物量计算秸秆及副产物产量，经计算2013年仅浙江省油菜秸秆就达47.55×10⁴吨。

油菜秸秆利用途径主要包括以下几个方面：用作土壤肥料，作为饲料利用，食用菌基料利用，工业材料和能源开发。宋执儒等人在油菜秸秆还田水稻免耕抛秧栽培技术初探研究中表明其可行性，达到了省工、节水节能、降低成本、减少环境污染的效果。另外，在油菜秸秆适宜发酵条件研究中表明秸秆的长度、氮源、碳氮比、含水量等因素，对油菜秸秆堆肥有影响，推荐的秸秆长度为5厘米，含水量为70%，碳氮比为25是适宜的发酵条件。通过油菜秸秆粉和小麦秸秆粉还土，土壤肥力明显增加，纤维素酶的活性也明显增强。

油菜秸秆由于体积大、重量轻，且在油菜收获后需要抢种水稻等因素的影响，堆置和露天焚烧是处理油菜秸秆的常见方式。油菜秸秆露天焚烧既是一种对资源的浪费，也对环境造成了极大的污染（图3-11）。

图3-11　随意燃烧的油菜秸秆

油菜秸秆作为油菜作物的主要部分，具有广阔的用途和重要的经济价值。它含有氮、磷、钾、微量元素等多种营养物质，是很好的肥料资源；油菜秸秆粗蛋白质的含量占干物质比例高达5.48%，明显高于小麦秸、豆秸和玉米秸，还含有丰富的粗纤维，是反刍动物潜在的良好饲料。油菜秸秆碳、氢比例高，有利于瘤胃发酵，并可减少氨的产量。充分利用油菜秸秆不仅可以带来经济效益，缓解“人畜争粮”的现象，还可以减少环境污染，是一种可持续发展的措施。

二、油菜秸秆营养价值

1. 常规营养成分

油菜秸秆外表皮致密光滑，含有脂肪、蜡等弱介质层；整体容重 0.31 克/厘米^3。油菜秸秆粗蛋白质、粗脂肪和钙含量处于较高水平，纤维含量偏高。不同地区、不同收割时间等可能会影响油菜秸秆的营养价值。王翀等检测了浙江地区的油菜秸秆，发现其干物质中含粗蛋白质 2.51%，粗脂肪 2.56%，粗灰分 5.62%，钙 1.88%，磷 0.06%，水分 4.27%，中性洗涤纤维 75.8%，可作为反刍动物的粗饲料来源。黎力之等分别从江西、湖北 2 省 5 个地区采集 7 个油菜秸秆样品，测定出其总能为 16626 ± 372.80 焦/克、干物质含量为 87.21% ± 1.16%，粗蛋白质、粗脂肪、中性洗涤纤维、酸性洗涤纤维、粗灰分、钙和磷的含量分别为 5.63% ± 1.54%、3.48% ± 1.92%、58.70% ± 8.92%、51.08% ± 10.36%、5.25% ± 1.79%、0.83% ± 0.22% 和 0.06% ± 0.03%。油菜秸秆粗灰分含量比稻草低近 6 个百分点。因此，单从养分成分上来看，油菜秸秆可作为一种优质粗饲料资源。黎力之等进一步测定了 16 个品种的油菜秸营养成分，发现品种对油菜秸营养成分含量有一定影响，16 个品种油菜秸干物质含量为 93.47%～97.06%，粗蛋白质含量为 2.72%～6.62%，粗脂肪含量为 0.49%～3.69%，粗灰分含量为 5.74%～9.83%，中性洗涤纤维含量为 59.79%～69.33%，酸性洗涤纤维含量为 40.68%～49.19%，不同品种间粗蛋白质、粗脂肪含量差异较大。乌兰等测定油菜秸秆粗蛋白质含量为 5.48%，粗脂肪 2.14%，粗纤维 46.17%，粗灰分 5.02%，钙 0.83%，磷 0.09%，水分 9.17%，同其他几种秸秆相比，其粗蛋白质含量高于对照，粗脂肪含量仅低于豆秸而高于其他秸秆（表 3-5）。

表 3-5 油菜秸秆与其他秸秆营养成分比较 单位：%

项目	粗脂肪	粗蛋白质	粗纤维	粗灰分	钙	磷	水分
油菜秸	2.14	5.48	46.17	5.02	0.83	0.09	9.17
小麦秸	1.28	3.60	40.20	5.25	0.20	0.10	—
玉米秸	1.03	3.70	31.42	5.54	0.35	0.08	6.52
豆秸	2.70	1.11	51.70	3.16	0.53	0.03	6.65

各地的油菜秸秆营养成分含量都有一定差异，原因可能是品种、产地、收获贮藏时间的不同，以及环境因素（如气候、土壤、耕作方法、肥料等）的影响。总体来说，油菜秸秆粗蛋白质、粗脂肪和钙含量处于较高水平，粗纤维含量偏高。

2. 基于CNCPS的营养价值分析

王芳彬利用CNCPS体系和近红外光谱技术（near infrared reflectance spectroscopy，NIRS）评定油菜秸秆营养价值。结果表明，油菜秸秆样品各营养成分含量变化分别为：干物质91.20%～96.39%，粗蛋白质2.06%～5.92%，粗灰分4.12%～12.46%，粗脂肪0.27%～9.84%，中性洗涤纤维50.51%～82.12%，酸性洗涤纤维39.76%～65.38%，中性洗涤剂不溶蛋白（NDIP）0.50%～2.10%，酸性洗涤剂不溶蛋白（ADIP）0.19%～1.70%，木质素（ADL）6.73%～22.33%，可溶性蛋白质（SP）0.46%～10.17%，非蛋白氮（NPN）0.01%～6.04%。油菜秸秆样品CNCPS碳水化合物各组分含量变化分别为：碳水化合物（CHO）69.16%～92.07%，细胞壁（CC）16.16%～63.66%，可利用的细胞壁（CB2）11.23%～58.62%，糖类（CA）12.03%～43.00%。油菜秸秆样品CNCPS蛋白质各组分含量变化分别为：非蛋白氮0.01%～6.04%，真蛋白中PB_1 0.01%～4.31%、PB_2 0.07%～5.18%、PB_3 0.01%～1.26%，不可利用氮（PC）0.19%～1.70%。当用近红外预测时其各营养成分的含量变化为：干物质91.20%～96.39%，粗蛋白质2.06%～15.92%，中性洗涤纤维50.51%～82.12%，酸性洗涤纤维41.44%～65.38%，粗灰分4.12%～12.46%，粗脂肪0.27%～9.84%，中性洗涤剂不溶蛋白（NDIP）0.50%～2.10%，酸性洗涤剂不溶蛋白（ADIP）0.26%～1.70%，木质素（ADL）6.73%～22.33%，非蛋白氮（NPN）0.01%～6.04%，可溶性蛋白质（SP）0.46%～10.17%。

3. 油菜秸对反刍动物的饲用价值

黎力之等用3头安装有永久性瘤胃瘘管的锦江黄牛为试验动物，采用尼龙袋法研究了油菜秸的瘤胃降解特性，表明瘤胃有效降解率为干物质46.83%、有机物44.78%、粗蛋白质80.28%、中性洗涤纤维19.19%和酸性洗涤纤维11.82%。油菜秸粗蛋白质潜在降解率（$a+b$）较高，达到87.34%。干物质和有机物潜在降解率差异不大，分别为50.92%和49.11%。而中性洗涤纤维和酸性洗涤纤维潜在降解率较低，分别为26.81%和18.10%。油菜秸干物质、粗蛋白质和中性洗涤纤维潜在降解率（50.92%、87.34%和26.81%），与反刍动物常饲喂的稻秸（52.05%、50.48%和43.31%）、玉米秸（81.83%、58.13%和25.79%）、麦秸（39.63%、50.20%和19.80%）及豆秸（52.17%、61.62%和44.89%）相比较，油菜秸粗蛋白质潜在降解率较高，均高于稻秸、玉米秸、麦秸和豆秸；油菜秸干物质潜在降解率高于麦秸，但低于稻秸、玉米秸和豆秸；而油菜秸中性洗涤纤维潜在降解率高于玉米秸和麦秸，低于稻秸和豆秸。

马俊南等通过体外产气法评价了油菜秸的饲用价值，发现样品的快速产气部分 a 为负值（−0.60毫升），因为在快速降解开始前存在一个延滞时间。慢速产气部分 b 值为22.63毫升，要低于糟渣类副产物的产气量，也低于玉米壳、笋壳、花生藤、桑叶等。产气常数 c 值为0.059。而油菜籽荚的 a、b、c 值分别为−0.80毫升、35.98毫升、0.024。油菜秸秆24小时的总挥发性脂肪酸（VFA）为38.52毫摩/升，也是低于毛豆秸、番薯藤、花生藤等秸秆。氨氮浓度为21.34毫克/100毫升。体外干物质消化率为14.89%。从这一结果来看，油菜秸秆的发酵特性较差，对反刍动物来说也是营养较低的，不宜大量饲喂。

黎力之等以 *RFV* 值为标准对16个品种油菜秸饲用价值进行排序，其顺序为14M049＞华航901＞14M2041＞14M1980＞宁油16号＞SCJ-2＞中双11号＞中双9号＞中A9号＞14M070＞湘油13号＞14M2030＞14M2096＞华双3号＞SCJ-1＞14M594。16种油菜秸 *RFV* 值变异系数为6.87%，说明不同品种对油菜秸 *RFV* 值有一定影响。

随着收获时间的推迟，油菜籽千粒重呈上升趋势，完熟期极显著高于前三期；油菜籽含油量、千粒总油脂收获量呈先升高后降低的趋势，黄熟后期极显著高于其他三期；油菜秸干物质、粗脂肪含量呈现先增加后降低的趋势，且各个收获时间之间差异达到显著或极显著水平；粗蛋白质含量呈波动性下降的趋势，完熟期达到最低值。粗灰分、中性洗涤纤维和酸性洗涤纤维含量均呈现先降低后升高的趋势，在黄熟后期最低；油菜秸的 *RFV* 值呈现先增加后降低的趋势，黄熟后期最高，绿熟期最低。综合来看，油菜在黄熟后期收获对其油菜籽油脂收获量及油菜秸营养价值都最好。

三、加工处理

油菜秸秆的粗脂肪、粗蛋白质含量较高，理论上来说具备较高的饲用价值。但是油菜秸秆存在角质层，使得油菜秸秆质地坚硬，不利于牛、羊等食草类动物的饲用。目前，纤维素类生物质的预处理方法主要有物理法、化学法和生物法等。油菜秸秆用作饲料的优势主要体现在以下几个方面：①成本低，大部分地方只要运输的费用；②油菜秸秆的产量巨大；③地方政府补贴力度大，为了解决部分农户就地焚烧油菜秸秆引发环境污染的问题，各地政府对油菜秸秆的回收利用都给出了较高的补贴。

1. 物理处理

油菜秸秆适口性不好直接影响了牛、羊对其的采食量。因此，油菜秸秆不适用于直接进行饲喂，必须进行深加工处理后饲喂。秸秆的物理处理法是在不改变秸秆的化学成分条件下，将秸秆切断、切短、揉搓、压扁、浸泡、蒸煮、热喷等。秸秆物理处理，在一定程度上能软化秸秆，提高秸秆的适口性。秸秆经过切短和粉碎，饲喂反刍动物，易于咀嚼，同时能提高秸秆与瘤胃的接触面积，使瘤胃微生物能够更好地降解秸秆，便于发酵，提高秸秆的消化率。蒸煮、高温热喷等在一定程度上能够破坏纤维素与木质素的结晶体，但这些方法成本高，操作不便，不易大规模推广利用。

最常用的是直接粉碎进行饲喂。但单纯粉碎处理的油菜秸秆适口性不佳，一定程度上影响肉牛的采食量与养分的消化率，降低肉牛生产性能，增加料重比，在肉牛饲料中替代粗料（黑麦草）的比例不宜超过20%。

对油菜秸秆仅仅用物理粉碎的方法处理可能会导致动物生产性能的下降，这主要原因可能是油菜秸秆的适口性差，本身的化学组织结构不利于吸收利用，因此可以通过化学和微生物处理来提高油菜秸的适口性和消化率。

2. 酸碱处理

在众多处理方法中，化学法因预处理时间短、见效快等优点而被广泛应用。研究表明，酸碱处理原理基本相同，但酸处理效果不如碱处理，所以在研究和生产中常使用碱处理。国内外常用氢氧化钠、氢氧化钙碱化及其复合处理，并且有部分得到了工程应用。

唐明跃等研究显示，6% NaOH预处理组累积产甲烷量达到了12337毫升，单位产甲烷量为264.3毫升/克，较未处理组、2% NaOH预处理组和4% NaOH预处理组分别提高了38.0%、10.2%和7.00%；氨态氮浓度为742毫克/升，碱度为7400毫克/升，pH为7.42，三者均在适宜范围内。综合考虑，6% NaOH预处理组的油菜秸秆厌氧消化产气效率较高。

3. 氨化处理

氨化也是一种碱化处理，同时可为反刍动物添加非蛋白氮。氨化处理主要的氨源有液氨（无水氨）、氨水、尿素、碳酸氢铵（碳铵）等 4 种。由于用氢氧化钠对秸秆进行湿处理存在需水量大和极易污染等严重缺点，因而，目前使用较多的处理方法是用无水氨（NH_3）或氨水（NH_4OH）处理秸秆，对提高粗饲料的营养价值能获得较好效果。秸秆氨化碱化效果不如氢氧化钠，但提高秸秆的消化率的同时能提高粗蛋白质的含量。经氨化处理的秸秆，其粗蛋白质的含量从 2%～3%提高到 6%～8%，消化率可提高到 25%以上。

氮源不同其氨化效果也不同，液氨为生产尿素的中间产品，其处理秸秆的效果好于尿素。氨水处理秸秆的氨化效果略差于液氨，好于尿素和碳铵。氨水因氮含量低，其处理效果在低浓度时较差，但当提高氨水添加量（>8%）后发现氨化效果明显提高，秸秆 CP 含量增加率超过 100%，氨化效果良好。氨水成本低于尿素，但在其贮存、运输、使用和相关人员的安全防护方面要求较高，也限制了氨水的广泛应用。尿素和碳铵安全，购买和添加方便，成为现实生产中最常用的氨化试剂。碳酸氢铵由于其使用量大，实际生产成本与尿素相仿，且碳酸氢铵受环境温度影响明显，使其推广受到限制。实际操作时可按比例称取尿素 3.7 千克加入 18 千克水中，搅匀，均匀喷洒在 60 千克油菜秸秆上，再来回翻动至均匀，然后放入白色聚乙烯塑料袋内，边放边压实，袋口要封实，氨化 30 天。氨化结束后，先透过塑料袋观察氨化后油菜秸秆的色泽及霉变腐败情况，再打开塑料袋闻其气味，然后用手插入试其温度，再观察其质地，可参考表 3-6 进行评分。

表 3-6　氨化油菜秸秆感官评分标准

评定内容	氨化好	未氨化好	霉变	腐败
色泽	新鲜秸秆呈深黄色或黄褐色，颜色越深越好；陈年秸秆呈褐色或灰色	颜色与氨化前相同	白色菌丝，发黑，有霉点	呈深红色或酱色
气味	开封时有强烈氨味，放氨后呈糊香味	无氨味，仍为普通秸秆	强烈的霉味	有霉烂味
质地	柔软松散，放氨后干燥	无变化，仍较坚硬	变得糟损，有时发黏	发黏，出现酱块状
温度	手插入温度不高	手插入温度不高	手插入有发热感	手插入有发热感

黄瑞鹏等（2013）认为油菜秸秆感官评分受氨添加量影响较小，而受水分添加比例影响较大。氨化组 CP 较对照组差异极显著升高，NDF、ADF 较对照组差异极显著降低，EE 也呈现上升趋势。总的来说，根据添加不同氨量和水量组的比较，油菜秸秆在添加 30％水和 3.5％氨的尿素时氨化效果最好。韩增祥等（1996）将油菜秸秆切成 2～3 厘米的碎段，加不同数量的氨和水，在密闭的塑料袋中进行氨化处理，经密闭处理 35 天后，油菜秸秆组织结构发生了变化，纤维结构变得疏松，气味香酸、手感柔软。粗蛋白质净增量以用氨量 3.5％为最高，当用氨量 3.5％、加水量 30％时，粗蛋白质纯增达 12.72％，是未处理油菜秸秆粗蛋白质含量的 3.18 倍；氨化效率也最高，达 70.3％。

4. 生物学处理

生物处理法，即利用生物学的原理对秸秆进行处理的方法。它包括微贮、酶解、青贮。

龚剑明等（2015）研究显示：不同真菌发酵油菜秸秆，显著改变了常规养分含量，香菇菌、虫拟蜡菌、槭射脉革菌发酵显著提高了粗蛋白质含量。所有真菌发酵的油菜秸秆中有益成分几丁质含量得到显著提高。发酵油菜秸秆干物质、有机物、中性洗涤纤维、酸性洗涤纤维、酸性洗涤木质素降解率表现为香菇菌组＞黄孢原毛平革菌组＞槭射脉革菌组和虫拟蜡菌组。槭射脉革菌组羧甲基纤维素酶的活性显著低于其他试验组。与对照组相比，香菇菌组和黄孢原毛平革菌发酵使体外发酵有机物降解率（IVOMD）显著增加，槭射脉革菌发酵使 IVOMD 和有机物酶解率显著降低。综合来看，香菇菌和黄孢原毛平革菌发酵油菜秸秆能够降解纤维物质，改善 IVOMD，但同时导致了有机物的浪费。

5. 其他处理方法

不同预处理方法可以有效提高木质纤维素原料的酶解率，如传统的机械粉碎、酸碱水解、高压液态水处理、微生物降解等方法对提高后续的酶解产糖和发酵都具有很好的效果，但都或多或少存在一定的局限性。蒸汽爆破预处理法具有节能、对环境无污染、应用范围广等特点，采用 160～260℃的饱和水蒸气将原料加热至 0.69～4.83 兆帕，维持几秒至几分钟，然后突然释放压力，使得纤维素发生机械断裂，同时其内部氢键被破坏，游离出新的羟基，增强纤维素对酶的吸附性能。

张春艳等（2017）采用 DNS 法、离子色谱法和气质联用（GC-MS）技术对油菜秸秆蒸汽爆破降解产物进行了分析。结果表明，经蒸汽爆破处理后的油菜秸秆酶解产糖量有明显的提高，为未处理样品直接酶解产糖量的3.4倍，各种水溶性糖化合物的含量也大大提高，其中葡萄糖和木糖含量分别为未处理样品直接酶解含量的3.5倍和4.7倍之多。水提液乙酸乙酯萃取物中分别检测到脂肪酸类、芳香类和呋喃类物质40种、12种和1种。通过扫描电镜观察处理后油菜秸秆的表面形貌结构，发现处理后的秸秆表面结构松散，比表面积增大，酶对纤维素的可及性增加，从而有利于后续的酶解效率。

氧化剂处理是依据植物的木质化纤维素对氧化剂比较敏感而提出的，常用的处理秸秆的氧化剂有二氧化硫、臭氧、碱性过氧化氢。氧化剂通过破坏木质素分子之间的共价键，使部分半纤维素和木质素溶解，以致纤维素基质中产生较大空隙，增大纤维素酶和细胞壁成分的接触面积，从而提高饲料的消化率。氧化剂处理因为成本太高，目前还不能在生产中推广应用，但可能是将来的一种发展方向。

四、油菜秸秆养牛

油菜秸秆中粗蛋白质、矿物质、维生素含量低，粗纤维含量高，消化率只有35%～50%，有效能低，成为影响秸秆营养价值及饲喂效果的首要因素。油菜秸秆经过氨化处理，营养价值可提高近1倍，用氨化秸秆养牛可以大大降低饲养成本（图3-12）。

图3-12　油菜秸秆喂牛

李浪等利用微生物菌剂发酵油菜秸秆进行营养成分分析，并用发酵油菜秸秆部分替代干玉米秸秆进行肉牛育肥试验，测定养分消化率和饲喂效果。首先将油菜秸秆粉碎成4～6厘米长度，加入发酵菌剂（100克/吨秸秆）、硫酸铵（40千克/吨秸秆）和适量水（使油菜秸秆的含水量控制在60%左右），搅拌均匀后装窖、压实，在上面覆盖塑料薄膜。试验组的秸秆饲料为75%的发酵油菜秸秆加25%的干玉米秸秆，对照组的秸秆饲料为100%的干玉米秸秆。试验结果显示，发酵后油菜秸秆的营养品质明显改善，粗饲料中部分使用发酵油菜秸秆的饲喂效果优于全部使用干玉米秸秆的效果。

黄瑞鹏（2013）研究了氨化油菜秸秆替代40%粗饲料对威宁黄牛饲养效果的影响，表明氨化油菜秸秆替代40%粗饲料能提高威宁黄牛日增重，降低料重比，带来较好的经济效益。吴道义等（2015）将油菜秸秆进行氨化处理后饲喂威宁黄牛，结果表明，氨化油菜秸秆替代30%粗饲料能提高威宁黄牛日增重，降低料重比，带来较好的经济效益。

五、小结

总的来说，目前我国油菜秸秆利用不充分。油菜秸秆复合青贮、改良氨化、微生物处理等处理方法，可显著提升油菜秸秆的粗蛋白质含量，降低粗纤维含量，提高动物采食率和消化吸收率。随着技术发展，油菜秸秆仍具有广阔的开发利用前景，必将对国家循环农业发展和生物质资源利用作出积极贡献。当前油菜秸秆的利用仍然处于初级阶段，仍有较大的开发潜力，需要政府部门、社会企业和农民加强合作与联系，共同打造完整的油菜秸秆回收产业链，实现油菜秸秆回收利用的创新与突破。

第四节　棉　花　秸

我国是一个产棉大国，种植棉花历史悠久，技术成熟，棉花产量约占世界棉花产量的1/4，在棉花收获的同时产生大量的副产物。作为副产物之一的棉花秸秆（棉秸）大多用于生活燃料，对棉花秸秆的综合利用较少。

棉秸由棉茎、棉根、棉花壳和棉叶构成。棉根、棉茎的粗纤维含量在42%以上，棉花壳约33.1%，棉叶粗纤维含量最少。但棉花壳、棉根的粗蛋白质、粗脂肪和粗灰分含量较高，4个部位的钙、磷、无氮浸出物和水分含量相当。因此，棉花秸秆作为一种丰富的可再生资源，在饲料和工业原料应用方面有很大的潜力。

一、棉花秸秆利用现状

1. 棉花秸秆做能源

棉秸木质化程度高，韧皮纤维丰富，容重和热值高，2 吨棉秸（含水率 15% 左右）能源化利用热值可替代 1 吨标准煤，是一种重要的生物质能源。棉秸作为能源的利用方式可以分为三类：一是直接燃烧。棉秸直接燃烧可以分为传统方式和现代方式。现代方式包括加工成成型燃料、与煤混合燃烧和秸秆高效燃烧发电等。二是将其转化为气体燃料，如沼气、秸秆热解气化燃料气等。三是将其转化为液体燃料，如燃料乙醇等。

棉花秸秆热值为 5～12 兆焦/米^3，总效率可达 35%～45%。秸秆加工压块，其燃料热值平均 16.7 兆焦/千克，再制成生物碳燃料效率比传统方式提高 3～4 倍。棉秸汽化技术可以把秸秆高温裂解生成以 CO 为主并含 H_2、CH_4 等多种可燃成分的煤气。分析中国 1998～2000 年的数据可以看出，作物秸秆汽化集中供气和压块供气分别节省标煤约 9.5×10^4 吨和 0.14×10^4 吨（表 3-7），加强秸秆资源综合利用，可大大减少传统能源的使用量，是传统能源的替代选择途径之一。

表 3-7　1998～2000 年秸秆能源替代分析

年份	汽化集中供气			压块供气		
	秸秆/10^4吨	供气/10^4米^3	标煤/10^4吨	秸秆/10^4吨	产量/10^4吨	标煤/10^4吨
1998 年	2.67	4.572	1.56	0.041	0.041	0.023
1999 年	4.51	8.248	2.82	0.075	0.075	0.043
2000 年	8.68	15.057	5.14	0.125	0.125	0.071
合计	15.86	24.877	9.52	0.241	0.241	0.137

注：1. 汽化集中供气，秸秆折合标煤系数 10 兆焦/米^3；压块供气，折合标煤系数 0.57。

2. 资料来源于彭卫东等（2013）。

2. 棉花秸秆还田

棉秸含有丰富的氮、磷、钾和微量元素，可以作为棉田重要的有机肥源。棉秸还田是目前主要的利用方法之一。棉秸还田的方法分为秸秆直接还田、秸秆间接还田和秸秆生化腐熟快速还田。棉秸直接还田虽能避免焚烧对大气造成大量的污染，但是会存在另外的环境影响，即产生大量的还原性气体，它们是破坏大量臭氧层、造成温室效应的有害气体。同时使一些金属离子处于还原状态，造成对农作物的毒害。要解决此问题，可以配合使用特制的微生物制剂，也可以先将秸秆腐解制成有机肥，再施入土壤。

为了利用好棉秸资源，减少环境污染，克服还田的盲目性，使棉农在还田时有章可循，提高棉秸还田效益，推动棉秸还田发展，研究棉秸还田的适宜条件，制订棉秸还田技术规程是十分重要和必要的。

3. 棉花秸秆做饲料

棉秸中营养成分含量为：粗蛋白质 6.5%，木质素 15.2%，纤维素 44.1%，半纤维素 10.7%，钙 0.65%，磷 0.09%，游离棉酚 0.03%。总体上棉秸主要营养物质含量比较丰富。处理掉其中的棉酚后，棉秸可以制成畜禽饲料，用于养殖业、畜牧业，实现棉秸的饲料化。研究显示，每万吨棉秸调制为粗饲料用于养殖业，可供 3000 头牛食用一年，肉牛、奶牛分别增加产值 15%、16%。畜禽食用这些饲料形成的粪便可用于沼气或替代化肥。

4. 棉花秸秆做原料

棉秸还可以作为能源材料、食用菌生产原料，近年又兴起了秸秆造纸质地膜、纤维密度板等技术。我国在这些方面都已有所研究和应用，但相对落后。

二、棉花秸秆化学成分分析

棉秸的不同部位营养成分和棉酚含量见表 3-8。

表 3-8　棉花根、茎、叶等主要化学成分含量　　单位：%

项目	棉桃壳	棉叶	棉茎	棉根	平均
粗蛋白质	8.44	17.82	7.10	6.48	9.96
粗纤维	33.14	11.23	42.03	42.21	32.15
粗脂肪	4.75	5.85	2.50	1.49	3.65
粗灰分	8.83	13.65	5.07	4.70	8.06
无氮浸出物	44.84	51.45	43.30	45.12	46.18
钙	0.53	3.83	0.44	3.92	2.18
磷	0.08	0.24	0.07	0.10	0.12
水分	6.67	8.27	5.77	6.63	6.84
棉酚浓度	0.0075	0.0308	0.0033	0.2080	—

注：资料来源于许国英等（1998）。

棉秸的主要成分是木质素、半纤维素，并含有单宁、果胶素、有机溶剂抽取物、色素等。其中营养成分：粗蛋白质 6.5%，木质素 15.2%，纤维素 44.1%，半纤维素 10.7%，钙 0.65%，磷 0.09%，游离棉酚 0.03%（魏敏等，2003）。

棉秸粗蛋白质含量虽然与麦草（3.81%）和稻草（5.01%）基本相似（龙鸿艳，2016），但木质素是其他两种秸秆的 2～3 倍，半纤维素是其他秸秆的 0.3～0.4 倍。虽有较好的粗蛋白质含量，但因木质素含量较高，半纤维素低，而且还含有棉酚，棉秸须处理后才能作为粗饲料资源。棉秸中以棉桃壳的棉酚含量（0.058%）最高，这与表 3-8 测得的结果差距较大，可能与测定的部位、棉花品种和产地不同有关。棉酚含量 0.03%以上对反刍动物有毒害作用，棉酚含量低于 0.03%高于 0.01%时对反刍动物无毒害作用，而对单胃动物毒性大，当饲料中棉酚含量低于 0.01%时，动物生长正常（哈丽代·热合木江，2013）。

三、棉花秸秆的饲料化利用

1. 棉花秸秆的营养价值

棉秸主要的有机物为碳水化合物，粗蛋白质和粗脂肪含量较少，矿物质由硅酸盐及其他少量矿物质微量元素组成。棉花成熟后，其秸秆中的维生素差不多全部被破坏。

从棉秸的营养特点分析，其蛋白质、可溶性碳水化合物、矿物质和胡萝卜素含量低，而粗纤维含量高，因而其适口性不好，家畜采食量小、消化率低。

2. 影响棉花秸秆营养价值的因素

（1）遗传因素　不同品种、不同部位棉秸的营养价值有很大的差异。棉秸上部的茎秆较青嫩，营养价值较高；基部则较老，营养价值较低。棉秸从上到下，粗蛋白质和细胞可溶性物质含量逐渐减少，而中性洗涤纤维和木质素却逐渐增加。

（2）环境因素　棉秸营养特征的差异是由其生长发育的环境因素所引起的，土壤营养状况、水分、周围环境温度及其变化范围、光照的长短与强弱、病虫害的发生率和危害程度，都能影响棉秸的营养质量。

（3）管理因素

① 收割方法。收割方法不同，棉秸的营养价值也不同。有些地方收获作物时，只把穗头采摘，随后才收割秸秆，这样的秸秆营养价值低；但有的地方是把穗头和茎秆一起割下来，脱离后再收割秸秆，秸秆的营养价值较高。

② 收获时期。不同收获时期的棉秸营养价值也不同，棉花成熟收获前期营养价值较高，成熟后随着时间的推移营养价值越来越低。适时收获是获得高质量棉秸的关键措施之一。

③ 脱棉的方法。脱棉的方法也影响秸秆的营养质量。用机器方法脱棉，由于秸秆被压碎，比较柔软，便于家畜消化，增加了微生物进行发酵作用的面积。故较人工方法脱棉的秸秆有较高的消化率。

④ 贮存方法。棉花收获后，秸秆的贮存条件也影响它的营养质量。在良好的贮存条件下，秸秆的营养质量损失较少。当秸秆全部暴露、部分暴露、全部覆盖保护 3 种条件下贮藏时，其营养价值不同。全部暴露的秸秆，粗蛋白质、钙、磷都有所降低，但镁没有变化。如天气好，在数周内没有明显降低。但经雨淋的秸秆，细胞内可溶性物质含量减少，消化率降低。

3. 改进棉花秸秆饲用价值的方法

棉秸具有如下化学特性：一是纤维素类物质含量高。二是粗蛋白质含量低。秸秆不仅可发酵氮含量极低，而且过瘤胃蛋白也很低。三是无机盐含量低，并缺乏家畜生长所必需的维生素 A、维生素 D、维生素 E 等以及铜、硫、硒和碘等矿物质。棉秸含有大量的硅酸盐，它严重影响瘤胃中糖类物质的降解作用；钙和磷的含量一般也低于牛、羊的营养需要水平。四是可消化能值很低，制约了动物生产性能的表现。因此，要对棉秸进行综合预处理和营养物质添补后加以利用。

棉秸饲料加工不仅能改善秸秆的适口性和营养成分，提高其采食性和饲料转化率，使棉秸更加适宜于养畜，同时，通过对棉秸的适当加工，可以使其密度加大、体积缩小，便于运输。在现代畜牧业中，常用的秸秆饲料加工处理方式主要有物理、化学、生物学处理等，包括了青贮、氨化、微贮、揉搓丝化、膨化、压块、颗粒饲料加工等。

（1）物理处理法　采用物理处理法可提高棉秸的饲用价值，物理处理包括机械加工、辐射处理和蒸汽处理等方法。

① 机械加工。一种很普遍的加工方法是将棉秸切短后再饲喂家畜，这种处理的好处是便于饲喂、减少浪费，在一定程度上防止了家畜的挑食。

② 辐射处理。辐射处理对家畜健康有无影响尚无定论，要在生产中应用，还为时太远。

③ 蒸汽处理。通过高温水蒸气对棉秸化学键的水解作用，可以达到提高消化率的目的。

④ 其他方法。粗饲料的干燥、颗粒化和补喂精饲料等也属于物理处理。干燥的目的是保存饲料，处理条件对养分影响很大；颗粒化处理可使粉碎粗饲料通过消化道速度减慢，防止消化率下降；补喂精饲料可以改善粗饲料的利用效率，

但补喂精饲料后，瘤胃微生物将适应于利用淀粉，并引起瘤胃 pH 下降。

（2）化学处理　化学处理就是利用化学试剂作用于棉花秸秆，使秸秆内部结构发生变化，有利于瘤胃微生物的降解，从而达到提高消化率、改善棉秸营养价值的目的。目前用作秸秆处理的化学制剂很多，碱性制剂有 NaOH、$Ca(OH)_2$、KOH、NH_3、尿素等；酸性制剂有甲酸、乙酸、丙酸、丁酸、硫酸等；盐类制剂有 NH_4HCO_3、$NaHCO_3$ 等；氧化还原制剂有氯及各种次氯酸盐、H_2O_2、SO_2 等。

① NaOH 处理。NaOH 处理即配制相当于秸秆 10 倍量的 NaOH 溶液，将棉秸放入，浸泡一定时间后，用水洗净余碱，然后饲喂家畜。这样处理可大大提高秸秆消化率，但水洗过程养分损失大，而且大量水洗易形成环境污染，所以没有广泛应用。长期大量采食 NaOH 方法处理的棉秸会引起家畜体内矿物质的不平衡，影响家畜的健康，引起腹泻。

② 氨化处理。棉秸含氮量低，与氨相遇时其有机物就会与氨发生氨解反应，破坏木质素与多糖（纤维素、半纤维素）链间的酯键结合，并形成铵盐，铵盐则成为反刍动物瘤胃微生物的氮源。瘤胃微生物获得氮源后活力将大大提高，对饲料的消化作用也将增强。氨化处理通过化学处理和氨化的双重作用提高作物的营养价值。

（3）生物学处理　生物学处理是近年来人们研究的一种对秸秆等粗饲料进行处理的生物方法，具有处理能耗低、成本低，且能够较大幅度地提高作物秸秆营养价值的优点。生物处理秸秆可分为两类：一是秸秆作为基质进行单细胞培养，生产高质量饲料，它可以直接在秸秆上培养能够分解纤维的单细胞生物，也可用化学或酶的作用来水解秸秆中的多聚糖，使之变为单糖，再用单糖来养酵母菌；二是利用主要分解木质素而不是纤维的生物或用木质素酶使秸秆中的木质素分解，破坏纤维素-木质素-半纤维素的复合结构，从而达到提高消化率的目的。

（4）复合处理　在生产实践中，各种方法常常结合使用，各种处理方法对于改进棉秸营养价值，提高秸秆利用率均有不同程度的作用。复合处理将是今后秸秆处理的发展趋势。

四、棉花秸秆在牛饲料中的应用

棉秸是一种丰富的可再生资源。因其纤维含量高，作饲料化资源多可被反刍动物利用。棉花秸秆的饲喂方式分为直接饲喂、处理后饲喂。

1. 直接饲喂

因棉秸粗纤维含量高，质地比较坚硬，适口性差，一些地方的棉农又怕过于浪费资源，棉田采摘后直接放牧，让家畜自由采食质地比较鲜嫩、木质化程度低的部分。也有棉农将棉花秸秆切短揉搓饲喂，但利用效率并不高。通常动物主要采食棉叶、棉桃壳（利用率仅为20%左右），剩余的茎秆部分被当作柴火焚烧。

2. 处理后饲喂

为了充分利用棉秸资源，提高秸秆利用效率，降低粗纤维含量，增加适口性，提高家畜的生产性能，达到过腹还田，增加社会效益和经济效益的目的，研究者研发了不同方法将其处理后进行饲喂。

（1）棉花秸秆青贮利用　棉秸青贮处理，半纤维素、纤维素等得到降解，提高了秸秆的柔软度，生产菌体蛋白，从而缓解了蛋白质资源的严重不足。在棉秸青贮过程中，微生物发酵能够产生有用的代谢产物，使青贮棉秸带有芳香、酸、甜的味道，能够提高牲畜的适口性从而增加采食量。青贮还可有效地保存青绿植物的维生素和蛋白质等营养成分，同时增加一定数量的能为牲畜利用的乳酸和菌体蛋白质。

（2）棉花秸秆的氨化处理利用　饲喂氨化处理的棉花秸秆对奶牛乳脂率、奶蛋白质增加显著。研究表明，尿素处理对棉花秸秆脱毒率为70.89%，棉秸粗蛋白质和粗灰分含量分别提高4.16%和1.33%，中性洗涤纤维和酸性洗涤纤维含量降低8.35%和5.89%（斯热吉古丽·阿山，2015）。

（3）棉花秸秆的微贮处理利用　有试验表明，饲喂微贮棉秸饲料的架子牛日增重从579克增加到792克（岳斌，2010）。

五、棉花秸秆在利用中存在的问题

1. 秸秆焚烧

由于缺乏有效的利用方式，近些年秸秆焚烧相当严重，给人们的生活带来了影响，不仅有引起火灾的风险，而且可造成污染、破坏土壤结构，还有引发交通事故的危险。

2. 对棉花秸秆的综合利用不够全面

棉秸综合利用技术从早期直接还田、就地焚烧、烧火取暖做饭等已经向快速腐熟堆肥，生产优质生物煤、生物基质及作工业原料等方式转换。但从生态农业和可持续发展的角度考虑，现在对棉秸的综合利用还不够全面、彻底，为了有效地加大棉花秸秆的利用效率，应根据其自身组成的特点，把多种利用方式综合起来。实现棉花秸秆的利用资源化、高效化、产业化，从而实现现代农业的生态可持续发展。

3. 对棉花秸秆综合利用技术的推广力度不大

当前对棉秸的循环利用方式有多种，但大多缺乏深入研究，推广力度也不够。像棉花秸秆的饲料化、燃料化、肥料化、基质化等综合利用前景十分广阔，亟需加大推广力度。

4. 缺乏大规模产业化经营的格局

秸秆综合利用效率低，一个主要原因是缺乏大规模产业经营的格局，对棉秸的利用需要以技术为依托，一家一户很难实现。当前，如果能以市场为导向，成立大型秸秆利用厂，让秸秆成为可以出售的商品，将会提高秸秆的综合利用率。

第五节 花 生 藤

中国是世界花生生产第一大国，占世界总产量的比例为40.27%。花生藤富含粗纤维和粗蛋白质，晒干粉碎后可作为优质粗饲料饲喂家畜，效果显著。因此，探索花生藤作为非常规的饲料资源的高效利用对我国畜牧业的可持续发展有重要作用。

一、花生藤资源概况

1. 花生生产情况

花生为豆科作物，优质食用油主要油料品种之一。世界生产花生的国家有100多个。中国是世界花生生产第一大国，占世界总产量的比例为40.27%。目前，在我国种植的农作物中，花生的种植规模已上升到第七位，排在水稻、小麦、玉米、大豆、油菜、甘薯之后。据《中国统计年鉴2016》报道，截至2015年底，花生的种植面积为4616千公顷，占我国主要农作物种植结构的比例为2.77%。

中国花生分布很广，各地都有种植。主产地区为山东、辽宁东部、广东雷州半岛、黄淮河地区以及东南沿海的海滨丘陵和沙土区。其中山东省种植面积约占全国生产面积的1/4，总产量占全国的1/3以上。

2. 花生产业的副产物

花生收获后剩下的藤蔓我们称为花生藤（图 3-13），也称作花生秧。花生藤、壳占花生植株生物量的 50%以上，营养丰富，是宝贵的生物资源。我国每年花生藤的产量为 $2700\times10^4\sim3000\times10^4$ 吨。但我国对花生藤的利用方式还不完善，除少量作为粗饲料外，我国大量的花生藤、壳被烧掉或废弃掉，不仅浪费资源，而且污染环境。花生藤水分含量低、水溶性糖含量低、缓冲能值高，直接青贮不易成功。

图 3-13　花生藤

花生藤蔓不仅营养丰富，而且质地松软，畜禽均可食用。用花生藤蔓喂畜禽，可减少投入，提高养殖效益。花生藤蔓粉给畜禽的适宜喂量分别是：猪 10%～15%，禽 5%～8%，牛、羊 30%～50%，与其他饲料拌匀后饲喂。

二、花生藤营养价值

1. 常规营养成分

花生藤所含营养物质丰富，味甘芳香，是各种草食牲畜所喜食的饲料（表 3-9）。

表 3-9　花生藤的营养成分与消化能

营养成分	含量/%
粗蛋白质(CP)	9.77±1.48
粗脂肪(EE)	4.40±0.43
中性洗涤纤维(NDF)	54.60±0.64
酸性洗涤纤维(ADF)	48.40±1.40

续表

营养成分	含量/%
粗灰分(Ash)	8.91±0.32
钙(Ca)	1.40±0.02
总磷(P)	0.14±0.01
中性洗涤不溶粗蛋白(NDICP)	5.85±0.20
酸性洗涤不溶粗蛋白(ADICP)	4.06±0.28
消化能(DE)/(兆焦/千克)	10.07

注：资料来源于刘庆华等（2008）。

花生叶的粗蛋白质含量高达 20%，干花生藤含可消化蛋白质 70 克/千克，钙、磷分别为 17 克/千克和 7 克/千克。花生藤中的粗蛋白质含量分别是豌豆秧和稻草的 1.6 倍和 6 倍。畜禽采食 1 千克花生藤产生的能量相当于 0.6 千克大麦所产生的能量。一般每亩地产 300 千克花生就可得到 300 千克的花生藤，用于饲喂家畜则相当于 180 千克大麦的饲养效果。

Lindemann 报道，花生藤中含钙为 1.32%，磷为 0.07%，铜、锰、锌和硒分别为 10.8 毫克/千克、51.2 毫克/千克、15.0 毫克/千克和 0.05 毫克/千克，而玉米中含钙为 0.07%，铜、锰、锌和硒分别为 3.4 毫克/千克、4.1 毫克/千克、10.4 毫克/千克和 0.04 毫克/千克。由此可知，花生藤中钙、铜、锰、锌含量均比玉米高。因此，将花生藤与其他饲料合理搭配作为草食畜禽的饲料，能够弥补某些精料中矿物质不足的缺陷，发挥互补作用。

与其他常见牧草营养成分相比较，花生藤粗蛋白质含量是苏丹草的 1.5 倍左右，比多年生黑麦草稍高，与紫花苜蓿花期的粗蛋白质含量基本相当（表 3-10）。

表 3-10　花生藤与其他牧草营养成分比较　　单位：%

牧草种类	干物质基础		
	粗蛋白质	粗脂肪	粗纤维
花生藤	15.2	5.0	20.1
紫花苜蓿	16.7	2.6	31.9
多年生黑麦草	13.7	3.8	21.3
苏丹草	9.4	1.7	34.4

注：资料来源于秦利（2011）。

2. 花生藤对反刍动物的饲用价值

包淋斌等（2015）研究了花生藤在锦江黄牛瘤胃中的降解规律，发现在

24 小时前，花生藤营养物质的消化速度较快，24 小时后消化速度减慢，逐渐趋于平稳。花生藤干物质、有机物、中性洗涤纤维、酸性洗涤纤维和粗蛋白质有效降解率分别 59.02%、52.38%、26.44%、35.38%和 58.35%，花生藤各营养成分有效降解率较高，具有较高饲用价值。

杨凡（2010）用常规方法测定花生藤、羊草、豆粕和玉米的常规营养成分含量，并利用体外发酵培养系统测定花生藤的产气量及产气参数，同时与羊草、豆粕和玉米等比较。结果发现，花生藤是一种营养价值与羊草相当的粗饲料。马俊南等（2016）研究表明，从体外发酵特性来看，花生藤对反刍动物来说有较高的消化率，应作为优良的饲料资源开发。任莹等认为花生藤可以作为反刍动物的新型饲料资源加以推广利用，而且用体外产气法评定反刍动物饲料的营养价值是可行的。张吉鹍等揭示花生藤作为反刍动物的优质秸秆饲料，测定的秸秆饲料花生藤的干物质采食量（*DMI*）预测模型为：*DMI*［克/(天·千克代谢体重)］=30.03/*NDF*（%*DM*），以酸性洗涤纤维（*ADF*）为预测因子的代谢能（*ME*）预测模型为：$ME=-0.141ADF+11.468$。

3. 饲喂花生藤注意事项

在花生的收获季节，花生与藤蔓应同时收获，但要注意不能在雨天收获，花生藤收获后应及时摊放晒干，不可将湿花生藤堆放在一起，以防止藤蔓发热变黄或者霉变。

另外一个要注意的问题是花生藤饲喂牛只需要进行切短处理，否则牛长期喂花生藤，花生藤中不能消化的纤维可以在胃中滚转缠绕成团，多存留在皱胃中。平时纤维团游离在皱胃中，牛不表现症状，一旦纤维团移行到肠管后，即迅速出现肠阻塞症状。阻塞于肠中的纤维，缠绕牢固，质地坚实，不能隔肠粉碎，泻药也不易泻下，故病牛几乎全死亡。偶有个别牛可从粪中排出，这些牛多为年轻体壮，纤维团小，病期也长。肠阻塞的主要特征是不见前驱症状，发病后就同时出现食欲、反刍废绝，饮水减少，排粪停止。直肠中少量灰黄色泥状粪便混有胶冻状黏液，有泡沫，气味腥臭，触诊右尻部有明显的溅水音。临床化验表明，脲酶和尿蛋白呈阳性或强阳性反应，粪便的潜血和蛋白质呈阳性或强阳性反应，其 pH 均为中性或稍偏酸，血液学变化不突出。

三、加工处理

花生藤属农副产品，它的收获只能待花生果成熟后进行。为了保证全苗和保全营养成分，花生果一成熟就应及时收获。花生的收获应选择晴天进行，在摘去花生果的同时除去藤中杂质及砂土（如能除去基根部木质化部分，则粗纤维含量能降低30%以上），将藤单棵均匀地摆在田间干燥处晒2天后翻1次，共晒4天左右，花生藤有八成干时就及时捆运至干燥通风的场所堆放，在晒制和堆放过程中要严防雨淋和潮湿影响，以免发生霉烂变质。晒制好的花生藤呈青绿色。

1. 切短、粉碎制粒

花生藤营养丰富，味甘芳香，是草食牲畜所喜食的饲料。但是花生藤饲喂过量会降低动物的脾胃运化功能，糟粕停滞于肠中，影响肠道传化，聚结不通，形成大便秘结。一般饲喂花生藤时，建议先切短至2～3厘米（图3-14）或制成2～3厘米大小的颗粒饲料。而对花生藤粉碎过细，又会造成过瘤胃速度太快，来不及消化利用其中的营养物质。由于花生藤的粗纤维不易被消化，尤其饲喂半干的花生藤时，稍有不慎，就会使饲喂花生藤的奶牛发生前胃弛缓或形成瘤胃积食等前胃疾患，而且影响奶牛的发育、生产，严重者可引起死亡。目前有少量用于牛、羊饲料，但其藤蔓韧性大，难以消化，有时会在反刍动物前胃形成球团，堵塞胃肠道，严重时可引起动物死亡。有奶牛场就因为饲喂没有切短的花生藤，造成了牛的瘤胃中形成硬块，最后导致了牛的死亡。

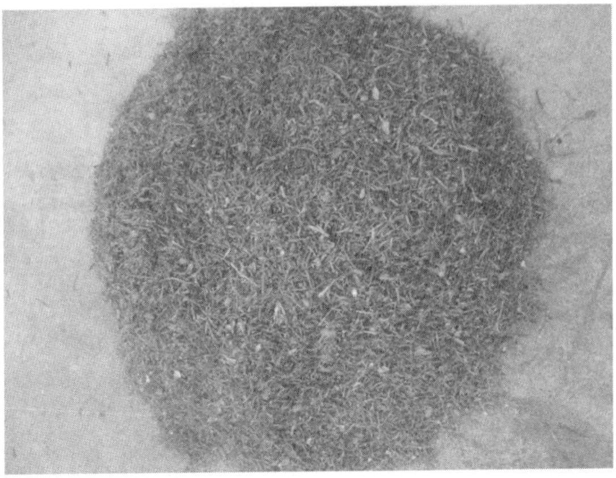

图3-14　切短的花生藤

比较简单易行的方法是收获的花生藤蔓摊放晒干后，除去杂质和泥土，可直接粉碎或贮存备用，贮存期间要特别注意防潮、防霉。粉碎的花生藤蔓粉可直接拌入饲料中喂畜禽。花生藤的粉碎加工应注意两个方面的问题：一是花生藤在粉碎前应经彻底风干才有利于粉碎和储存；二是加工机械要选用大功率高速运转的细筛粉碎机，喂料要均匀，做到快进快出，才能保证粉料细，有利于提高该饲料的消化率和适口性。研究发现，不同处理下，花生藤粗纤维、能量的消化率是粉碎>铡短>揉碎。颗粒处理（颗粒组，图 3-15）可明显改善花生藤在瘤胃内的消化。

图 3-15　花生藤颗粒饲料

2. 青贮

花生藤尽管营养物质丰富，但水溶性碳水化合物含量较低决定了其不宜单独青贮。有研究认为，可对花生藤进行青贮，饲喂家畜的效果较好。

青贮方法：首先，要及时收获运输，以防耗时过长造成花生藤水分蒸发。其次，粉碎花生藤。将花生藤粉碎或切成 2～3 厘米的小段，以利于装窖时踩实、压紧、排气，同时沉降也较均匀，养分损失少。此外，切短的植物组织能渗出大量汁液，有利于乳酸菌生长，加速青贮过程。混匀物料装窖，5 吨花生藤用青贮发酵剂 1 千克。将发酵剂用米糠（麦麸皮或玉米粉）按 1∶10 左右的比例稀释混匀。花生藤水分调至 60%～70%（水分判断办法，手抓一把物料，见水印不滴水，落地能散开即可），然后开始装窖，随装随踩，一边装花生藤，一边撒发酵剂，每装 30 厘米左右踩实 1 次，尤其是边缘踩得越实越好，尽量 1 次装满全窖。严格密封发酵，装填量需高于边缘 30 厘米，以防青贮料下沉。发酵过程应确保密封良好。采用塑料薄膜覆盖法制作青贮时，应注意最后覆盖塑料薄膜后压土或压上其他重物，薄膜应严格密封，防止漏气。一般 3～4 周即可发酵完成。

花生藤经发酵以后不仅保持了原有青绿饲料的松软多汁，也将青绿饲料的营养成分损失降到最低；青贮饲料更易储存；提高花生藤适口性；发酵后的花生藤，气味清香，口感极佳，畜禽更爱采食，大大节省了饲料成本。

花生藤的可溶性糖含量较低，单独青贮不易成功，所以生产实践中多采用与可溶性糖含量高的牧草混合青贮。故对其青贮质量的评价比玉米等常规青贮较复杂。花生藤混合青贮饲料的质量评价可以先用感官指标粗略区分优劣，之后以有机酸含量指标为主，参考 pH、氨态氮/总氮等指标进行综合评判。

研究表明，在玉米秸秆青贮过程中，增加花生藤不影响青贮效果，还能显著提高青贮的营养价值，改善饲料品质；其中的青贮料中加入 15%花生藤，效果最为理想，和对照相比，粗蛋白质、粗脂肪的含量分别提高 23.6%、15.5%（表 3-11），维生素、胡萝卜素也明显增加；同时混合青贮使青贮饲料味美、柔软、适口性得到进一步的提高。

表 3-11 不同比例青贮饲料间营养成分比较 单位：%

项目	粗蛋白质	粗脂肪	粗纤维	钙	总磷
玉米秸	5.97	0.74	31.34	0.91	0.10
花生藤(5%)+玉米秸	6.13	0.57	31.06	0.87	0.10
花生藤(10%)+玉米秸	6.68	1.69	30.22	1.03	0.10
花生藤(15%)+玉米秸	7.38	1.89	29.49	0.80	0.11

注：资料来源于刘太宇等（2002）。

花生和甘薯基本同期收获，花生藤水分、碳水化合物含量均较低，而甘薯藤的较高，因此将两者混贮最为理想，可以弥补两者的不足。杨红先（2002）研究了花生藤与甘薯藤混合青贮的调制方法：提出两者青贮需在花生收获前 2～3 天利用地上部分进行青贮；对于已经收获的花生藤，为了避免茎叶过分干燥而造成水分缺失，必须在收获后的 1～2 天内，将其根部切除后直接青贮。试验指出新鲜花生藤与甘薯藤混贮要求两者均需切碎、搅拌均匀，其混贮比例为 1∶2。

吴进东（2007）用花生藤、甘薯藤和玉米秸秆以 1∶1∶2 配比进行混合青贮，显示添加稀释 5 倍、20 倍的绿汁发酵液或单独加入乳酸菌制剂均能显著改善青贮原料品质。

3. 发酵饲料

发酵饲料也称为微贮饲料。添加纤维素酶和微贮活干菌剂的花生藤微贮技术：①将新鲜花生藤根部铡去，切短为3～4厘米，测含水量（24.8%），待用；②将纤维素酶或微贮菌剂按说明书复活后倒入配好的0.8%的盐水中，拌匀备用；③每吨花生藤需加0.8%的食盐水1000千克，使微贮料含水量达65%；④窖底铺放铡短的花生藤约30厘米厚，用脚踩紧或机器压实，均匀喷洒复合菌液，再抛撒一层玉米粉以增效，用量约为每吨花生藤2千克玉米粉；⑤再铺30厘米铡短的花生藤，压紧、喷菌液、撒玉米粉。如此操作，直到高出窖口30厘米左右，再压紧，喷菌液，撒玉米粉。最后按每平方米250克的量均匀撒上食盐，盖上塑料膜，用废旧轮胎、木板等重物压住，塑料膜边缘部分用土或其他东西压紧使不跑风漏气。40天以后就可开窖利用。制好的微贮花生藤呈黄绿色，具有微酸、醇香味，手感松软、湿润。

李术娜等（2015）研究表明，花生藤粉经复合菌剂发酵，其粗纤维、中性洗涤纤维、酸性洗涤纤维分别下降25.57%、11.35%与9.50%；粗蛋白质、有机酸与总能分别增加52.23%、66.34%与52.98%。经发酵后，花生藤的营养价值显著提升。

另外，花生壳也能制成营养丰富的高蛋白牛饲料，其含蛋白质达18%左右，可消化率为65%以上，是一种营养含量高而成本低的牛饲料。制作时先将花生壳粉碎进行蒸煮，晾至60℃左右，然后加入1%的干酵母粉和分解细菌，在发酵池内进行发酵，4天后再过筛，选出没有分解的粗壳，分解成细粉的则可作饲料。

四、花生藤养牛

青贮花生藤或微贮花生藤肉牛每头每天可喂5～10千克，奶牛每头每天大致按10～20千克饲喂。

张一为等（2015）研究了全株玉米青贮与花生藤间的组合效应，显示全株玉米青贮与花生藤为60∶40时，效果最好。杨凡（2010）研究显示，花生藤颗粒料可以部分地替代羊草和苜蓿草块用于高产奶牛饲粮，并产生一定的经济效益。王笑笑等（2016）研究表明，花生藤与玉米青贮配比对中产荷斯坦奶牛的干物质采食量、生产性能及血液指标没有影响；奶牛的各乳成分组成均没有差异，但随着花生藤比例的增加，牛奶体细胞数有降低的趋势，花生藤与玉米青贮的干物质比例为1.0∶1.2时，比1.0∶3.9时牛奶体细胞数下降了35.4%，奶牛氮素利用及经济效益效果最佳。

花生藤青贮饲喂肉牛效果的试验表明，饲喂花生藤青贮料后，肉牛体质量增加明显，与对照组重复试验比较，基础饲粮+2 千克花生藤的试验组肉牛体质量提高 26.5%。

佟艳妍（2017）选择无羽毛、无杂物健康的新鲜鸡粪 35%（干物质占发酵料量，下同），酒糟粉 25%，花生藤（壳）粉 25%，豆秸粉 12%，玉米面 2.5%，盐 0.3%，发酵剂 0.2%，进行发酵处理，消除臭味，杀灭鸡粪中的寄生虫、虫卵及细菌等病原微生物，增加菌体蛋白，发酵完成的饲料呈黄褐色，质地松软，醇香味浓，营养较为全面，进行育肥牛饲喂试验。应用发酵饲料替代精饲料饲喂育肥牛效果明显，发酵原材料丰富，成本低廉，制作方法简便，为开辟动物新饲料资源引领了思路。

建议在收获花生的同时，收获藤蔓，并及时摊放晒干，以防其发霉变质。如属地膜覆盖栽培的花生，收获藤蔓时千万注意将残留在藤蔓上的残膜挑剔干净。晒干的花生藤蔓，除去杂质和泥土后，可直接粉碎或贮存备用，贮存期间要注意防潮、防霉。粉碎的花生藤蔓粉可直接拌入饲料中饲喂畜禽。

五、小结

花生不仅是宝贵的经济作物，而且是一种优质的粗饲料来源。由于花生藤饲料生产成本低、利用方式简单、取材方便、在家畜生产中饲养效果较好，因而具有较好的利用价值。但相关的研究、应用的资料还相对较少，在畜牧业生产中尚未得到广泛的应用。因此，还需进行大量的研究，促进花生藤在家畜生产中的普遍应用。

第六节 红 苕 藤

红苕也称番薯［*Ipomoea batatas*（L.）Lam.］，原产于南美洲及大、小安的列斯群岛，全世界的热带、亚热带地区广泛栽培，中国大多数地区普遍栽培。红苕是一种高产而适应性强的粮食作物，与工农业生产和人民生活关系密切。块根除作主粮外，也是食品加工、淀粉和酒精制造工业的重要原料，根、茎、叶又是优良的饲料。特别是红苕藤产量巨大，开发利用得当可以作为很好的反刍动物饲料。

一、红苕藤资源概况

1. 红苕生产情况

红苕，又称红薯、甘薯、番薯、山芋、地瓜等，为一年生或多年生草本植物，地下部分具圆形、椭圆形或纺锤形的块根，块根的形状、皮色和肉色因品种或土壤不同而异。茎平卧或上升，偶有缠绕，多分枝，圆柱形或具棱，绿或紫色，被疏柔毛或无毛，茎节易生不定根（图 3-16）。叶片形状、颜色常因品种不同而异。其开花习性随品种和生长条件而不同，有的品种容易开花，有的品种在气候干旱时会开花，在气温高、日照短的地区常见开花，温度较低的地区很少开花。

图 3-16　红苕

红苕营养丰富，除含有大量淀粉、维生素、胡萝卜素、食用纤维和多种氨基酸外，还含有钙、磷、铁、钾等矿物质，以及具有防癌、抗癌作用的黏液蛋白、脱氢表雄酮和硒等物质。由于红苕营养平衡，已被世界公认为营养食品及保健食品。据联合国粮食及农业组织（FAO）统计，世界上共有 111 个国家栽培红苕。我国是世界上最大的红苕种植国，种植面积和产量居世界首位。2008 年我国红苕产量为 8521×10^4 吨，占世界红苕总产量的 77.38%；种植面积在 $533\times10^4\sim667\times10^4$ 公顷，占世界红苕种植面积的 75%左右。据《中国统计年鉴 2016 年》报道，截至 2015 年底，我国的薯类播种面积为 8839 千公顷。

2. 红苕藤资源概况

红苕藤（图 3-17）为红苕的茎叶部分，一般就是指收获红苕后的藤蔓副产物，属于红苕的副产品，资源量也十分巨大，我国每年可产红苕藤 2000 万吨左右。据我国中药资料记载及现代医药学研究均表明红苕茎叶具有解毒、刺激消化、保护消化道、防止心血管脂肪沉积等作用，红苕藤含有丰富的胡萝卜素、维生素 C、维生素 B_1、维生素 B_2 和铁、钙、镁等矿物元素，是非常优良的饲料。

图 3-17 红苕藤

红苕藤营养价值高，适口性好，饲用的潜力非常大。我国农村以往用红苕藤来喂猪。随着经济和科技的发展、劳动力成本的上升以及其他原因，人们逐渐减少了红苕藤喂猪。因此近年来在红苕收获后，红苕藤部分被用于鲜饲，少量青贮，大部分被随意丢弃。并且由于南方地区气候湿润多雨，不少红苕藤收割后长时间堆放导致霉烂，造成大量资源的浪费和环境污染。最终造成：一方面，红苕藤资源长期处于初级转化与浪费的状态；另一方面，人们到处寻求新的饲料资源，却对产量巨大又随手可得的红苕藤资源少有利用。

二、红苕藤营养价值

1. 常规营养成分

红苕藤中含有较丰富的营养成分。据测定，红苕藤中粗脂肪的含量为 3.0%，比谷草高 1.8%，比苜蓿草也高，粗蛋白质含量比谷草高，接近墨西哥玉米和苏丹草，产奶净能优于谷草而接近于苏丹草（表 3-12）。另据报道，红苕鲜茎叶，蛋白质含量为 2.74%，胡萝卜素含量为 2696 国际单位/100 克，维生素 B_2 含量为 2.8 毫克/千克，维生素 C 为 41.07 毫克/千克，铁为 39.4 毫克/千克，钙为2900毫克/千克。红苕藤的可消化粗蛋白质含量比谷草高，是奶牛的优质饲料。

表3-12 红苕藤与常见牧草营养成分比较

项目	干物质/%	产奶净能/(兆焦/千克)	粗蛋白质/%	粗脂肪/%	粗纤维/%	可消化粗蛋白质/(克/千克)	粗灰分/%
红苕藤	90.3	4.23	8.09	3.0	17.28	30	9.3
花生藤	91.3	4.6	15.23	4.95	20.1	88	7.9
谷草	90.0	3.85	4.5	1.2	32.6	26	8.2
紫花苜蓿	91.3	5.4	16.7	2.6	31.9	123	6.8
墨西哥玉米	83.6	—	9.5	2.6	27.3	—	8.7
黑麦草	87.8	5.52	13.7	3.8	21.3	119	11.2
苏丹草	85.8	4.52	9.4	1.7	34.4	61	6.0

注：资料来源于张峰等（2009）。

王翀等（2016）对浙江地区的红苕藤样品进行测定，其干物质中含粗蛋白质14.2%，粗脂肪4.78%，粗灰分7.98%，中性洗涤纤维49.7%，酸性洗涤纤维31.9%，可作为反刍动物的优质粗饲料来源。虽然红苕藤蛋白质含量较高达到中等牧草的水平，但是鲜样的水分含量也较高，干物质仅为15.2%，因此在使用红苕藤时要注意控制水分。李茂等（2015）对广西地区红苕藤样品进行了测试分析，干物质含量为19.09%，其干物质中含粗蛋白质11.02%，粗脂肪4.51%，中性洗涤纤维23.23%，酸性洗涤纤维25.79%，总能为15.10兆焦/千克，饲料相对值（*RFV*）为275.54%。

将经济作物副产物的营养价值进行综合分析，营养价值由低到高的顺序为：木薯渣<甘蔗渣<油菜秸秆<甘蔗梢<菠萝皮<香蕉茎叶<花生藤<红薯藤<香蕉皮<桑叶。

2. 红苕藤对反刍动物的饲用价值

陈艳等（2014）研究表明，不同粗饲料瘤胃降解特性不同，为小肠提供可消化粗蛋白质的潜力也不同。黑麦草的干物质、粗蛋白质、中性洗涤纤维和酸性洗涤纤维在瘤胃的有效降解率最高，牛鞭草、玉米秸秆和稻草瘤胃非降解蛋白质（RUP，ruminally undegraded protein）的小肠消化率较高，黑麦草和红苕藤小肠可消化粗蛋白质含量较高。

马振华（2015）研究显示，10种粗饲料中酸性洗涤木质素在水牛瘤胃中的有效降解率，由大到小依次为花生藤（15.04%）>青贮水稻（14.81%）>青贮玉米秆（14.78%）>稻草（12.05%）>玉米秆（11.97%）>小麦秆（9.96%）>苞叶（9.78%）>酒糟（8.38%）>红苕藤（7.22%）>谷壳（6.29%）。

马俊南等（2016）通过体外产气法评价了红苕藤的饲用价值，表明从体外发酵特性来看，红苕藤对反刍动物来说有较好的消化率，可作为优良饲料资源进行开发。

张吉鹍等对红苕藤的饲用品质用粗饲料分级指数（*GI*）进行整体评定。经测定的红苕藤的粗饲料分级指数（*GI*）为 1.65，高于青干草的 *GI*（1.10），但低于苜蓿干草的 *GI*（1.72），表明红苕藤为反刍动物的优质秸秆饲料。张吉鹍测定的红苕藤以中性洗涤纤维（NDF）为预测因子的干物质采食量（*DMI*）预测模型为：*DMI*［克/(天·千克代谢体重)］=30.03/NDF（%*DM*），以酸性洗涤纤维（*ADF*）为预测因子的代谢能（*ME*）预测模型为：$ME=-0.141ADF+11.468$。

席利莎（2014）测定分析了 40 种红苕茎叶的基本营养组成，通过分析各营养素与抗氧化活性之间的相关性，确定红苕茎叶中的主要抗氧化活性物质。红苕茎叶总酚含量和抗氧化活性之间相关系数 $R=0.7589$（$P<0.0001$），多酚类物质为其主要的抗氧化活性物质。

三、加工处理

1. 物理加工

从饲用方式上看，直接用鲜薯和鲜藤喂养的约占 80%，用作配方饲料的占 10%，青贮红苕藤占 10%。喂猪和喂牛、羊等都可以。饲养者大多把鲜红苕藤当作青饲料，直接割藤鲜喂。由于红苕藤韧性较好，鲜饲时最好进行切短至 3~5 厘米或者切碎处理，以防过长的红苕藤绕成团堵塞牛的消化道。

研究结果表明，剪切力可以作为评价牧草物理特性的指标，并且能直接反映饲草的饲用价值，可以作为饲草选择的依据。刘丽（2009）研究显示，直径是影响红苕藤剪切力的主要形态学指标，木质素含量是影响剪切力的主要化学成分，红苕藤 DM、NDF 瘤胃降解率与茎剪切力之间相关性不强。

另外，也可对红苕藤进行粉碎处理。红苕藤粉主要缺陷为贮存时间过久易发生霉变，容易引起家畜中毒等不良现象，另外在加工过程中粉尘也较多。

2. 青贮

红苕藤柔嫩多汁，营养丰富，适口性好，原料水分含量高低是青贮成败的关键。研究表明，水分过高，使糖分含量降低，鲜样红苕藤水分接近87%，水溶性碳水化合物含量不足1%，不利于乳酸菌繁殖，易造成梭菌发酵，同时使青贮料渗液增加，养分损失增大。水分含量太低，青贮料液体浓度较大、渗透压较高、青贮发酵过程受到抑制，青贮结束时糖分剩余量相对增多、酵母和霉菌易于生长、易引起“二次发酵”。另外水分含量太高不易紧密压实，空气难以排出，易导致青贮霉变，所以红苕藤地面青贮适宜使用吸附剂来调节水分含量。游小燕等（2012）研究表明，红苕藤以配合方式（酒糟粉作为吸附剂并添加营养添加剂1%）进行青贮为宜。郑锦玲等（2007）把鲜红苕藤铡细（长度0.5厘米左右）与20%的吸附剂（葡萄渣、细米糠、麦麸）混合后进行地面青贮，经过30天成熟。鲜红苕藤与红苕藤地面青贮的干物质、粗蛋白质、粗脂肪和粗灰分差异极显著。干物质量鲜红苕藤低于红苕藤地面青贮。葡萄渣、细米糠、麦麸与红苕藤混合的地面青贮饲料无差异。红苕藤地面青贮饲料总体品质评价高于新鲜红苕藤。

塑料薄膜青贮（袋、缸、堆或者裹包技术）红苕藤，青贮效果好，经济效益高，是适宜的青贮方式（图3-18）。土窖青贮品质差，经济效益低。红苕藤塑料袋青贮的适宜含水量范围在68.37%～80.08%之间（50千克鲜藤晒至20.5～32.5千克），以75.8%（50千克鲜藤晒至27千克）为最佳。由于气候原因鲜藤不能快速晾蔫时，可掺入10%左右的风干饲料如玉米粉、糠麸等降低含水量，同样可获得优质青贮料。

图3-18　红苕藤裹包

王鸿泽等（2014）研究表明，鲜红苕藤、酒糟及稻草混合比例为40∶40∶20青贮品质最优。陈丽莉等（2014）采用饲用牧草与小乔木的套种技术，在油茶林下种植红苕藤，刈割后晾晒采用较为传统的地面干燥法进行饲草调制，当含水量降至30%以下后，将红苕藤剪短为3～5厘米长，继续晾晒烘干至含水量为15%后，使用四柱油压机进行草料压块打包，采用的草料压块实验参数压强为20兆帕，温度60℃，保压时间2分钟，压块后干草进行避光室温保存半年。对压块贮藏前后的红苕藤进行营养物质含量分析比较。压块处理后红苕藤水分及挥发物、干物质、粗灰分、钙、磷、粗脂肪、粗蛋白质、粗纤维、无氮浸出物、总可消化营养成分等10种营养物质的含量分别为1.58%、0.95%、0.97%、0.84%、0.77%、0.95%、0.91%、0.98%、1.03%、1.00%。同时测定了红苕藤加工贮藏过程中连续样品中的霉菌及黄曲霉毒素 B_1 的质量浓度，加工前、压缩后及贮藏半年后霉菌的质量浓度分别为800cfu/克、1000cfu/克、1600cfu/克（cfu为菌落形成单位），加工前、压缩后及贮藏半年后黄曲霉毒素 B_1 质量浓度则分别为2.0微克/千克、3.5微克/千克、4.9微克/千克。分析表明，林下种植的红苕藤营养物质含量与传统种植的红苕藤营养物质含量没有显著差别，在加工及贮藏过程中，霉菌和黄曲霉毒素 B_1 的质量浓度随着温度升高和贮藏时间变长会有一定升高，但在本试验中初步压缩加工及真空封存后，贮藏半年的红苕藤样品中所含有的霉菌及黄曲霉毒素 B_1 仍符合国家GB 13078饲料卫生标准中部分饲料的标准（图3-19），可以给动物安全饲用。

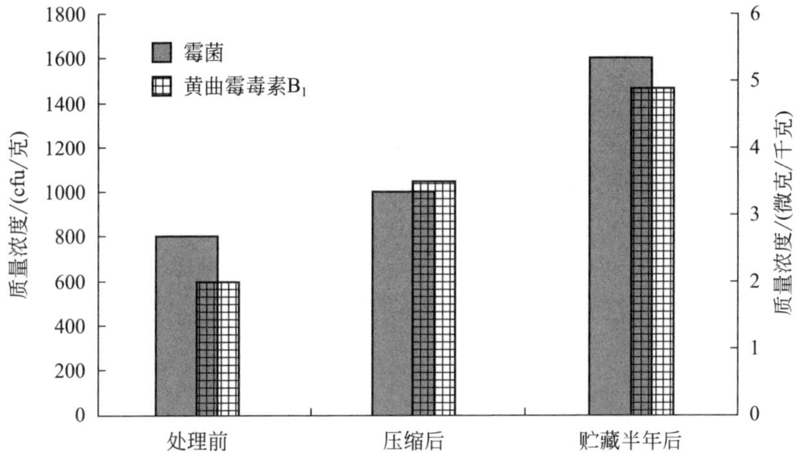

图3-19　红苕藤加工连续样品微生物质量浓度图

资料来源于陈丽莉等（2014）。

塑料袋青贮饲料基本保存了原料的成分，因含水量变化，总能量略有增加，各种成分的干物质含量都相对提高。从不同青贮方法看，塑料袋贮最好，土窖贮最差。土窖密封不严，在好气条件下，营养成分消耗多，粗蛋白质腐败褐变，产生难于消化的物质，产生氨气使 pH 升到 5 以上，影响气味（表 3-13）。

表 3-13　不同青贮方法的红苕藤品质分析

项目	色泽	香型	味道	适口性	pH
塑料袋贮	黄绿	清香	水果香	最好	4.10
堆贮	黄褐	酸香	弱酸味	好	4.35
窖贮	黑色	腐臭	霉烂味	差	5.80

注：资料来源于侯治平（1984）。

3. 微贮

微贮也称发酵，即将红苕藤粉碎，加入微生物制高效活性菌种，放入密封窖中或装入塑料袋内，通过各种有益菌繁殖，20～30 天即可发酵利用。微贮处理后的红苕藤酥软，适口性好，无毒无害，无须晾晒可直接饲喂，营养价值高。

发酵红苕藤制作示例：1 袋秸秆发酵剂可以发酵 2～3 吨红苕藤。1 袋发酵剂加 1 千克红糖加 10 千克水配成发酵菌液备用。将鲜 2.7 吨红苕藤切成 2～3 厘米长的小段，拌入 0.3 吨的米糠或麦麸，充分混合（水分控制在 45%～55%之间），装袋或缸或发酵池等容器内密封保存，发酵 3～5 天即可饲喂。时间较长则香味更浓，动物更爱采食。把发酵好的红苕藤饲料，掺入到精饲料中喂动物，一开始可以占精料的 5%，逐渐适应至最大占 30%。益生菌可随红苕藤饲料进入动物肠道，调节肠道微生态平衡，增进动物食欲，并使其生长发育加快；同时益生素可抑制产生氨气的有害菌，降低粪便及圈舍臭味，改善饲养环境。用发酵红苕藤饲喂动物可降低饲养成本，提高养殖的经济效益。

不同处理对红苕藤营养成分影响见表 3-14。

表 3-14　不同处理对红苕藤营养成分影响

项目	干物质/%	粗蛋白质/%	粗脂肪/%	粗纤维/%	粗灰分/%	泌乳净能/(兆焦/千克)
对照组	40.39	3.31	2.70	12.25	3.66	2.32
青贮组	36.66	3.30	2.75	11.36	3.62	2.45
微贮组	38.82	3.52	2.76	11.45	2.68	2.56

注：资料来源于张峰等（2009）。

四、红苕藤养牛

红苕藤经半干青贮和微贮以后，质地柔软，气味芳香，适口性大大改善，能够提高奶牛的采食量（图 3-20）。有报道，经处理后微贮组粗蛋白质比对照组提高 6.34%，粗脂肪处理前后无明显变化，粗纤维经处理后大大降低，青贮组和微贮组分别比对照组降低 7.27%和 6.53%，表明经青贮和微贮处理后，乳酸菌和高效微生物复合菌剂可破坏红苕藤细胞壁结构，为瘤胃微生物利用粗纤维创造了有利条件，并将红苕藤中的纤维素、半纤维素、糖转化为挥发性脂肪酸，促进了粗纤维的吸收利用。

图 3-20　红苕藤喂牛

另外，红苕藤也可以作为羊的饲料。使用半干青贮和微贮后的红苕藤饲喂肉用白山羊，发现肉羊采食量增加，生长速度加快，与对照组相比日增重分别提高 60.09%和 69.98%。

深秋是红苕收获的季节，生产中习惯用红苕藤直接喂牛，这一方法可行。但应当引起注意的是不能用蔫红苕藤（半干半湿、收割 3～5 天）喂牛。因为蔫红苕藤粗纤维变得柔韧，不易断裂，牛吃下去后很容易缠络成团，形成坚硬的粪球，阻塞在肠道中，使牛发生结症疾病，医治不及时或不合理时，死亡率极高。用红苕藤喂牛时，必须要做到两点：一是要鲜喂或者饲喂经过加工处理的红苕藤；二是要铡成 3～5 厘米长左右。牛得病后，尽快进行直肠检查，小肠发现有堵塞块，可用直肠挤压法，压碎阻塞块。如果大肠被阻塞，时间较短的（1～2 天），可采用瓣胃注射法，即用硫酸钠 400 克或石蜡 500 克分 2～3 次进行分层注射，会有良好效果。发病时间较长的（3～5 天），全身症状较重时，应立即采用手术疗法，取出结球块，治好病牛。

邱贺媛（2008）对红苕藤不同可食部位（叶片、叶柄、嫩茎）以及漂烫处理后红苕藤叶的硝酸盐、亚硝酸盐含量进行测定，参考蔬菜中硝酸盐含量分级评价标准和我国制定的无公害蔬菜亚硝酸盐含量限量标准进行评价。结果表明，作为蔬菜的红苕藤，其嫩叶（顶端叶）叶片的硝酸盐含量低于轻度污染水平444毫克/千克，亚硝酸盐含量低于我国制定的无公害蔬菜亚硝酸盐含量的限量标准，维生素C含量高于50毫克/100克，属于一级野菜，可以安全食用；红苕藤成熟叶（中部叶）和老叶的叶片、嫩茎、嫩叶的叶柄的硝酸盐含量高于807毫克/千克而低于1268毫克/千克，亚硝酸盐含量低于我国制定的无公害蔬菜亚硝酸盐含量的限量标准，属于三级蔬菜，不可生食和盐渍食用，可熟食；红苕藤成熟叶叶柄的硝酸盐含量高于1268毫克/千克，属于硝酸盐重度污染水平，属于四级蔬菜，不宜食用。

过食红苕藤可能会引发牛瘤胃臌气。患牛表现极度不安，回头顾腹，时起时卧，后肢踢腹；出现惊恐、出汗，腹围迅速增大，左腹胀满，左肋凸起高于脊背，触诊左腹，有弹性。患牛继而神态痴呆，四肢张开，肛门突出，常作排粪姿势，不时断续排尿，张口呼吸，但体温一般正常，脉搏快。应用中药治疗牛瘤胃臌气，药剂灌服可在灌服菜籽油后立刻进行，效果会更好。若患病牛为妊娠牛，在治疗时，慎用菜籽油灌服，控制中药大黄、芒硝、常山等药物的用量，防止母牛流产。在饲喂中，应少食易于发酵产气的红苕藤，尤其是已经晒干的红苕藤，应控制摄入量，并配合其他青绿饲料，多饮水。

五、小结

我国每年产出大量红苕藤，其营养丰富，富含粗蛋白质、粗脂肪、各种矿物质及维生素，而且适口性好，但除少数利用外，大多数被浪费。目前红苕藤在动物饲养方面的试验资料仍太少，指导实际生产应用的数据不足，特别是红苕藤的不同混合青贮方法对其营养价值的影响还有待于进一步研究，在奶牛生产中的应用以及其对奶牛产奶性能和乳品质的影响，也需今后进行大量研究。

今后，随着农业标准化、集约化生产的发展，红苕产业深加工技术的发展，红苕藤作饲料进行规模生产也会成为现实，可用以弥补我国粗饲料资源的不足。

第七节 甜 菜 秸

甜菜属二年生草本植物，原产于欧洲西部和南部的沿海，后从瑞典移植到西班牙，是除甘蔗以外的一种重要的制糖原料。大约在公元1500年左右，甜菜从阿拉伯国家传入中国。在中国，甜菜被人工筛选出4类栽培品种，包括食用甜菜、糖用甜菜、根用甜菜和饲用甜菜。饲用甜菜也叫叶用甜菜，已成为饲料行业主要使用的多汁饲料，在被世界称为“奶桶之国”的荷兰，饲用甜菜已占多汁饲料的80%以上。而对饲用甜菜的研究在我国尚处于起步阶段，饲用甜菜由于其品质极佳，产量和经济效益高，与其他饲料资源比较起来，它的营养价值丰富，在饲料资源方面占有极强的优势。

将甜菜块根摘除，剩余的部分即为甜菜茎叶，也叫甜菜秸。基生叶矩圆形，长20～30厘米，宽10～15厘米，具长叶柄，上面皱缩不平，略有光泽，下面有粗壮凸出的叶脉，全缘或略呈波状，先端钝，基部楔形、截形或略呈心形；叶柄粗壮，下面凸，上面平或具槽；茎生叶互生，较小，卵形或披针状矩圆形，先端渐尖，基部渐狭入短柄。

根据饲用甜菜的生长规律和生长特点，在其生长的前期和叶丛繁茂期，此阶段的甜菜茎叶生长十分繁茂，根叶的比例低于1。在生产中，根据甜菜茎叶的生长规律，在其生长中后期（7月下旬以后）可以适当采摘叶片，这不但能充分利用茎叶，而且不会对饲用甜菜的产量和品质造成影响。

饲用甜菜是一种产量高、营养丰富的饲料作物，不论是对于调整农业结构、提高农业和农村生产经济效益还是对于发展畜牧养殖业来说都有十分重要的意义。

简要的流程为：从7月下旬开始采摘叶片，每隔8～10天采1次，每次采摘叶为外围老龄叶片3～4片，到甜菜收获时可以采摘8～9次，累计的茎叶采摘量可以达到88吨/公顷。经实践证明，采摘月份与产量的曲线为抛物线，7月份达到最高点，这时开始采摘产量最佳；6月中旬与8月中旬开始采摘茎叶，产量受到的影响较小但都低于7月份。此外，如果在生长期内合理采摘叶片，可以使饲用甜菜的种植效益大大提高，同时茎叶随采随用，减少了损失和腐烂变质的可能。

饲用甜菜具有营养含量高、产量高、经济效益显著、平均收入远高于种植玉米和小麦等特点，尤其在中国广大北方农区种植饲用甜菜效果显著，深受广大农民的欢迎。稳定的产量和较高的饲用价值使饲用甜菜成为中国北方的重要饲料作物，在当前农村产业结构调整和畜牧业发展中发挥较大的作用，使粮食作物、饲料作物、经济作物三元种植结构更趋合理。近几年来，新疆、甘肃、宁夏和内蒙古等省、自治区已经开始从欧洲引进大量饲用甜菜进行筛选、鉴定，将表现较好的品种应用于生产实践。

一、甜菜秸的营养价值

饲用甜菜茎叶的营养成分如表 3-15 所示。每 10 千克甜菜茎叶的营养价值相当于 1 千克高粱的营养价值；而且甜菜茎叶产量较高，一般情况下每生产 1000 千克块根，即可得到 700 千克茎叶，所以甜菜秸的饲料化生产可减轻人畜对粮食的竞争压力。

表 3-15　饲用甜菜茎叶的营养成分　　单位：%

指标	干物质	可溶性糖	粗蛋白质	中性洗涤纤维	酸性洗涤纤维
含量	17.8	0.23	18.14	29.9	21.5

注：资料来源于郭天龙（2009）。

饲用甜菜是秋、冬、春三季很有价值的多汁饲料，产量很高，因栽培条件不同，产量差异很大，在一般栽培条件下，亩产根叶 5000～7500 千克，其中根量 3000～5000 千克，在水肥充足的情况下，每亩根叶产量可达 12000～20000 千克，其中根量 6500～8000 千克。饲用甜菜不论正茬还是移栽复种均比糖用甜菜产量高。但饲用甜菜中干物质含量较少，一般只有 12%左右，糖用甜菜中干物质含量较多，而且富含糖分，从单位面积干物质产量计算，饲用甜菜比糖用甜菜产量低。但从饲用价值看，仍应以种植饲用甜菜为宜。因为饲用甜菜的含糖量仅为 6.4%～12.0%，可以避免由于饲料中含糖量高对家畜消化带来的不良影响。

甜菜的块根很大，喂时应洗净切碎，并要现切现喂，以免腐烂，也可以打浆生喂，叶可青饲或青贮。腐烂的甜菜叶中含有 0.013%～0.015%的亚硝酸盐，喂时应提前处理，以防中毒。甜菜在生热发酵或腐烂时，硝酸钾会发生还原作用从而变成亚硝酸盐，亚硝酸盐使家畜组织缺氧和呼吸中枢发生麻痹，最后甚至窒息而死。在各种家畜中，猪对其较敏感，往往因吃了煮后放置较长时间（2～3 天）的甜菜而造成死亡。为了防止中毒，饲喂量不宜过多，如需煮后再喂，最好当天煮当天喂。将甜菜煮成粥状饲喂可提高适口性，增加牛的产肉量，但应即煮即喂，不宜闷放在锅中，若闷在锅中5～12小时，甜菜中所含的硝酸钾会在硝酸菌的还原作用下，产生亚硝酸盐，引起牛中毒。甜菜叶中还含有大量草酸，影响饲料中钙的消化吸收，每50千克鲜甜菜叶中补加125克碳酸钙能中和草酸，甜菜也可与其他饲草饲料混合饲喂，以防肉牛腹泻。

二、甜菜秸秆的刈割和贮存

刈割后的甜菜秸秆需妥善贮存，将新鲜茎叶采取自然干燥或机械干燥，当含水量降至15%以下时，就可以堆放在一个适当的地方备用，一般多采取在背阴通风处自然干燥法，切忌在烈日下暴晒，晾晒好的甜菜茎叶应该是绿色的，并有清香气味。

目前国内对饲用甜菜的加工技术研究很少，有关饲用甜菜的物料特征还未见报道。特别是在新疆，2003年起才开始试种饲用甜菜。当前已有的饲用甜菜加工机型有：宁夏农机推广站与吴忠市雄鹰农机制造有限公司联合研制的9QK-6型饲用甜菜切块机、清理切块机和9Q-2型饲用甜菜切丝机，黑龙江省机械化研究所研制的9Q-250型青冻饲料切碎机等，这些机具的工作原理与已见报道的青绿饲料加工原理类似，按不同部位的静止，也就是刀具和物料的相对运动来分通常有三种切割方法：第一种是物料静止，被旋转的刀具逐渐切割；第二种是物料运动，被静止的刀具逐渐切割；第三种是物料与刀具相对运动，饲用甜菜被切割，但是饲用甜菜清洗和整套加工机械还未见报道过，这方面的开发有待关注。

三、甜菜品种来源及简介

1. 内饲5号

内饲5号饲料甜菜是内蒙古农科院甜菜研究所根据国内外绿色饲料发展状况，结合自治区畜牧业发展的实际需要，经过8年选育而成的优质、高产、多汁饲料用甜菜。本品种于1994年通过了内蒙古自治区农作物品种审定委员会的审定。本品种植株直立，叶色深绿，对褐斑病、根腐病有一定抗性，根皮红色，长筒形，抗旱、抗盐碱性强，适应性强，对土壤要求相对不严格。产量10.49千克/米^2，其中块根单产7.75千克/米^2；含糖比例达7.7%；主要营养成分，粗蛋白质含量为17.25%，粗纤维含量为15.12%，粗脂肪含量为1.17%，粗淀粉含量为6.9%，微量元素、氨基酸也很丰富。内饲5号同生产上使用的胡萝卜、红薯和山芋相比，产量可提高30%～50%，粗蛋白质、粗纤维含量分别提高27.1%和17.2%，同国外品种相比粗蛋白质、粗纤维、钙含量分别提高46.2%、104.3%和50%。

2. 海神

海神由丹麦丹农种子公司选育，块根在地表下的颜色为黄色，地表上的颜色为青灰色，60%以上的块根在地表上，干物质含量为8.8%～10.8%，在条件适宜的状况下甚至可以达到13%～16%，每亩产鲜块根9000～10500千克，产鲜叶2000～3000千克，产干物质1000～1460千克。在块根干物质中粗蛋白质含量为12.81%，粗纤维为8.24%，粗灰分为13.34%。

3. 菲尔德

菲尔德由丹麦丹农种子公司选育，块根在地表下的颜色为橘黄色，地表上的颜色为青灰色，70%以上的块根在地表上，干物质含量7.8%～9.0%，每亩产鲜块根10000～12000千克，产鲜叶2000～3000千克，产干物质900～1400千克。在块根干物质中粗蛋白质含量为13.94%，粗纤维为7.47%，粗灰分为13.84%。

4. 超越

本品种块根在地表下的颜色为灰白色，地表上的颜色为青灰色，60%以上的块根在地表上，干物质含量7.8%～9.8%，每亩产鲜块根8800～10000千克，产鲜叶2000～3000千克，产干物质950～1300千克。在块根干物质中粗蛋白质含量为11.73%，粗灰分为14.73%。

5. 新甜饲2号

新甜饲2号是使用多粒多倍体杂交种，以多粒四倍体自交NXSL-4为母本，以多粒二倍体授粉系SL-2和SL2-J08为父本，通过杂交选育而成。2003～2004年在新疆玛纳斯、奇台和拜城等地进行多点小区鉴定试验，新甜饲2号块根平均产量为147.8吨/公顷，平均含糖量为5.6%，并且还具有耐褐斑病和白粉病、适应性强、出苗快和整齐度较好等特点。但经过示范后发现，该品种不能在全国范围内推广，适宜在乌鲁木齐、昌吉、塔城、阿克苏和喀什等新疆地区推广种植。

6. 中饲甜201

中饲甜201是由中国农业科学院甜菜研究所和黑龙江大学农学院共同选育的

饲用甜菜，中饲甜 201 于 2005 年 11 月通过全国牧草饲料作物品种审定委员会的评议审定并命名。该品种在黑龙江省区域试验中平均根产达 66.8 吨/公顷。

四、甜菜茎叶在牛饲料中的应用

1. 直接饲喂

新鲜的茎叶可以作为青饲料直接饲喂。但鲜茎叶中含水量较大，最好与干草或干饲料混喂，同时要适当减少饮水量，切忌将茎叶堆放过久以防止发生腐烂变质现象，已经腐烂变质的茎叶绝对不能作饲料用。由于甜菜茎叶性凉，草酸含量高，一次饲喂过多容易引起牲畜腹泻，因此在饲喂时要注意适量。一般大型家畜一次饲喂量，肉牛 30～35 千克，奶牛 25～30 千克，奶牛饲喂后有增进食欲、帮助消化、提高泌乳量、促进新陈代谢和发育等功能，马 5～10 千克，育肥猪 24 千克，肉羊 1.5～2.5 千克，不要过多饲喂，同时要适当减少饮水量，可以给家畜补以适量的钙，即饲喂时添加 1%的碳酸钙粉末，以保证家畜的健康。俄罗斯试验中表明，长期饲喂甜菜茎叶青贮的小公牛，最后导致消化系统生长受阻，生产性能下降，饲料转化率降低，当添加适当的缓冲剂中和饲料中过多的草酸时，小公牛的生产性能提高了 22.3%，特别是饲料中含有矿物质 MgO、CaO、P_2O_5 和 K_2O 时，这些矿物质会产生综合效应，从而提高草酸钙、草酸磷、草酸钠在瘤胃中的溶解度。

茎叶还可以晒干后作干饲料用，也可以经过发酵后利用，经过青贮的茎叶是冬季很好的多汁饲料。

2. 制作成青贮饲料

甜菜茎叶经青贮发酵后具有芳香气味，可增进牲畜食欲。

甜菜秸青贮的方式有青贮塔青贮、塑料袋青贮、堆贮、青贮窖青贮和壕贮等，其中青贮窖最适合农村规模养殖户使用。

饲用甜菜在生长、收获或贮存的过程中难免会粘上泥土、灰尘和农药等污垢，为了减少切割刀具的磨损，保证加工后的饲用甜菜清洁干净，达到饲喂要求，加工前必须对饲用甜菜进行洗涤。通常采用的清洗方法有浸泡法、鼓风法、喷射冲洗法、摩擦去污法、超声波洗涤法和刷洗法等。

① 浸泡法是最基本的方法，一般在水槽中进行，物料浸泡一段时间，使附着在物料表面的污垢松离而浮于水中，再通过换水而排出。该方法常常作为清洗的预处理，并伴随清洗的整个过程。

② 鼓风法是在浸泡法的基础上进行的，一般在清洗槽内安装管道，在管道上开一定数量的小孔，然后经小孔通入高压气流形成的高压气泡，在高压空气的剧烈搅拌下，物料在水中不断翻滚，使黏附在物料表面的污垢加速脱离下来。由于剧烈的翻滚在水中进行，对物料不会产生较大的损伤，最适合甜菜的清洗。

③ 喷射冲洗法一般在浸泡以后使用，当物料被输送带拖动时，从安装在输送带上下的喷头中喷出高压水流，对物料进行清洗，使污垢脱离物料表面，并被水流带走。适用于蔬菜的清洗。

④ 摩擦去污法是在浸泡和喷淋过程中用搅拌机与物料接触摩擦，同时也使物料相互摩擦，将黏附在物料表面的污垢去除。常用的设备有滚筒式清洗机和桨叶式清洗机。

⑤ 超声波洗涤法是运用超声波产生高频振动，使物料表面的污垢脱离。此法不宜用于易损伤的物料。

⑥ 刷洗法，利用毛刷对甜菜表面的污垢进行清洗，适用于多种水果和蔬菜及块根类物料的清洗，尤其是对凸凹不平的物料。

根据饲喂要求，加工后的饲用甜菜上残留的泥沙量应不超过其甜菜净重的2%。晾晒至含水量50%～65%时，经过加工切碎成2～3厘米的碎段。该阶段的加工机械各有不同，基本分为两大类，比如根菜切碎机、青绿多汁饲料切碎机、块根洗涤机、清洗机和螺旋式块根洗涤机等机具。其工作原理是在离心机的作用下将刀具甩出机体，物料与刀具形成相对运动。这些机具都有一些明确的缺点，首先其配套程度不高，多是单一工作，另外加工过程的损失率较大。

甜菜经切短后应迅速放入青贮窖内，逐层装入，每装20厘米用人踩或机器压实，特别是窖的四周要压实，不留空隙。为提高青贮营养水平和改善适口性，可在青贮窖中加入适量的麸皮和玉米粉等添加剂，窖四壁加以高粱秸或玉米秸(保温和防窖壁泥土脱落混入)，装至高出窖口30～40厘米。使窖成中间高、周边低的态势。圆形窖窖顶装成馒头状，长方形窖窖顶装成弧形屋脊状。装完窖后在茎叶上盖10厘米厚的麦秸或玉米秸，再夯压一遍，最后覆土封严，覆土时先覆40～50厘米厚，压实后再覆土40～50厘米，过几天覆土下沉后再次填土夯实，覆土厚度以保证青贮茎叶不受冻、不透气和不漏雨为原则。窖的四周要挖一圈排水沟，以防降雨漏到窖内，造成腐烂变质，青贮好的甜菜茎叶具有近似酒糟的气味，略带芳香酸味（近似面酸梨味），品质好的青贮甜菜叶，呈黄色或黄褐色，叶脉清楚，叶茎比较完整，有酒香味；劣质的呈黑褐色或黑色，气味臭酸、刺鼻难闻，不宜利用。饲喂时顺序开窖损失少，效果好。青贮45天后便可开窖利用，一旦开窖就必须利用完为止，切忌取取停停，以防霉变。

无论是饲喂青贮甜菜还是新鲜的甜菜对奶牛的产奶性能以及肉牛的饲料转化率均有所提高。柴长国等利用青贮甜菜及新鲜甜菜饲喂奶牛，与正常饲粮饲喂的奶牛相比，饲喂青贮甜菜虽然每日每头多投入0.8元，但每日每头多收益6.7元，高出13.3%，经济效益十分可观（柴长国，2005）。而如果饲喂未经过青贮的新鲜甜菜，饲养的成本，包括草料费用比正常饲喂下减少3.80元，费用的减少主要源于青贮饲料制作成本的剔除，而对于收入方面，饲喂新鲜甜菜比对照组增加48.96元，提高了12.90%，育肥肉牛平均日增重893克，比一般饲粮饲喂的要增加102克。

饲用甜菜用于育肥肉牛能明显提高经济效益，据内蒙古农科院研究，在不增加任何投入的情况下，饲用甜菜与其他的多汁饲料相比，对奶牛每日补饲10～15千克的饲用甜菜，奶牛产奶量可提高10%～30%，平均在15%左右。肉牛育肥，每头牛每天饲喂青干草8千克、饲用甜菜10千克、精料2千克，并加适当的盐和添加剂，育肥期80天，日增重0.87千克，每日收入增加10元左右，平均收入超千元。试验证明，用饲用甜菜喂牛，不但增加产肉量，还因其丰富的维生素含量、良好的适口性减少了牛消化系统疾病的发生率，推广种植饲用甜菜在养牛业中意义重大。

3. 存在的问题及解决方法

饲用甜菜的推广在实践中仍存在一些问题。

（1）亚硝酸盐中毒　2001年10月中旬，在塔城市某养殖场，由于养殖场管理不规范，养殖的20余头牛进入了种植甜菜的耕地中，由于采食大量堆积腐烂的甜菜，4小时后，采食量大的4头奶牛开始出现食欲减退、反刍停止、腹痛、流涎等亚硝酸盐中毒临床症状。目前常用的治疗亚硝酸盐中毒的方法是以导泻法促进硝酸盐从肠道排出，使用硫酸镁800克和温水8000毫升，一次灌服下去，或用健胃散250克、清油2000毫升和温水6000毫升一次性灌服，随后瘤胃内注射抗生素以抑制细菌对硝酸的还原作用；耳尖放血法也是促进牛体内毒物排出的有效方法；近年出现的特效解毒疗法效果也较为显著，即5%葡萄糖500毫升加入1%亚甲蓝注射液，按照牛每千克体重0.2毫升一次性静脉注射；以上方法均是按照清理有毒物质为原理的，如果从牛本身来看，增强牛本身的解毒能力也十分重要，使用10%葡萄糖1000毫升与10%维生素C溶液40毫升一次性混合静脉注射，该配方可以强化肝脏的解毒能力，若发现及时并且治疗妥当，病畜当天就能好转并恢复正常。

（2）瘤胃酸中毒　在突然超量采食谷粒、甜菜等富含可溶性糖类的饲料时，牛容易出现瘤胃乳酸的蓄积和异常发酵，这两种情况使瘤胃内微生物群落活性降低，产生消化不良，出现瘤胃酸中毒症状。如在新疆博尔塔拉蒙古自治州，经常会出现牛发病甚至死亡的现象。发病家畜的临床症状各不相同，最急性型病例无明显的症状，常在采食甜菜后的几小时内突然发病死亡；亚急性型病畜精神状态不佳、行动较为迟缓、食欲减退、采食量减小、瘤胃臌胀、反刍停止、流涎、磨牙、呻吟、眼结膜充血、可视黏膜发绀，有脱水的症状，体温正常也有可能偏低，皮肤温度更低，四肢末梢更是有冷感。对病畜的瘤胃做病理剖检，瘤胃表现为黏膜肿胀，瘤胃乳头呈棕色、质脆或直接脱落，少数的病畜会出现神经症状，呈角弓反张姿势。

当在牛圈中发现牛出现类似症状时，并且有在甜菜田中放牧的经历，或是饲料中掺杂了甜菜，可以考虑是采食甜菜过多而引起的。

采食甜菜过多引起的瘤胃酸中毒，在治疗阶段应该以抑制乳酸产生、解除酸中毒、提高肝脏的解毒能力为治疗原则，立即停止家畜对甜菜的采食，包括停止放牧和停止在饲料中添加甜菜，改饲优质饲草。如果因为特殊情况必须要在甜菜地中进行放牧，应采取限制放牧时间的方式来控制牛的采食量，最初放牧时间不可超过1小时，随后可随着牛适应性的增强逐渐增加放牧时间，20天后可让牛自由采食，但需要在牛饲粮中添加5%碳酸氢钠（小苏打），以中和瘤胃中产生的过多的酸。另外也可采用综合治疗法，用1%食盐水8000～10000毫升灌服然后再导出，如此反复，产生洗胃的效果；缓解脱水现象要做到强心、补充组织液，可使用5%葡萄糖3000～5000毫升静脉注射；治疗瘤胃迟缓则可给病畜使用促进肠胃蠕动的药品，如新斯的明30～50毫克，肌内注射，每次间隔3～4小时（迟玉东，2002）。

（3）前胃迟缓　前胃迟缓的致病原因与酸中毒相同，均是由于瘤胃内酸度升高而引起的病症，前胃迟缓是由于瘤胃中酸度升高致使瘤胃失去运动能力，同时由于长期饲喂甜菜而引起的矿物质、维生素缺乏等因素也可导致此病的发生。

（4）消化道阻塞　当病畜未被发现而随牛群在甜菜地中采食未加工过的大块甜菜时，未经咀嚼而快速下咽很容易引起消化道梗阻，由于情况复杂，牛群误食甜菜中掺杂的塑料地膜亦可引起此病。

该病的临床症状常表现为吃食停止和伸头缩颈，在牛群中烦躁不安，同时口鼻流涎、呼吸困难和瘤胃臌气，如果是颈部食道阻塞，可以直接摸到颈部中的坚硬阻塞物，如果是胸部食物阻塞时，可用胃管探诊。

治疗消化道阻塞可采用从口取出法和送入瘤胃法等。从口取出甜菜根需要将甜菜根固定并压住舌头，兽医使用手伸入取出，若阻塞物在颈部食管处，质地较硬且圆滑，则需要让患畜右侧卧并在颈部下面垫上木板，另一人沿左侧食管向前挤压，或将甜菜根移到木板上用木槌以适宜力道砸碎；另外，也可以将异物向下挤压使其进入胸部食道，接着用探子将甜菜根缓慢地送入瘤胃。送入瘤胃法的大致流程是，若圆滑和干硬梗塞物阻塞在食管下部，接近贲门口，应先灌服500克曲酒，液体石蜡和植物油300毫升有相同作用，其目的是润滑肠道，方便探子或胃管进入，当胃管缓慢到达瘤胃时，胃管接打气管，有节奏地打入气体，当气体充盈食道时用胃管推进甜菜根送入瘤胃，若出现食道痉挛可用5%普鲁卡因溶液40毫升灌入食道或5%水合氯醛酒精250毫升静脉注射。若是有尖锐部位的阻塞物，切不可强行拉取，要进行相关部位的推送、按摩等，必要时可进行食道切开手术取出甜菜根，如完全阻塞，而且发生瘤胃胀气，需采取紧急措施即施行瘤胃穿刺放气，以防窒息，因为病症持续时间较长，术后要精心护理，并且要增加饲料中营养量的供给，可静脉注射葡萄糖氯化钠溶液并加入适量碳酸氢钠溶液。使用牛催吐剂即盐酸阿扑吗啡0.1～0.2克和蒸馏水5毫升制成溶液，一次皮下注射。

第八节　大　豆　秸

大豆种植起源于中国，距今种植历史在5000年左右。我国作为大豆种植大国，截至2012年，我国大豆种植面积7171.7×10^4公顷，产量1305×10^4吨，仅次于玉米、稻谷和小麦。大豆秸是大豆收获后获得的农作物副产品，主要是茎和少量的叶及豆荚（图3-21）。根据农作物草谷比公式计算，估算2012年我国农副产品饲料中大豆秸产量为2048×10^4吨，秸秆数量也仅次于水稻、小麦和玉米等主要农作物秸秆。大豆秸作为饲料具有较高的潜在能量，根据INRA

模型估测的总能、维持净能、增重净能分别为18.33兆焦/千克（DM）、5.19兆焦/千克（DM）、2.55兆焦/千克（DM），可作为牛、羊适宜的粗饲料（孟杰，2014年），但其总体营养价值较低，粗纤维和木质化程度较高，蛋白质含量较低，限制了其在饲料中的应用，目前饲料利用率仅占20.7%。大豆秸在饲料化利用过程中的主要障碍是豆秸中细胞壁的主要成分纤维素和半纤维素与木质素交织在一起，难以被动物消化酶和肠道微生物完全水解利用。因此，有必要对大豆等农作物秸秆资源进行适当的物理、化学和生物等方式加工处理，提高其饲料利用率。

图3-21　大豆秸

一、大豆秸秆产量

我国大豆种植区域分布较广，主产区集中在东北平原、黄淮平原、长江三角洲和江汉平原，黑龙江、内蒙古、安徽、河南是大豆生产大省（自治区）。目前，大豆秸秆产量并没有具体的统计数据，但可按籽实、秸秆的产量比例进行估算。大豆整株产量中，秸秆产量高于籽实产量，大豆籽实、秸秆、根茬的产量比例约为1∶1.26∶0.33，由此可根据各地大豆产量估算秸秆产量（表3-16）。

表3-16　大豆秸秆主产区秸秆产量估算值　　单位：10^4吨

省份(自治区)	大豆产量	秸秆产量(籽实∶秸秆=1∶1.26)
黑龙江	529.90	667.67
内蒙古	130.90	164.93
安徽	113.40	142.88

续表

省份(自治区)	大豆产量	秸秆产量(籽实：秸秆=1：1.26)
河南	84.20	106.09
吉林	68.70	86.56
江苏	57.60	72.58
山东	38.90	49.01
辽宁	33.10	41.71
河北	27.70	34.90
江西	20.90	26.33

注：资料来源于乔金友（2015）。

二、大豆秸的营养价值

大豆秸等豆科作物秸秆相对禾本科秸秆来说，粗蛋白质含量较高，可消化能含量也较高，因此其潜在的饲用效率高于玉米秸（表 3-17）。有研究证实玉米秸、小麦秸、大豆秸和花生藤 4 种秸秆的粗蛋白质和粗脂肪含量的顺序分别为：粗蛋白质，花生藤＞玉米秸＞大豆秸＞小麦秸，粗脂肪，大豆秸＞小麦秸＞花生藤＞玉米秸（宋恩亮，2016）。

表 3-17　玉米秸和大豆秸的营养价值　　单位：%

组别	粗脂肪	粗灰分	粗蛋白质	无氮浸出物	中性洗涤纤维	酸性洗涤纤维	酸性洗涤木质素	中性洗涤不容氮	酸性洗涤不容氮	淀粉
玉米秸	1.28	5.63	4.53	50.29	72.92	42.45	6.37	2.35	1.58	0.35
大豆秸	1.71	7.36	5.13	43.42	61.97	43.72	10.61	2.67	1.59	0.17

注：资料来源于孟杰（2014）。

大豆秸与玉米秸、小麦秸、稻秸及棉花秸的营养价值相似，高纤维低蛋白，但大豆秸的瘤胃降解规律不同于其他秸秆。采用尼龙袋法研究的结果显示，大豆秸 12 小时内干物质瘤胃降解率高于玉米秸、小麦秸、稻秸等，而 24～48 小时干物质瘤胃降解率几乎没有变化（表 3-18）。

表 3-18　不同秸秆饲料的干物质瘤胃降解率　　单位：%

秸秆种类	瘤胃培养时间/小时						降解率参数			
	2	6	12	24	36	48	a	b	c	P
玉米秸	17.39	24.49	34.55	46.56	47.26	54.66	7.73	51.35	0.04	37.06
小麦秸	12.59	21.99	30.40	38.64	43.24	50.29	5.32	51.26	0.03	32.63

续表

秸秆种类	瘤胃培养时间/小时						降解率参数			
	2	6	12	24	36	48	*a*	*b*	*c*	*P*
稻秸	13.35	16.41	19.02	30.40	31.15	39.17	9.47	55.02	0.01	26.02
大豆秸	20.85	28.62	40.47	43.02	43.62	44.32	2.68	41.70	9.11	35.31
棉花秸	18.09	23.20	28.19	31.41	34.42	42.10	16.16	43.22	0.01	30.34

注：1. 表中符号分别为：*a*，快速降解部分；*b*，慢速降解部分；*c*，慢速降解部分的降解率；*P*，动态降解率。

2. 资料来源于刁其玉（2000）。

研究数据显示，大豆秸的营养价值并不稳定，粗蛋白质、粗纤维含量存在一定的波动范围，这可能与大豆的品种，秸秆的部位、形态以及环境因素之间的差异有关，不同因素之间的差异都对秸秆的品质产生决定作用。研究发现不同品种大豆间蛋白和纤维成分之间存在较大差异，粗蛋白质的变化范围在4.2%～9.7%之间，粗纤维含量在35.6%～51.2%之间，而品种间干物质、总能、粗灰分、中性洗涤纤维、酸性洗涤纤维及矿物元素含量差异较小（表3-19）。

表3-19 10种大豆秸秆的营养物质含量

品种	干物质/%	总能/(兆焦/千克)	粗蛋白质/%	粗脂肪/%	粗纤维/%	酸性洗涤纤维/%	中性洗涤纤维/%	粗灰分/%	钙/%	磷/%
齐黄	91.42	17.05	5.47	1.19	45.63	52.25	65.96	5.15	0.98	0.22
鲁豆4号	93.03	16.77	7.99	1.07	44.88	52.57	65.26	6.95	0.68	0.06
黑农	90.62	16.85	4.23	0.87	46.89	52.67	66.48	4.34	0.97	0.17
沧豆4号	91.80	16.46	5.48	0.78	41.71	48.41	61.32	6.44	1.12	0.23
荷豆12	94.80	16.44	6.02	1.62	40.72	50.34	68.29	6.73	1.10	0.21
皖豆	94.20	16.60	5.77	1.05	46.93	52.99	66.89	5.61	0.90	0.14
圆黑豆	91.06	16.46	4.35	0.85	45.31	52.05	66.69	5.67	1.09	0.20
山宁16	94.50	16.71	5.05	1.12	43.86	51.01	64.20	5.13	0.94	0.15
科来6号	90.03	16.70	9.65	1.24	35.65	43.00	55.78	7.04	0.98	0.18
中黄	95.74	16.84	4.41	1.15	51.21	59.11	72.76	5.15	0.83	0.07

注：资料来源于宋恩亮（2016）。

不同产地的大豆秸营养成分也存在一定差异，例如，贵州、安徽和河南收获的大豆秸的不同营养成分具有差异，除河南获取的豆秸粗灰分显著高于其他两地，干物质、粗蛋白质、中性洗涤纤维、酸性洗涤纤维含量并没有明显差异，而粗灰分升高也可能是人为因素造成的影响（陈晓琳，2015）。大豆秸秆不同部位形态结构、蛋白质、纤维素及木质素含量存在差异，尤其是叶片，相对茎干的蛋白质含量较高，而纤维素水平较低，其消化率在一定程度上优于茎干，豆荚与茎干中可消化纤维品质差异也很大，且大豆秸中豆荚和茎干的比重较大，因此豆荚和茎干比例也直接关系大豆秸的营养价值。采用尼龙袋法测定的大豆秸不同部位的瘤胃干物质降解率，48 小时时降解率顺序为大豆叶＞大豆荚＞大豆秸＞大豆茎（表 3-20）。

表 3-20　大豆不同部位的干物质瘤胃降解率和降解常数

饲料	48 小时降解率/%	快速降解部分 *a*/%	慢速降解部分 *b*/%
大豆秸	53.50	22.84	31.26
大豆叶	77.30	25.26	25.26
大豆茎	38.60	16.82	16.82
大豆荚	69.40	8.59	8.59

注：资料来源于刘富强等（1991）。

不同收获时期大豆秸的营养价值不同。大豆在成熟过程中秸秆纤维素、半纤维素和木质素含量不断增加，纤维之间的结构更加紧密，营养价值随时间推移有所降低。不同保存时间、保存方法和干燥方法也影响大豆秸的营养价值和有效利用率。自然条件下，大豆秸收获后 0～60 天内，随着保存时间的延长，大豆秸中有机物和粗蛋白质含量逐渐降低，粗蛋白质含量最多减少 17.38%，而中性洗涤纤维和酸性洗涤纤维含量逐渐增加，中性洗涤纤维含量最多增加了 2.45%；秸秆的不同保存方式也会影响大豆秸秆中蛋白和纤维含量，其中粗蛋白质含量以氨化处理＞棚舍保存＞露天保存＞青贮保存为序；不同的干燥方式，例如烘干、阴干和晒干，也能对大豆秸蛋白和纤维含量造成一定的差异，粗蛋白质含量排序为烘干＞阴干＞晒干，酸性洗涤纤维含量排序为烘干＞晒干＞阴干（范华，2007）。另外，不同生长时期的生长抑制措施对大豆秸的营养价值也起到决定性的作用。大豆栽培过程中摘荚处理是抑制大豆生殖生长的重要措施之一，研究发现从鼓粒初期开始，随摘荚时间的推后，大豆秸中粗纤维含量逐渐上升，而粗蛋白质含量逐渐下降。因此，在不顾及大豆籽实产量的情况下，从大豆栽培的农艺措施入手，早期摘荚处理可以显著改善大豆秸的饲用品质。

三、大豆秸的主要处理技术

大豆秸直接作为饲料的饲喂效果不佳，通过适当的加工处理，提高消化利用率，可有效替代部分饲料，减少养殖成本，增加养殖效益，同时减少资源浪费以及焚烧等不当处理对环境的污染。目前针对大豆秸秆的加工处理技术与秸秆类一样，也有物理、化学、生物学处理法以及复合处理法。

1. 物理处理

粉碎后的大豆秸，其利用效率相对于未处理大豆秸高出 20%～50%。大豆秸适度揉碎可以提高营养物质的消化率，且揉碎长度与在饲粮中的使用量之间存在互作效应，1～3 厘米的揉碎长度与 5～7 厘米的揉碎长度相比，提高了氮的表观消化率和氮的总利用率，且当饲粮中大豆秸的用量为 50%时对食入氮和可消化氮的互作效应最高（包布和，2011）。膨化和热喷处理是通过外界施加压力，破坏秸秆的内部结构，打开木质素保护层，提高纤维部分的消化吸收。秸秆颗粒化也属于物理处理，颗粒化技术是将粉碎后的秸秆揉搓成一定长度的颗粒，并可与其他饲料按一定的配方混合制成特定的颗粒饲料，破坏秸秆的内部结构，提高秸秆消化率，改善适口性，还可以提高秸秆的饲喂量。研究发现大豆秸秆颗粒化处理后配合成颗粒料，在不影响动物生产性能的情况下可以提高大豆秸的饲喂比例，有效节省了饲料成本。

2. 化学处理

对大豆秸有效的化学处理方法主要有碱化处理、酸化处理、氨化处理和有机溶剂处理等。

（1）碱化处理　是指在碱类物质的作用下减弱秸秆纤维内部氢键的结合，膨胀纤维分子，促使半纤维和木质素的溶解。常用的碱化处理试剂有氢氧化钠、氢氧化钙等碱性物质。碱化处理过程是用氢氧化钠或氢氧化钙等浸泡或喷洒秸秆，使秸秆组织结构发生变化，易于消化酶和胃肠道微生物对其发挥作用，达到提高秸秆消化率、改善适口性和动物采食量的目的。碱化处理后的秸秆与未处理秸秆相比，一般可使有机物干物质消化率提高 20%～40%。碱化处理也会造成不利的影响，碱化剂过量使用不仅会影响饲料的适口性，过量的钠离子随粪排出可以导致土壤渗透压增高，土壤板结。

（2）酸化处理　酸化处理是使用盐酸、硫酸和磷酸等酸性物质喷洒浸泡秸秆。酸化处理可以使秸秆内纤维素、半纤维素和木质素之间形成的氢键、酯键及醚键被破坏打开，从而提高秸秆消化率。酸性处理与碱性处理类似，在实际使用过程中存在局限性，处理过程中可能产生糠醛和羟甲基醛等抑制因子，也可能造成环境污染。

（3）氨化处理　氨化处理与碱化或酸化处理相比，对提高秸秆消化率的影响较低，但尿素等氨化剂可作为非蛋白氮的来源，显著增加饲料中氮的利用率，改善其营养价值（表 3-21）。大豆秸经过氨化处理后，与未处理大豆秸组相比，中性洗涤纤维和酸性洗涤纤维木质素含量降低，绵羊对秸秆的采食量和干物质瘤胃有效降解率分别提高 22.7%和 32.09%（卢焕玉，2010）。

表 3-21　氨化处理对大豆秸营养成分的影响　　单位：%

组别	有机物	粗蛋白质	中性洗涤纤维	钙	磷
未处理组	91.7	5.2	78.9	0.69	0.13
氨化组	90.7	8.8	75.2	0.68	0.12

注：资料来源于单洪涛等（2007）。

目前试验研究中使用的豆秸氨化方法有：

① 将尿素在水中溶解后制成 4%溶液，1∶1 的比例与大豆秸混合，装袋、压实密封，常温保存 1 个月即可。

② 将 12 千克碳酸氢铵与 45 千克水混合后，均匀喷洒在 100 千克大豆秸上，塑料薄膜压实密封，保存 1 个月即可。

3. 生物学处理

生物学处理技术研究较多的主要有青贮、微贮和酶解技术。

（1）青贮　是生物处理农作物秸秆最常见的方式。豆类秸秆，尤其是大豆秸秆，在大豆成熟后刈割，大多数叶片已经脱落，茎干枯黄，秸秆的品质较差，营养价值较低，单独青贮对营养价值的改善不大，且经济效益较低。而将大豆秸与其他作物进行混贮，如玉米秸秆、黑麦草等，可有效改善其发酵品质，提高饲用价值。研究发现，将刈割后的大豆秸秆和玉米秸秆适度切割后混合青贮，当混合比例不同时，能明显改变青贮饲料的发酵品质和营养成分含量，当大豆秸与玉米秸 5∶5 混贮时其发酵品质评定最佳，蛋白质含量最高，单宁含量最低（顾拥建，2016）。也有研究发现，将大豆秸秆和多花黑麦草以适宜的比例进行混贮时，能提高青贮料的发酵品质，提高营养价值，并改善纤维的降解率。大豆秸秆与其他作物混贮效果的改善可能与发酵底物和抗营养因子的含量有关。

（2）微贮　即微生物发酵。近年来在处理秸秆中研究较多的微生物包括乳酸菌、酵母菌、地衣芽孢杆菌、白腐真菌等。微生物发酵处理后的秸秆不仅能改善微贮饲料的发酵品质，改善适口性，丰富饲料的营养成分，如氨基酸、蛋白质、消化酶、维生素和未知促营养因子等，而且微生物处理后的发酵饲料也有利于调节家畜胃肠道菌群平衡，有助于降低体内有害物质的累积，促进营养物质吸收，提高免疫力。目前试验研究中针对大豆秸微贮的方法是：首先将微生物菌种与水混合，菌液水与大豆秸按 1∶2 的比例，将菌液水喷洒在粉碎的大豆秸中，混匀后压实、密封，贮存 1 个月即可。微贮大豆秸与未处理大豆秸组相比，中性洗涤纤维、酸性洗涤纤维、酸性洗涤木质素含量分别降低了 5.7%、6.5%和 10.5%，绵羊采食量和采食速度分别增加了 14.1%和 36%，干物质有效降解率和表观消化率分别升高了 10.3%和 3.4%（卢焕玉，2010）。

（3）酶解处理　顾拥建等（2016）研究发现，在青贮大豆秸秆中添加 20 克/吨乳酸菌能提高和改善青贮料的发酵品质及营养价值，且与麸皮和纤维素酶复合添加蛋白质、碳水化合物的增加效果更佳。

（4）复合处理技术　秸秆的单一处理方式往往存在各种弊端，不能充分发挥秸秆的饲用价值。因此实际应用中通常会将 2 种或多种处理技术综合起来，避免单一处理带来的弊端，充分发挥各自的优势，从而提高秸秆的消化利用率。

四、大豆秸的饲用效果及其经济效益

大豆秸秆单独作为粗饲料来源或未经处理使用均不利于其饲用效果的发挥。大豆秸通过粉碎、氨化、发酵和微生物、酶制剂等单一或复合处理后，可有效改善其适口性和营养价值，一定程度上打破了大豆秸的饲用屏障。因此，通过适当的物理、化学、生物技术处理，改变其营养价值，改善其适口性，增加家畜采食量，是目前解决大豆秸饲料化利用率低、饲用效果不佳的有效措施。

大豆秸的氨化、混贮、微贮等不同处理方式均可在一定程度上改善饲料的营养价值，但对不同方式处理技术对饲喂效果和经济效益的分析研究还很有限。氨化和微贮大豆秸与未处理大豆秸相比，纤维含量降低，家畜采食量和采食速度增加，营养物质消化率有增加趋势，瘤胃发酵参数仅纤维素酶活性显著增加，营养物质有效降解率增加，但氨化处理和微贮的总体差异并不显著。

孟杰（2014）对几种农副产品饲料的饲用效果研究表明：①与玉米秸秆相比，大豆秸秆改善了瘤胃发酵类型，可作为优良的粗饲料来源；②使用部分大豆秸替代玉米秸饲喂肉牛，似乎对改善牛肉风味有关的品质特征有一定作用。

大豆秸作为粗饲料来源在部分替代优质牧草或精料的效果上，不仅可以改善动物的生长性能，还可降低饲养成本，应充分发挥大豆秸的潜在饲用价值。王星凌等（2016）对大豆秸和黄贮玉米秸对杂交肉牛育肥效果经济效益的影响进行了对比研究，发现大豆秸与黄贮玉米秸对杂交肉牛生产性能的影响差异不显著，但大豆秸的成本远低于黄贮玉米，饲喂大豆秸的试验肉牛消耗总饲料成本比饲喂黄贮玉米秸秆的降低了7.75%，单位增重饲料成本降低了10.95%。

大豆秸与其他青绿饲料或农作物秸秆之间存在组合效应，适宜比例混合饲喂，不仅能改善饲粮的营养价值，还能更好地发挥秸秆的饲用价值。例如，大豆秸与高粱秸之间的组合效应优于大豆秸单独使用，大豆秸与干草组合饲喂绵羊对平均日增重和能量、蛋白质、脂肪消化率的影响均优于单独饲喂大豆秸组。大豆秸与花生藤或青贮玉米秸以不同比例混合进行体外瘤胃发酵试验时，大豆秸与花生藤或青贮玉米均以20：80的比例组合，体外瘤胃发酵参数最佳，综合组合效应指数最大。

第九节 辣　木

一、辣木简介

辣木（*Moringa* sp.），常见英文名为Moringa、Drumstick或Horseradish tree，亦有人译为“油辣木”“辣根树”或“鼓槌树”，为辣木科（*Moringaceae*）辣木属（*Moringa Adans.*）的植物。辣木为多年生常绿或落叶树种，树高一般达5～12米，多数8～10米，树冠伞形，树干通直，软木材质，较脆，树皮灰白色；主根粗壮，树根膨大似块茎，可贮存大量的水分；枝干细软，树枝多数下垂，树皮软木质。叶浅绿色，三回羽状复叶，长30～60厘米，小叶长1.3～2.0厘米，宽0.6～1.3厘米，两侧小叶椭圆形，顶端小叶倒卵形，略大于侧叶。果实为三棱状，下垂，早期浅绿色，细软，后变成深绿色，成熟后呈褐色，充分成熟的荚果横切面近圆形或三棱形，长30～120厘米。

辣木起源于印度西北部的喜马拉雅山南麓，目前，已有30多个国家对辣木进行引种栽培，主要分布在非洲、阿拉伯半岛、东南亚、太平洋地区、加勒比诸岛和南美洲。印度是辣木的主要起源地和种植地，是世界上最大的辣木生产国和出口国。

中国林业科学研究院资源昆虫研究所于2002年从缅甸引进印度传统辣木种子，在云南半干旱、干旱河谷地区进行区域性试种，到目前为止在我国云南、广东、广西、四川、海南和福建等地均有辣木种植基地。目前栽培面积已超过 3×10^4 亩，栽培面积较大的有云南省约 2.5×10^4 亩，海南省约有 3000 亩，福建省约有 2500 亩，其他省（自治区）也都有数百亩或上千亩的规模。台湾是我国最早引种辣木的地区，所种植的辣木均用于商业性开发，主要产品有辣木蔬菜、辣木叶粉、辣木茶和辣木籽等。近几年来，国家对辣木的引种及研究开发表现出了高度的重视，2006 年 10 月，我国“十一五”规划确定将辣木作为“商品林定向培育及高效利用关键技术研究”重点研究对象之一。2012 年 11 月，我国卫生部批准辣木叶作为新资源食品，随后中国热带农业科学院成立辣木研究中心，加快新品种培育、栽培及病虫害防治新技术的研究推广。

目前我国主要引种了 3 个辣木品种：非洲辣木（*Moringa stenopetala*）、印度传统辣木（*Moringa oleifera*）和印度改良辣木（包括 PKM1 和 PKM2，为印度泰米尔农业大学改良种）。现研究利用最多的是印度传统辣木。

二、辣木营养成分

辣木富含植物蛋白质、膳食纤维、维生素和矿物质等多种营养元素，其营养价值与现代营养学家称为“人类营养的微型宝库”的螺旋藻相当。经常食用辣木可以防治和改善营养不良，保证人体必需的微量元素和氨基酸。据报道，每天食用 25 克辣木叶片干粉，可获取推荐标准中蛋白质的 42%、钙的 125%、镁的 61%、钾的 41%、铁的 71%、维生素 A 的 272%和维生素 C 的 22%。2012 年 11 月 12 日，辣木叶被国家卫生部批准为“新资源食品”。

1. 辣木常规营养成分

辣木不同部位有其各自的营养特性。中国农业科学院饲料研究所反刍动物生理与营养实验室分析结果显示，辣木各部位营养成分存在一定的差异。其中粗蛋白质和中性洗涤纤维、酸性洗涤纤维含量差异最明显，辣木叶、枝、茎的粗蛋白质含量依次降低，而中性洗涤纤维、酸性洗涤纤维含量变化趋势与粗蛋白质相反，从高到低依次为辣木茎、枝、叶。辣木叶的粗蛋白质含量高于苜蓿。苜蓿的酸性洗涤纤维含量根据收获期不同介于 30.61%～39.07%之间，而中性洗涤纤维含量介于 42.0%～45.45%之间。辣木叶的酸性洗涤纤维含量为 19.91%，中性洗涤纤维含量为 45.43%。由此可见，辣木的酸性洗涤纤维含量低于苜蓿，而中性洗涤纤维含量与苜蓿相当。辣木枝的粗蛋白质含量为 8.59%，与羊草相近。辣木茎的粗蛋白质含量最低，为 6.98%，但中性洗涤纤维含量高达 79%，而玉米秸秆的粗蛋白质含量为6.25%，中性洗涤纤维含量为70.34%。可见，辣木茎的粗蛋白质含量与玉米秸秆相近，中性洗涤纤维含量高于玉米秸秆。从营养成分分析可知，辣木叶的营养价值最高，高于优质苜蓿，可作为蛋白质饲料原料，辣木枝和辣木茎可作为反刍动物粗饲料来源用于动物生产中。

如表3-22所示，辣木不同部位的常量元素和微量元素含量亦存在较大差异，就辣木各部位平均数值来看，辣木中常量元素平均含量由高到低依次为钾、钙、磷、镁、钠，且钾和钙的含量远远高于其他常量元素；其中钾含量最高，辣木叶为2225毫克/千克，辣木籽为1026毫克/千克；钙含量次之，辣木叶为2039毫克/千克，辣木籽为106毫克/千克。

表3-22 辣木不同部位矿物元素的含量 单位：毫克/千克

元素	辣木叶	辣木茎	辣木籽	辣木籽壳
钾	2225	1087	1026	1954
钙	2039	789	106	365
磷	885	406	1262	165
镁	289	158	495	147
钠	141	412	143	152
铁	365	106	30.8	706
锰	78.3	26.9	29.6	10.6
锌	29.6	13.6	69.5	42.6
铬	2.68	12.6	8.25	52.7
硒	0.135	0.259	0.395	0.265

注：引自杨东顺等（2015）。

辣木不同部位样品均含有铁、锰、锌、铬、硒等微量元素。其中，铁平均含量最高，辣木籽壳最高，为706毫克/千克，辣木籽最低，为30.8毫克/千克；锌平均含量次之，辣木籽最高，为69.5毫克/千克，辣木茎最低，为13.6毫克/千克；锰平均含量比锌低，辣木叶最高，为78.3毫克/千克，辣木籽壳最低，为10.6毫克/千克；铬平均含量比锰低，辣木籽壳最高，为52.7毫克/千克，辣木叶最低，为2.68毫克/千克；硒的平均含量最低，辣木籽最高，为0.395毫克/千克，辣木叶最低，为0.135毫克/千克。辣木中微量元素平均含量由高到低依次为铁、锌、锰、铬、硒，且铁和锌的含量远远高于其他元素（杨东顺等，2015）。

辣木叶的维生素含量见表 3-23。

表 3-23 辣木叶的维生素含量 单位：毫克/100 克

维生素	辣木叶含量
维生素 A	163～419
维生素 B_1	0.14～2.00
维生素 B_2	0.99～20.50
维生素 B_3	8.20～10.74
维生素 C	74～173
维生素 E	113～156

注：引自 Busani 等（2011）；Gupta 等（1989）；Melesse 等（2012）。

2. 辣木氨基酸含量

由表 3-24 可知，辣木不同部位均含有 17 种氨基酸，不同部位的氨基酸含量由低到高依次为：辣木籽、辣木叶、辣木籽壳和辣木茎；辣木不同部位具有相似的氨基酸结构，含量最多的均为谷氨酸和丙氨酸，含量最低的均为蛋氨酸。

表 3-24 辣木不同部位氨基酸含量

氨基酸	辣木叶	辣木茎	辣木籽	辣木籽壳
天冬氨酸	2.16±2.54	0.32±0.98	1.96±0.78	0.39±1.56
苏氨酸	1.66±1.69	0.21±2.65	0.99±3.14	0.33±2.87
丝氨酸	1.06±0.89	0.23±0.75	1.26±1.23	0.36±0.74
谷氨酸	2.86±1.15	0.42±0.69	7.23±1.68	1.58±1.68
甘氨酸	1.09±2.37	0.23±2.68	1.76±1.85	0.28±0.88
丙氨酸	1.56±0.81	1.13±1.62	1.53±2.54	0.48±1.49
胱氨酸	0.26±0.68	0.13±1.89	0.39±2.45	0.15±3.87
缬氨酸	1.82±1.62	0.86±4.56	1.65±2.89	0.68±3.52
蛋氨酸	0.25±3.54	0.12±4.36	0.35±5.21	0.06±2.82
异亮氨酸	1.66±0.85	0.19±2.65	1.56±1.64	0.52±3.11
亮氨酸	2.18±1.65	0.52±2.64	2.92±1.25	0.53±3.48
酪氨酸	0.96±2.48	0.18±3.45	1.25±0.79	0.30±2.41
苯丙氨酸	1.48±0.47	0.26±3.42	1.96±2.54	0.36±2.44
赖氨酸	1.83±1.69	0.66±2.53	1.92±1.65	0.66±3.47
组氨酸	0.76±0.65	0.13±1.72	0.99±2.33	0.16±2.85
精氨酸	1.26±0.61	0.23±2.65	3.86±0.98	1.06±2.54
脯氨酸	0.66±2.68	0.21±4.35	0.95±1.66	0.23±2.41
氨基酸总量	23.29±1.63	5.97±1.62	32.53±3.75	8.02±3.03

注：引自杨东顺等（2015）。

3. 辣木脂肪酸含量

相同品种不同产地的辣木，其辣木叶的脂肪酸组成差异较大，详见表 3-25。

表 3-25 辣木叶的脂肪酸含量 单位：%

营养组分	辣木叶(中国广东)①	辣木叶(南非)②
C6:0	0.14	—
C10:0	0.09	0.07
C12:0	0.23	0.58
C14:0	2.35	3.66
C15:0	0.32	—
C16:0	27.57	11.79
C16:1 *c*9	2.26	0.17
C17:0	0.63	3.19
C18:0	5.87	2.13
C18:1 *c*9	7.54	3.96
C18:1 *c*7	—	0.36
C18:2 *c*9 *n*-6	9.75	7.44
C18:3 *c*9 *n*-3	29.47	44.57
C18:3 *c*6 *n*-6	—	0.20
C20:0	1.62	1.61
C20:1	2.62	—
C21:0	0.23	14.41
C22:0	2.93	1.24
C23:0	0.77	0.66
C24:0	5.42	2.91

① 数据来源于中国农业科学院饲料研究所反刍动物生理与营养实验室。

② 数据来源于 Busani Moyo 等（2011）。

三、辣木瘤胃降解率

中国农业科学院饲料研究所反刍动物生理与营养实验室分别对辣木叶、辣木枝和辣木茎的奶牛和肉牛瘤胃降解率进行了研究，表明辣木不同部位的相同营养成分在奶牛和肉牛瘤胃降解率上均存在显著差异。辣木叶干物质、有机物、粗蛋白质、中性洗涤纤维、酸性洗涤纤维有效降解率均为最高，辣木枝居中，辣木茎最低。表 3-26、表 3-27 总结了辣木各部位肉牛和奶牛瘤胃有效降解率与其他牧草营养成分降解率，辣木叶营养成分有效降解率略高于贾海军（2010）测定苜蓿各营养成分的有效降解率，说明辣木叶的营养价值与苜蓿相近，可作为优质蛋白饲料。表 3-27 显示辣木枝各营养成分有效降解率显著低于辣木叶，辣木枝中性洗涤纤维、酸性洗涤纤维有效降解率低于 20%，其余各营养物质的有效降解率均超过 30%，其中粗蛋白质有效降解率最高，与侯玉洁等（2013）报道的羊草各营养成分的有效降解率相近，但中性洗涤纤维、酸性洗涤纤维有效降解率低于羊草，由此可见辣木枝的营养价值与羊草相近，但其粗纤维营养价值略低。辣木茎各营养成分有效降解率均最低，除粗蛋白质外，其他营养成分有效降解率不到 20%，低于陈艳等（2014）报道的玉米秸秆的各营养成分的有效降解率，表明辣木茎在瘤胃消化率不如玉米秸秆，不易被瘤胃微生物所降解，对奶牛和肉牛的营养价值不高。由表 3-26 和表 3-27 还可以看出，辣木相同部位奶牛瘤胃有效降解率高于肉牛，说明辣木作为饲料用于奶牛消化吸收率更高。

表 3-26　辣木各部位肉牛瘤胃有效降解率与其他牧草营养成分有效降解率（ED）对照表

单位：%

有效降解率	辣木叶	苜蓿 1	苜蓿 2	辣木枝	羊草	辣木茎	玉米秸秆
干物质	42.04	43.98	58.55	23.20	37.55	7.50	38.92
有机物	43.32	—	57.84	7.15	37.86	8.20	—
粗蛋白质	57.12	55.52	72.6	45.91	50.29	29.21	37.3
中性洗涤纤维	22.40	26.71	30.37	11.60	32.86	9.46	26.55
酸性洗涤纤维	13.10	23.70	30.72	8.21	32.7	4.47	24.14

注：1. 辣木数据来源于作者所在的中国农业科学院饲料研究所反刍动物生理与营养实验室。
2. 苜蓿 1 数据来源于贾海军（2010）。
3. 苜蓿 2 和羊草数据来源于侯玉洁等（2013）。
4. 玉米秸秆数据来源于陈艳等（2014）。
5. 表中“ED”为有效降解率。

表 3-27　辣木各部位奶牛瘤胃有效降解率与其他牧草营养成分有效降解率（ED）对照表

单位：%

有效降解率	辣木叶	苜蓿 1	苜蓿 2	辣木枝	羊草	辣木茎	玉米秸秆
干物质	48.13	43.98	58.55	31.23	37.55	9.15	38.92
有机物	53.15	—	57.84	33.75	37.86	12.33	—
粗蛋白质	55.24	55.52	72.6	41.53	50.29	33.73	37.3
中性洗涤纤维	32.04	26.71	30.37	18.43	32.86	11.81	26.55
酸性洗涤纤维	20.72	23.70	30.72	15.92	32.7	9.28	24.14

注：1. 辣木数据来源于作者所在的中国农业科学院饲料研究所反刍动物生理与营养实验室。
2. 苜蓿 1 数据来源于贾海军（2010）。
3. 苜蓿 2 和羊草数据来源于侯玉洁等（2013）。
4. 玉米秸秆数据来源于陈艳等（2014）。
5. 表中“ED”为有效降解率。

四、辣木在牛饲料中的应用

辣木叶粉作为低质草料的蛋白质补充料，不仅可以提高奶牛干物质采食量、养分消化率及牛奶产量，且不影响牛奶品质，还可降低饲喂成本。Sarwa 和 Mendieta-Araica 不仅证明了辣木叶粉作为低质草料的蛋白质补充料的可行性，还研究了它替代牛饲粮中的常用蛋白质源的效果。Sarwa 报道辣木叶粉可有效部分替代奶牛饲粮中的棉籽粕，还可提高牛奶产量，但未达显著水平，两者最佳配比为 40（辣木叶粉）∶60（棉籽粕）；Mendieta-Araica 用辣木叶粉替代奶牛混合精料中的豆粕后发现所有消化吸收指标除蛋白质消化吸收率显著降低外，其余均无显著差异，牛奶品质也未受到影响。因此，辣木叶粉在等能量等蛋白质基础上可替代豆粕作为奶牛饲粮中的蛋白质源。Nadir 在臂形草（*Brachiaria brizantha*）基础饲粮（12.4 千克臂形草＋0.5 千克甘蔗渣）中分别加入 2 千克、3 千克辣木叶粉后，干物质采食量由 8.5 千克/天相应增加到 10.2 千克/天和 11.0 千克/天，干物质、有机物、粗蛋白质、中性洗涤纤维、酸性洗涤纤维的表观消化率及牛奶产量均显著提高。Reyes 用辣木饲喂奶牛，显示辣木可以提高奶牛的干物质采食量和产奶量，对牛奶品质没有显著影响。

中国农业科学院饲料研究所反刍动物生理与营养实验室分别研究了在奶牛和肉牛饲料中添加辣木枝茎的可行性，结果发现，在奶牛饲料中添加辣木枝茎可以提高奶牛的产奶量，对乳脂、乳蛋白以及乳糖均无显著影响，但是显著降低了乳中体细胞数，同时改善了牛奶中脂肪酸的组成，提高了不饱和脂肪酸的比例，降低了饱和脂肪酸的比例，辣木在奶牛饲料中最适添加比例为 6%，过量添加会降低奶牛的采食量。由辣木枝茎添加于肉牛饲料试验结果发现，辣木枝茎可以显著提高肉牛的日增重，降低料肉比，同时提高了牛肉中不饱和脂肪酸比例，提高了牛肉的品质，并且，辣木在肉牛饲料中最适添加比例同样是 6%。在肉牛饲料中添加辣木后，因青贮玉米秸含量减少，会造成全混合饲粮的水分含量降低，故在使用辣木作为肉牛饲料时，可以往全混合饲粮中相应地加些水以保证水分含量。

五、辣木加工利用技术

辣木最初主要以鲜叶形式作为动物饲粮的蛋白质补充料，但是以鲜叶直接饲喂奶牛会影响牛奶风味。为了消除辣木鲜叶对牛奶风味的影响以及方便储存，人们把鲜辣木叶晒干或烘干，制成辣木叶粉饲喂动物。对辣木叶进行青贮加工，不仅降低了其抗营养因子的含量，同时提高了消化率，是辣木加工利用的有效手段之一。为提高辣木的适口性以及降低抗营养因子的含量，Dongmeza 用 80%乙醇萃取辣木叶粉后发现此方法不仅可去除大部分抗营养因子，还可大幅度提高粗蛋白质含量，但溶剂萃取法成本较高，且容易对辣木造成化学污染，难以向农户推广。在此基础上由 Nazael 开发的水提法可降低成本，且与溶剂萃取法的效果相似。具体步骤如下：先将辣木叶与水以 1∶1 的比例在水槽中浸泡一整夜，去除皂苷等抗营养因子，然后将浸泡后的叶片在金属网上将水控干后于阴凉处晾干，以免维生素物质因暴晒流失，晾干后用粉碎机将辣木叶制成辣木叶粉，装入塑料袋于室温贮存。

截至目前，辣木作为饲料产品的加工报道较少，需做进一步研究以达到更好的利用效果。

第四章　饲用经济作物糟渣类饲料在牛饲料中的应用

第一节　柑　橘　渣

一、概况

中国是世界柑橘主产国，自 2007 年起，我国柑橘种植面积和产量均跃居世界第一。据统计，2013 年全国柑橘生产面积 243×10^4 公顷，产量 3276×10^4 吨。2012 年，我国柑橘罐头的年产量超过 80×10^4 吨，柑橘浓缩汁年产量在 1×10^4～2×10^4 吨（单杨，2014）。柑橘渣是柑橘果实加工榨汁或制罐后的下脚料，占果实重量的 25%～50%。目前，全国每年产生的柑橘渣多达 500×10^4 吨。因加工工艺不同，柑橘渣所含成分有一定的差异，一般包括果皮（60%～65%）、种子（0～10%）以及橘络和残余果肉（30%～35%）（单杨，2014）。

二、营养成分及饲用价值

柑橘渣（图 4-1）虽然蛋白质含量较低，但能量含量较高，其能量并非源于淀粉类碳水化合物，而是因为其果胶及中性洗涤纤维含量较高，分别约 250 克/千克（DM）、230～240 克/千克（DM），经动物机体消化后能部分替代玉米供给能量（Ariza 等，2001 年）。柑橘渣作为饲料主要有 3 种利用方式，即鲜柑橘渣饲料、干燥柑橘渣饲料、发酵（青贮）柑橘渣饲料。

1. 鲜柑橘渣饲料

鲜柑橘渣的干物质含量较低，约 18%，粗蛋白质含量约 6.6%，含有较高水

图 4-1 柑橘渣

平的酸性洗涤纤维（150～160 克/千克干物质），这对反刍动物瘤胃微生物的生长及繁殖非常有益。但鲜柑橘渣饲料的应用受到地域和季节的限制，故在生产中应用干燥柑橘渣饲料和发酵（青贮）柑橘渣饲料较多。

2. 干燥柑橘渣饲料

干燥后的柑橘渣的常规饲料养分为：干物质 90.06%、粗蛋白质 6.62%、粗纤维 12.50%、粗脂肪 2.20%、无氮浸出物 64.84%、钙 1.03%、磷 0.10%，其氨基酸总量为 5.85%；还含有微量矿物质：铜 3.72 毫克/千克、铁 49.7 毫克/千克、锌 1.62 毫克/千克、锰 8.75 毫克/千克、碘 0.07 毫克/千克（张石蕊等，2004）。

柑橘渣中也含有大量的功能性物质。柑橘皮油胞中丰富的香精油，为果皮鲜重的 0.5%～2.0%，果胶占整个果皮干重的 20%～30%，还有以橙皮苷、柚皮苷、新橙皮苷为主的黄酮类物质，以及脂溶性的类胡萝卜素和水溶性的黄色素两种天然色素。

3. 发酵(青贮)柑橘渣饲料

经长时间青贮的柑橘渣能很好地保存新鲜柑橘渣原样的营养成分。青贮柑橘渣中粗蛋白质可达 7%左右。

三、加工处理

1. 干燥柑橘渣

干燥柑橘渣是采用间接或直接方法将柑橘渣中的水分含量降低到 12%左右。

一般采用两步法干燥处理柑橘渣。第一步用石灰对柑橘渣进行处理，固定柑橘渣中的果胶。第二步有两种方法：①采用挤压的方法挤出其中所含有的汁液，挤出的汁用来做柑橘蜜（含水量为30%～40%，也是一种好的动物饲料）；②用旋转式干燥机进行干燥。干燥的柑橘渣具有很强的吸潮性，应该存放在干燥的地方，可以保存几年而其营养不损失。这种方法适合工业化处理，但是能量消耗大，干燥成本高。

2. 发酵(青贮)柑橘渣

柑橘渣青贮最佳水分含量为65%～75%，水分过高会影响青贮料的品质，所以，鲜柑橘皮渣一般以半干青贮及混贮为主要方式。鲜柑橘皮渣的半干青贮就是在青贮前先进行快速风干处理，一般到青贮时水分含量为45%～50%。在风干过程中汁液损失较大，对其营养价值有一定的影响。此外，一些研究表明柑橘香精油对大多数革兰氏阳性菌和阴性菌均有广谱抑制作用，普通微生物很难以柑橘皮渣为基质生长，这是柑橘皮渣发酵分解困难的重要原因之一。其次柑橘皮渣含有果胶和纤维素等大分子物质，外围包裹木质素，进一步增加了普通微生物降解皮渣的难度。故国内外现阶段主要采取混贮方式对其加以利用，以稀释香精油浓度和为微生物生长提供必要的碳源。与鲜柑橘皮渣混贮的主要物质有：农作物秸秆（玉米秸秆、麦秸等）、干草、家禽粪便等。影响柑橘渣青贮品质的主要因素是水分含量及青贮方法。Weinberg采用尿素氨化、添加山梨酸、脱水等方法处理，山梨酸能有效减少青贮时营养物质的损失，氨化处理能提高柑橘渣的氮含量，可以弥补氮不足的缺陷。鲜柑橘皮渣经青贮后营养成分会随着青贮方法及不同的添加物而发生改变，一般来说干物质含量都会有所提升，如果与玉米秸秆及麦秸等纤维含量较高的物质混贮，则青贮料的纤维含量亦会增加。

利用微生物发酵可以提高柑橘皮渣中蛋白质等营养物质的含量。鲜柑橘皮在发酵过程中有机酸及pH的变化表明其发酵类型为乳酸发酵型，而鲜柑橘渣的发酵过程中，这一特征却不显著。鲜柑橘皮渣中较高水平的葡萄糖对其青贮过程影响较大，不添加其他糖分，仅以其中的葡萄糖为主要糖分时，其发酵类型以乳酸型发酵为主，pH由开始时的6.3降至发酵完成后的4.2；而在鲜柑橘皮渣青贮时添加100克/千克的糖蜜时，其发酵类型则由乳酸型转变为乙酸型发酵，pH降至3.9。潘晓梅等（2017）筛选出一株植物乳杆菌。该菌株产酸快（pH可下降到3.48），发酵2小时即可进入对数生长期，耐酸耐碱能力强，主要产乳酸和乙酸。利用该菌青贮的柑橘皮渣粗蛋白质含量等有所提高，达到广谱青贮剂的水平，优于直接青贮。殷钟意等（2009）以混合比例为2∶3∶1的黑曲霉、米曲霉和扣囊腹膜胞酵母菌3种菌株为发酵菌种，培养基中柑橘皮渣85%、麸皮15%、含水率达70%时，在自然pH、接种量0.4毫升/克、发酵温度28℃、发酵时间4天时，发酵产品粗蛋白质含量可从10.37%提高到34.40%。李赤翎等（2009）用酵母发酵柑橘皮渣，在最佳发酵条件（起始pH为5，温度为30℃条件下培养4天）下，可将柑橘皮渣粗蛋白质含量从8.17%提高到28.06%。

3. 柑橘皮渣的抗营养因子及消除方式

柑橘皮渣中含有的主要抗营养因子为果胶、纤维素、木质素等大分子物质和苦味物质等。果胶、纤维素、木质素等大分子物质是植物细胞壁的主要组成物质，阻止细胞内容物释放，对动物没有毒害作用，但是饲粮中含量过高会影响动物的采食量、延缓胃液pH的下降和小肠pH的上升速度，提高食糜的黏度，不利于食物的排空。柑橘皮渣中含有20%果胶和15%的纤维素，在自然条件下堆放，可以被天然的果胶酶分解为半乳糖醛酸，使其被动物消化吸收，从而降低其副作用。李世忠等（2014）通过高温及拮抗实验，分离得到两株耐受高浓度柑橘香精油，在高温、低pH条件下具有高效纤维素酶活性和果胶酶活性的地衣芽孢杆菌。降解柑橘皮渣试验的第20天，纤维素含量由32.30%降到12.19%，降解率达到84.45%，而果胶含量在第10天由15.32%降到4.22%，降解率达到65.93%，皮渣中的纤维素和果胶等大分子物质大多数分解。郑旭煦等（2011）通过诱导黑曲霉发酵柑橘皮渣，可使果胶含量从17.51%降低至1.76%～1.98%。

柑橘果皮含有类黄酮类（橙皮苷、柚皮苷）、柠檬碱等苦味物质，如果饲粮中添加水平过高，在一定程度上会降低饲粮适口性，对采食量产生负效应。另外，柑橘皮渣中钙磷比例失衡，这也是影响其采食量的一个不可忽略的因素。但苦味物质的含量随着柑橘的种类和成熟时期各不相同。刘亮等通过高效液相色谱分析发现未成熟柑橘的柠檬苦素含量比成熟柑橘的高。程建华等的研究表明：经发酵后，柑橘皮中的主要苦味物质如柚皮苷和柠檬苦素的含量分别下降68.18%和35.78%。姚焰础等研究柑橘渣青贮过程中营养物质和苦味物质的动态变化规律，发现随着青贮时间的延续，青贮柑橘渣的粗蛋白质和粗脂肪含量逐渐上升，真蛋白、无氮浸出物、柚皮苷和柠檬苦素含量逐渐下降，干物质、粗纤维、中性洗涤纤维、酸性洗涤纤维、粗灰分和总磷含量无明显变化，青贮3个月后，柑橘皮渣中的柚皮苷和柠檬苦素含量为6.86毫克/千克、276.71毫克/千克，分别下降 43.82%和 35.82%。郑旭煦等采用黑曲霉诱导发酵 4 天后，柑橘皮渣中的柚皮苷降解 92.2%。

四、柑橘渣养牛

柑橘皮渣饲喂反刍动物时，适宜的添加水平不仅可以保证其较高的消化利用率，而且能带来更好的经济效益。柑橘皮渣具有独特的气味和味道，饲喂动物时，需要先以少量替代饲粮其他组分，然后逐渐提高其添加水平，以使供饲动物能适应并采食柑橘皮渣。

A. Lanza 研究发现，当以烘干橘皮渣部分或全部替代精料中的玉米或大麦饲喂弗里赛奶牛时，其采食量基本不受影响。张石蕊等在饲粮中添加橘皮 200 克饲喂奶牛，与对照组相比，处理组的乳脂率、乳固形物率、奶牛 4%标准产奶量、乳蛋白率和乳糖率分别提高 11.21%、7.78%、6.75%、7.43%和 0.22%，并显著提高奶牛干物质采食量（提高 0.29 千克/天）和改善了全肠道养分表观消化率。吴厚玖等采用发酵柑橘渣代替 40%～45%的玉米粉饲喂奶牛发现，饲喂第 2 天开始，奶牛产奶量增加，结束饲喂后，仍然能持续一个星期的高产，且奶牛皮毛变亮，免疫力得到不同程度的增强。李远虎等通过柑橘皮渣发酵饲料替代部分精饲料饲喂奶牛试验，发现产奶量显著提高，乳脂率、乳蛋白率、乳糖以及干物质含量变化不大。对于过泌乳高峰期的高产牛柑橘皮渣发酵饲料可代替混合精料最佳值是 12.5%，每头牛每天可增产奶量 44.3 克，乳脂率有所下降但下降极小，乳蛋白有所上升亦上升幅度很小，对乳糖、干物质无影响；对于泌乳高峰期高产牛最佳值是 11.25%，每头牛每天可增产奶量 134 克，乳脂率、乳蛋白、乳糖、干物质都无明显变化；对于低产牛最佳值是 18.75%，每头牛每天可增产奶量 134 克，乳脂率、乳蛋白、乳糖、干物质都无明显变化。

国外学者就柑橘渣代替奶牛饲粮中的能量饲料的比例，代替全混合日粮的比例等各方面做了大量的研究。Miron 等研究显示，肉牛对青贮柑橘皮渣及烘干柑橘皮渣干物质消化率分别为 61.13%、62.00%，高于肉牛对稻草的消化率（50%左右），接近玉米秸秆的消化率（65%）。青贮柑橘皮渣可作为育肥牛的粗饲料加以利用，占饲粮干物质比例不宜超过 20%；烘干柑橘皮渣能部分替代精料中玉米及豆粕的用量，占饲粮干物质比例不宜超过 25%。

柑橘皮渣在养牛实际生产中应用需要注意的因素有以下几点：

① 柑橘皮渣中含有大量的糖类物质，易引起蝇、细菌等微生物的生长，饲

喂时要注意及时采样，及时饲喂，避免柑橘皮渣饲料被污染。

② 新鲜或青贮柑橘皮渣酸度大，pH 为 3～5，大量饲喂易造成瘤胃酸中毒，饲喂前应加入小苏打，以降低牛的酸中毒风险，增加饲料的适口性；新鲜柑橘皮渣水分含量高，约 80%，干物质含量低，易霉变，不利于运输和贮存，青贮过程中最好添加辅料，将皮渣含水率控制在 60%以下。

③ 基于柑橘皮渣不平衡的钙磷比例，如果高水平添加至泌乳牛饲粮，可能会增加产乳热的发病风险。

④ 烘干柑橘皮渣过量添加于反刍动物饲粮中，可能会造成瘤胃角化不全，尤其是饲草喂量低时。

第二节 甘 薯 渣

甘薯又称红薯，属旋花科，一年生或多年生蔓生草本，是重要的蔬菜来源，块根可作粮食、饲料和工业原料，用途广泛。目前，我国甘薯的种植面积约占全世界的 70%，年产量在 1 亿吨以上，占全世界总产量的 80%，种植面积和产量位居世界第一，是仅次于水稻、小麦、玉米的主要粮食作物。

一、概述

甘薯是高产、稳产、抗逆性强的作物。我国栽培已有 400 多年的历史。目前，我国的甘薯总种植面积保持在 620×10^4 公顷左右，年总产量稳定在 1 亿吨以上，分别占全世界的 70%和 80%。甘薯是我国的主要粮食作物之一，具有很高的营养价值和药用价值。它含有丰富的胡萝卜素与抗坏血酸，其蛋白质组成与大米相似，营养价值较高，甘薯淀粉易被人体消化吸收。我国甘薯除用作主粮或直接作为优良饲料外，其中约 50%的甘薯也是食品加工、淀粉和酒精制造业的重要原料，甘薯渣（图 4-2）是甘薯加工业的主要副产物，占鲜重的 45%～60%，除含有大量水分外，还含有淀粉、蛋白质、膳食纤维、果胶等营养成分。目前，甘薯渣在牛、羊、猪、家禽等动物饲料中已经开始应用，特别是在反刍动物饲料中。甘薯渣作饲料的利用形式上主要有三种：鲜甘薯渣、发酵甘薯渣、青贮甘薯渣。

二、营养成分及饲用价值

鲜甘薯渣的水分含量在 80%以上，经过简单的烘干或风干处理后含有粗蛋

图 4-2　烘干的甘薯渣

白质 3%左右、粗纤维 25%左右、粗脂肪 2%左右。甘薯渣由于加工工艺的不同，成分相差比较大。甘薯淀粉渣的水分含量高达 850 克/千克，明显高于甘薯饮料渣的 746 克/千克。与其他块茎类副产品相比，甘薯淀粉渣和饮料渣中的粗灰分含量均高于其他农副产品。甘薯饮料渣中的粗蛋白质含量为 88.8 克/千克，明显高于甘薯淀粉渣及木薯渣，略低于马铃薯淀粉渣、甜菜渣与菊芋渣；中性洗涤纤维、酸性洗涤纤维含量均低于同类型中其他副产品；可溶性碳水化合物及淀粉含量却明显高于其他副产品，二者含量约为甘薯淀粉渣的 5 倍、马铃薯渣的 6 倍。玉米中碳水化合物含量在 70%以上，粗蛋白质含量一般为 7%～9%，粗脂肪含量一般为 3%～4%。可见，甘薯饮料渣的成分非常接近玉米。因此，可用甘薯饮料渣代替部分玉米作为反刍家畜的饲料使用。

甘薯酒精渣是酒精厂发酵剩余的副产品，其能量一般在 0.30 兆焦/千克左右，消化能 0.12 兆焦/千克，代谢能 0.11 兆焦/千克。甘薯酒精渣是一种比较廉价的填充饲料。甘薯酒精渣中蛋白质和脂肪含量较低，在使用甘薯酒精渣的配方中，甘薯酒精渣可替代部分玉米酒精糟及糠麸类饲料，但要注意补充适当的蛋白质和脂肪；甘薯酒精渣的胆碱和维生素 E 含量比较高，可能对动物肉质有改善作用。

当前，饲料工业中大多采用新鲜甘薯渣来生产饲料，新鲜甘薯渣因含粗纤维较多而在单胃动物中应用效果不佳，但是适合为反刍动物使用。甘薯及甘薯渣中的淀粉因难以被消化利用且蛋白质含量低，而含有的胰蛋白酶抑制因子更是阻碍了蛋白质的吸收，使得其直接饲喂畜禽营养价值不高（Peters D. 等 2003）。为了解决这些问题，传统的方式是将甘薯或甘薯渣蒸煮后再饲喂，但费力又消耗热能。

通过微生物发酵可改善甘薯渣营养价值，有效开拓饲料资源。经过微生物发酵，可将甘薯渣中低质量蛋白转化为高质量菌体蛋白，提高蛋白质量；同时微生物在甘薯渣发酵基质中生长，可以降解纤维素等抗营养因子，分泌产生纤维素酶、淀粉酶、蛋白酶等有益物质，有助于提高动物对饲料的消化利用率。此外，甘薯渣发酵产物中含有丰富的维生素、矿物质和其他生物活性物质，还可有效提高动物的生长率。

陈甘薯渣易滋生各种细菌、真菌，特别是霉菌（例如黄曲霉、脱氧雪腐镰刀菌等），并产生有毒代谢产物（例如黄曲霉毒素、呕吐毒素等），不宜饲喂动物，故大多被废弃，不仅污染环境，还造成了资源的浪费。因此，也有人将甘薯渣进行青贮。李剑楠（2014）的研究结果显示青贮处理可有效降低甘薯渣的干物质、淀粉、粗蛋白质、粗灰分、钙和磷的瘤胃降解率，并提高其过瘤胃淀粉量和可降解蛋白量。

三、加工处理

1. 颗粒或块状饲料

从甘薯渣中提取制备有益物质同样面临着成本高、效率低、产生废渣、污染环境、难以实现工业化的问题。目前，大多数厂家对甘薯渣的利用仅局限于直接用作饲料，仅少数厂家烘干制成干饲料，但由于烘干能耗使得饲料成本过高。

浙江农林大学研制的甘薯淀粉加工一体机采用揉搓破壁方法，提取淀粉后剩余的甘薯渣含水量低，熟化后可以通过压块制作成甘薯渣饲料。但是高纤维低蛋白的特点易导致适口性差，营养价值和消化利用率都很低，不能满足家畜对营养的均衡需求，过多饲喂还会导致发育不良和疾病。因此建议使用豆粕、玉米等进行配合制粒饲喂（图 4-3）。特别是类似的小型机械适合于薯类种植区域就地加工，可减少污染、增加农民收益。

2. 甘薯渣鲜贮

采用鲜贮，甘薯渣的营养成分损失较少、松软多汁、适口性好、利用率高、饲喂方便。具体做法是：用无毒聚乙烯塑料薄膜制袋→选地势高、排水畅通、离畜禽舍近的地方挖窖→把甘薯渣装入袋内压实封口→封窖。数天后开袋饲喂，开袋后的优质粉渣呈乳黄色，气味酸甜芳香，手感柔软湿润。如呈灰褐色，并有酸臭味或霉烂气味则不宜喂用，以免家畜发生中毒。

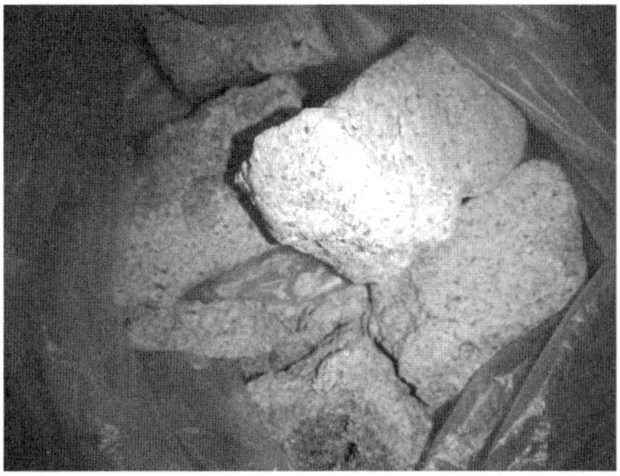

图 4-3 甘薯渣饲料

3. 甘薯渣发酵

固态发酵甘薯渣能很好地提高蛋白质的含量。早在 1995 年，王淑军等用三菌（扣囊拟内孢霉、产朊假丝酵母和康氏木霉）混合发酵技术处理甘薯渣，经 24小时自然发酵后，增加了产品中酵母活菌数和粗蛋白质含量。欧荣娣等（2015)对甘薯渣固态发酵条件进行优化研究，结果显示产朊假丝酵母、黑曲霉41126、枯草芽孢杆菌 Y111、乳酸菌为最佳单一菌株；混合菌比例为(黑曲霉41126：产朊假丝酵母＝2：1)＋(产朊假丝酵母：枯草芽孢杆菌：乳酸菌＝1：1：1）的二次发酵路线，产物粗蛋白质含量最高，为 15.11%；最佳发酵条件为发酵时间 3 天、发酵温度 28℃、氮源添加量 1%、菌液接种量 3%。此发酵条件下，产物粗蛋白质含量达 12.35%，较同等氮源添加量原料发酵前提升了 85.99%，且产物能量值和氨基酸含量都有了不同程度的提升，尤其几种必需氨基酸含量明显上升。王淑军等（2000）的研究表明，微生物发酵技术对甘薯渣的提高是多方面的，不只限于蛋白质的增加，还降解了难于利用的纤维素，并且改善了适口性。赵华等研究发现，每克发酵原料接种黑曲霉孢子 1×10^6 个，发酵时间 4 天，料水比1：1.3，发酵温度 38℃条件下甘薯渣发酵效果最好。在黑曲霉优化参数下发酵，产物以干物质为基础，粗蛋白质含量从 6.37%提高到 9.14%；粗脂肪从 2.17%提高到 4.75%；发酵后还原糖含量从 4.42%提高到 7.34%，羧甲基纤维素酶活、滤纸酶活、β-葡萄糖苷酶活和淀粉酶活分别为 3.12 单位、2.45 单位、2.13 单位和 3.02 单位。

当前利用微生物发酵甘薯渣存在的问题主要有：

① 甘薯渣水分含量高，单位重量大，从而在发酵过程中搅拌困难，造成水分含量不均，发酵品质参差不齐。另外，现在市场上存在多种发酵甘薯渣的菌制剂，不同的微生物发酵产生众多代谢物质，也使得发酵甘薯渣饲料品质难以保障。因此，建立完善的行业标准和检测标准非常重要。

② 菌种不易保存，有的菌种极易退化；有些微生物在发酵过程中会发生变异成为病原微生物，使得发酵甘薯渣存在安全隐患。针对这些问题，相关企业应该和高校及研究院所紧密结合，从而筛选并驯化出性能良好且稳定的微生物。

③ 规模化生产难以实行，微生物发酵要求的条件比较严格，在发酵前及发酵过程中难以做到严格灭菌而造成杂菌污染，导致发酵失败。

4. 甘薯渣青贮

甘薯粉渣因其含水量高，单独青贮要降低水分。可在青贮前对甘薯粉渣进行脱水处理，甘薯粉渣青贮后，一般经 30 天左右即可开窖使用。开窖时要开成小口，防止污染。取用时要逐层取出，一旦开窖利用，必须连续取用，当天取出的料，当天要喂完。可根据青贮甘薯渣料的颜色、气味、口感等感官指标评定青贮质量，其中颜色为白色或淡黄，气味为芳香酒酸味，口感酸味浓厚为上品。也可对青贮料品质进行化学鉴定。化学鉴定指标包括甘薯渣料的酸碱度、各种有机酸的含量、营养物质的含量等，其中以测定 pH 和乳酸含量最为常用。一般 pH 大于 5.0、乳酸含量小于 7.0%为劣质料。青贮甘薯粉渣料质量的优劣与青贮窖建造及甘薯粉渣脱水、装填、封闭、管护有直接关系，制作过程中任一环节处理不当都能造成甘薯粉渣青贮失败。此外，实际生产上也有与玉米、糠麸、青草等混合青贮，并按照所用原料的水分含量计算适合青贮的混合比例。青贮所用的甘薯渣必须是 1～2 天内加工的无污染新鲜甘薯渣，随运随贮。在青贮时，添加适量尿素或氯化铵、磷酸二氢钾、食盐、酵母菌和乳酸菌等，可提高其蛋白质含量和青贮品质。Peters 将甘薯及甘薯渣与米糠、木薯叶粉及鸡粪等进行混合青贮，不仅降低了胰蛋白酶的抑制作用，而且能够贮藏长达 5 个月。郑明利等研究了不同乳酸菌接种剂对甘薯饮料渣青贮品质的影响，得出添加乳酸菌接种剂能进一步提高甘薯饮料渣的青贮品质，并且乳酸菌接种剂中乳酸菌种类多样性越丰富效果越明显的结论。夏宇研究了不同吸收剂和发酵液对甘薯渣青贮饲料发酵品质的影响，结果显示随着青贮时间的延长，甘薯淀粉渣的 pH 呈下降趋势，而氨态氮/总氮的比值、乳酸含量呈上升趋势。甘薯淀粉渣中添加绿汁发酵液可显著提高青贮料中的乳酸含量，并可降低 pH 和氨态氮含量，发酵品质得到一定程度的改善。添加吸收剂或吸收剂＋发酵液后，甘薯渣青贮料的乳酸、氨态氮、DM 及 CP 等指标均得到显著改善。综合 V-Score 评分和感官评分，并考虑有氧稳定性及其他指标以小麦秸秆＋发酵液处理组和麸皮＋发酵液处理组为最佳。

四、甘薯渣养牛

甘薯一般秋天开始收获，然后在秋冬季进行加工，而这一段时间正是牛的青饲料相对匮乏的时期。因此，特别是南方盛产甘薯的地方，多有用鲜甘薯渣喂牛。陈宇光发现，奶牛饲粮中添加甘薯渣 5 千克代替苜蓿干草对奶牛产奶量和乳成分无影响，甘薯渣可以部分替代苜蓿干草，从而降低奶牛生产成本。王硕证明甘薯酒精渣可替代部分玉米酒精糟（DDGS）作肉牛全价饲料的组成部分，用量宜控制在 10％以内，其饲养成本可降低 5％。对于发酵甘薯渣应用于牛的饲养上的报道还比较少。由此可见，发酵甘薯渣在养牛业上具有很大的应用潜力。

李剑楠（2014）的研究显示对甘薯渣进行青贮可有效降低甘薯渣干物质和淀粉的瘤胃降解率，并提高其过瘤胃淀粉量。可见，对鲜甘薯渣进行青贮，对缓解牛的瘤胃酸中毒及提高牛的生产性能具有重要意义。此外，李剑楠通过组合效应研究显示甘薯渣青贮更适于和玉米秸秆青贮搭配饲喂动物，其最适组合比例为 25∶75。

五、小结

目前，利用甘薯渣等食品工业副产品发酵生产微生物蛋白质饲料将成为一种趋势。微生物发酵甘薯渣不仅能将廉价物质作为培养基生产的有益物质，而且能解决大众关注的淀粉加工厂因排放甘薯渣带来的环境污染问题，降低饲料成本，提高养殖业经济效益。

第三节　苹　果　渣

一、概述

我国是世界上苹果种植面积最大，也是总产量最高的国家。苹果产量约占世界总产量的 55％。2015 年中国苹果种植总面积在 3500×10^4 亩左右，我国共有

25 个省（自治区、直辖市）生产苹果，主要集中在渤海湾、西北黄土高原两大产区。两大产区栽培面积分别占全国总面积的 38.8%和 42.2%，产量分别占全国总产量的 43.4%和 35.4%（齐林艳，2016）。苹果主要以鲜食的形式进行消费，约占总产量的 70%。25%的苹果用于深加工，产品主要有果汁、果酒、果酱和罐头。在国际贸易中，苹果浓缩汁因具有糖度高、体积小、质量轻、贮运方便等优点而备受欢迎。同时每生产 1 吨苹果浓缩汁需要 8 吨左右的苹果原料，可以消化大量的苹果原料，因此浓缩汁的生产是我国苹果深加工的主要方向。目前，我国已经形成山东的胶东半岛、陕西的中部地区以及河南的三门峡地区3 个主要苹果浓缩汁产区。现有加工能力 20 吨/时规模以上的苹果浓缩汁企业近 100 家，集中分布在北方苹果产区，并且以山东、陕西、河南、山西、甘肃和辽宁为主，其中山东、陕西是苹果浓缩汁的两大优势产区。在苹果加工特别是苹果浓缩汁加工过程中会产生大量的苹果渣。据调查，每生产 1 吨苹果浓缩汁就会产生 0.8 吨湿苹果渣废料。目前我国苹果浓缩汁产业年产苹果渣已达 120×10^4 吨，每年除有约 1/3 被用于肥料、饲料外，其他大部分被废弃掉。这些废料含水量大、酸度高、腐败变质快，缺乏较好的处理办法，造成大量的浪费，对环境也造成严重污染（东莎莎，2017）。国外发达国家苹果加工后消费的比例较大，如美国为 45%，日本为 25%，而我国仅 5%（农业部，2000），加工潜力巨大。每加工 1000 千克鲜苹果可产 200～300 千克鲜果渣，可获 60～80 千克干果渣。据此推算，我国年产苹果渣约达 300×10^4 吨，可制干粉 70×10^4 吨，约相当于增加 50×10^4 吨玉米粉的饲料原料（1.5～1.7 千克苹果渣粉＝1 千克玉米渣粉营养价值），值得开发利用。

二、营养成分及饲用价值

苹果渣（图 4-4）中果皮果肉占 96.2%，果籽占 3.1%，果梗占 0.7%。苹果渣含有可溶性糖、维生素、矿物质、纤维素等多种营养物质，是良好的多汁饲料资源。李彩凤等以秦冠苹果加工所产果渣为主，混有少量的富士、红星、元帅等品种苹果渣为样品检测的营养成分见表 4-1，而王晋杰等检测结果见表 4-2。可见，苹果渣的粗脂肪和无氮浸出物含量较高，其中粗脂肪、能值比小麦麸高；赖氨酸、蛋氨酸、精氨酸含量均高于玉米粉。另外，苹果渣中矿物质含量也较高，其中干果渣的铁含量是玉米的 4.9 倍。苹果干渣（表 4-2）的代谢能值（牛）接近于玉米和麸皮，湿渣和青贮的代谢能值接近于玉米青贮。通常1.5～1.7千克苹果渣粉相当于1千克玉米粉的营养价值（杨福有等，2000）；粗纤维与啤酒糟、酒精糟类接近，粗纤维中除了少量果籽壳、果梗为木质素成分外，果肉、果皮多为半纤维素和纤维素。苹果渣还含有丰富的维生素和果酸，果胶、果糖有利于微生物的直接吸收和利用，因此宜作反刍家畜和生长猪、育肥猪的饲料。二次渣是在一次挤压后的渣皮中再加水或助溶液进行果渣溶洗，进行二次压榨，达到获取更多的果汁及营养的作用。作为饲料利用，一次渣比二次渣可溶性糖、维生素、氨基酸相对较多，质量要好。

图4-4 苹果渣

苹果含单宁0.025%～0.27%、果胶1%～1.8%。因此，苹果渣中也含有残留的单宁、果胶等抗营养因子，一般对幼畜和家禽消化有不良影响，故不宜大量饲喂。鲜果渣在饲用或加工前如果能用生石灰处理，可降低其副作用。果胶是多糖类物质，一般单胃动物难以消化，但可与钙形成果胶酸钙而变脆失去黏性。此外，果渣中含有天然的果胶酶，只要鲜果渣堆放一段时间其含有的果胶可被分解为半乳糖醛酸失去黏着力而易被动物消化吸收。鲜果渣或青贮苹果渣酸性较大（pH为3～4），一般情况下猪拒食，牛、羊饲喂4～6天后也拒食。因此，建议鲜渣饲喂时要加适量的生石灰或碱性物质将pH调到6～7为宜。对猪、牛、羊大量饲喂时还应注意补充钙、磷和蛋白质饲料以达到营养平衡，从而提高畜禽生产性能。

表 4-1　苹果渣营养成分

一般营养成分	含量/%	微量元素	含量/(毫克/千克)	氨基酸	含量/%		氨基酸	含量/%	
					一次渣	二次渣		一次渣	二次渣
干物质	90.7	铜	11.8	天冬氨酸	0.53	0.49	丝氨酸	0.24	0.22
粗蛋白质	5.6	铁	158	谷氨酸	0.74	0.58	脯氨酸	0.22	0.21
粗脂肪	6.2	锌	15.4	甘氨酸	0.27	0.24	丙氨酸	0.24	0.23
粗纤维	15.34	锰	14.0	赖氨酸	0.27	0.22	蛋氨酸	0.04	0.05
粗灰分	2.04	镁	670	精氨酸	0.29	0.21	苏氨酸	0.24	0.22
钙	0.059	硒	0.075	异亮氨酸	0.28	0.27	缬氨酸	0.28	0.28
总磷	0.05	钾	7500	亮氨酸	0.42	0.41	酪氨酸	0.13	0.13
		钠	230	苯丙氨酸	0.22	0.23	组氨酸	0.14	0.14
				胱氨酸	未检出	未检出			

注：数据来源于李彩凤和杨福有（2001）。

表 4-2　不同苹果渣的营养成分和营养价值

类别	干物质/%	粗蛋白质/%	粗纤维/%	粗脂肪/%	无氮浸出物/%	粗灰分/%	钙/%	磷/%	消化能/(兆焦/千克)	代谢能/(兆焦/千克)
湿渣	20.2	1.1	3.4	1.2	13.7	0.8	0.02	0.02	2.814	2.310
干渣	89.0	4.4	14.8	4.8	62.8	2.3	0.11	0.10	14.424	9.366
青贮	21.4	1.7	4.4	1.3	12.9	1.1	0.02	0.02	2.94	2.394

注：数据来源于王晋杰等（2000）。

三、加工处理

由于鲜苹果渣的水分高、酸度大，鲜喂时在饲粮中的比例不宜大，且不易贮存。与此同时，果渣的生产有明显的季节性，要充分利用果渣的饲料资源，单靠喂鲜渣对其利用很有限。因而，还必须进行加工处理。常见的加工方式主要有：青贮、干燥和发酵等方式。

1. 青贮

苹果渣的青贮方法和其他饲料青贮一样，但由于其含水分高，单独青贮要减少其水分。也可与玉米（带棒和不带棒的）、野青草、糠麸和铡短的干草混合青贮，其比例按所用原料的水分含量将其计算为适合青贮为宜。单一青贮采用新鲜榨出 2 天内含水量在 65%～75%的果渣装窖密封。新鲜苹果渣一般含水量在 90%以上，不能直接装填，需调低水分含量，通常采用混合青贮。混合青贮以与禾本科草类、青玉米秸、小麦秸、甘薯蔓等搭配最好，混合比 1∶1∶2∶5，降低含水量。青贮时需剔除异物和腐败变质原料，并加入食碱、尿素、氨水等进行碱化处理。在青贮时，如能添加适量的尿素和专门用于青贮的微生态制剂，则可提高粗蛋白质的含量和青贮的品质。为抑制不良发酵，每吨鲜渣可添加85%甲醛2～4千克。装填前，在窖底铺一层生石灰，灰上再铺一层垫草。然后将经过处理后的苹果渣逐层铺平，每铺20～30厘米即踏实。封埋窖口时，要求不透气、不渗水，料中不能混入泥土等杂质。因此，先在原料上盖一层塑料薄膜，之后再压上15～20厘米厚的湿麦秸或湿稻草，草上再压30～50厘米厚的土。土层表面要压实拍平，窖顶隆起形成一个馒头形，以利排水。青贮果渣饲料经过45天左右的密闭发酵，即可开窖饲喂。优质的苹果渣青贮饲料应具备酸香味，呈现出绿色或黄绿色，质地紧密，层次分明，可供牛、羊等家畜饲用。青贮苹果渣饲料制作简单，投入少，费用较低，占用空间小，单位体积青贮量大，容易保存，适合在农户及养殖场配套使用。杨福有等（2006）提出关于青贮苹果渣饲料的调制技术标准、青贮苹果渣饲料质量标准和苹果渣饲料质量标准，可参照这些标准进行调制使用。

2. 干燥

苹果渣经干燥后，根据需要可粉碎制成干粉，还可进一步进行膨化处理。不仅适口性好、容易贮存、便于包装和远程运输，而且还可作为各种饲料原料。其加工工艺流程为：鲜苹果渣→品质检验→碱中和处理→机械破碎→干燥处理→粉碎过筛→成品包装。加工所用的湿果渣，必须新鲜纯净。如果堆放时间过久，便会自然发酵，产生大量有机酸，会降低其营养价值和适口性，气温高时，还会腐烂变质。加工前对原料进行品质检验，弃去异物和腐烂变质原料。对合格原料进行碱中和处理，如有较大的果渣块采用机械破碎。干燥可用太阳晒自然干燥和人工干燥，自然干燥要有连续几天的晴天方能晒干。使水分保持在10%左右，每10吨湿果渣能干燥为2吨左右。再用饲料粉碎机粉碎。根据饲喂畜禽种类选择不同的目筛过筛，则成为饲用苹果渣干粉。自然干燥不需要特殊设备，只要有个晾晒的水泥地面或砖地面场地就行，因而投资少、成本低，但必须有连续几天的好阳光，在晾晒中碰上阴雨天容易引起发霉变质。人工干燥需要有机械设备并要消耗能源，成本高，但干燥效果好、质量高、营养素损失少，不受天气影响。因而，对其干燥要因地制宜，也可将二者结合起来进行，即先利用好天气将其自然晾晒，让水分减少到一定程度时，再用人工干燥，这样会降低成本。另外，也可以通过制粒的方式，加工苹果渣颗粒饲料（图4-5），适合于反刍动物的饲喂。

图 4-5 苹果渣颗粒饲料

将鲜苹果渣在生产旺季先青贮起来，到来年 6、7、8 月份利用夏季高温再将青贮好的果渣晾晒干燥，这时自然干燥只需 2～3 天，晚间不用收堆，省劳力，省时间，干燥的效果也好，质量高。这样，既解决了果汁厂鲜果渣处理的难题，也为果汁厂夏天淡季劳力的安排找到了出路。与此同时，也解决了鲜果渣难于贮存和向远方运输的矛盾，为果汁厂增加了经济效益。这样的果汁厂，既是果汁的生产厂，也是青贮、干燥果渣的饲料原料生产厂。

3. 发酵

将果渣接种益生菌进行生物发酵处理，获得含有活菌、死菌和酵母代谢物的发酵苹果渣，从而改变果渣的性质。发酵果渣由于在发酵过程中使用了微生物和非蛋白质原料，其粗蛋白质的含量明显增加，脂肪、钙、磷的含量也都有所提高。同时果渣经微生物发酵后，其酸度、益生菌、还原糖等结构性物质都发生了变化，增加了动物的适口性。此外，发酵苹果所含有的微生态调节剂等活性因子对提高动物的生产性能和免疫机能均有很好的作用。苹果渣发酵的一般工艺为：苹果废渣前处理→灭菌→接种有益菌→发酵→烘干→粉碎→成品（调整 pH）。

苹果渣经发酵后得到的蛋白饲料，无毒、无害、无污染、无生长激素，蛋白质含量高，氨基酸组成齐全，还含有丰富的维生素和一些活性物质，并且生产速度快，原料来源广泛，生产过程较易控制。

近年来，国内外的研究人员在苹果渣发酵蛋白饲料方面做了大量的工作：李志西等发现发酵苹果渣中的主要微生物是酵母菌、醋酸菌和乳酸菌（表 4-3）；发酵苹果渣中的有机酸主要是醋酸（表 4-4）。

表 4-3 苹果渣微生物区系分析结果 单位：个/克

果渣	霉菌	放线菌	酵母菌	细菌	
				耐酸性细菌	厌氧性细菌
鲜果渣	1.2×10^2	极少数	6.4×10^2	2.5×10^4	6.5×10^3
发酵果渣	未检出	未检出	4.8×10^5	1.8×10^8	1.8×10^5

注：数据来源于李志西等（2002）。

表 4-4 发酵苹果渣有机酸组成

有机酸	含量/(克/千克)	相对量/%
醋酸	13.83	45.840
乳酸	13.50	44.746
草酸	0.71	2.353
酒石酸	0.71	2.353
苹果酸	1.01	3.348
柠檬酸	0.03	0.099
琥珀酸	0.38	1.260
合计	30.17	100.00

注：数据来源于李志西等（2002）。

张玉臻等通过双层平板法从苹果渣中分离出了酵母菌，研究了该株酵母菌在不同发酵温度、培养基 pH、氮源以及培养基含水量对菌体蛋白成分的影响，认为最适培养温度为 35℃，适于生长的 pH 为 6.0～6.5，尿素是较理想的氮源培养基，水分为 55%左右适于酵母菌生长。籍保平等认为苹果渣发酵适合的培养基是麸皮、豆饼、菜籽饼、棉籽饼、啤酒糟等配合，尿酸和硫酸铵作为无机氮源的添加量为尿酸 1.5%、硫酸铵 2.0%，用于发酵生产的优良菌种组合为白地霉+康宁木霉和白地霉+米根霉，发酵产物的粗蛋白质含量由 20.10%提高到 29.30%，提高了 45.77%。徐抗震等利用激光诱变混菌发酵苹果渣生产饲料蛋白，适宜发酵温度 30～34℃，接种比 4∶1，接种量 10%。所发酵苹果渣产物中粗蛋白质和真蛋白质量分数分别从 16.28%、10.02%提高到 29.08%和 26.63%，而粗纤维素则由 16.68%降低到 10.32%。贺克勇等利用黑曲霉与酵母菌发酵提高发酵产物蛋白质含量。接菌处理的粗蛋白质和纯蛋白含量分别为 50.0～65.0 克/千克和 33.5～54.4 克/千克，较对照（未接菌）43.4 克/千克和 31.7 克/千克分别提高了 15.2%～49.8%和 5.7%～71.6%，加入无机氮硫酸铵后效果更佳，接菌发酵产物中纯蛋白含量为 41.2～98.7 克/千克，较无菌对照提高了 17.4%～181.2%。

四、苹果渣养牛

苹果渣具有较高的营养价值，总能值比小麦麸高，粗蛋白质含量比甘薯干高；Ca、P、微量元素和氨基酸含量与甘薯干较为接近；粗纤维与啤酒糟、酒精糟类接近。粗纤维中除了少量的果壳、果梗为木质素成分外，果肉、果皮多为半纤维素和纤维素，苹果渣还含有丰富的维生素和果酸，有利于微生物的直接吸收和利用，因此十分适合反刍动物饲用。而且苹果渣属于中能量低蛋白质粗饲料，渣皮中重金属、农药残留量在饲料卫生标准和食品卫生标准范围之内，因此苹果渣作为饲料是安全可靠的。

大量研究表明，在奶牛饲粮中添加鲜苹果渣，可以促进奶牛食欲，提高奶牛的采食量和饲料消化率。Bae 在奶牛饲粮中添加 39%的新鲜苹果渣，发现牛奶乳蛋白质含量有所增加，且奶牛体重增加。陈金雄用鲜苹果渣替代奶牛精料中25%的麸皮，乳牛采食量无异常变化，但对提高泌乳牛的产乳量、饲料报酬及经济效益等效果明显。胡昌军用鲜苹果渣代替等量青贮玉米秸饲喂奶牛，结果发现试验组奶牛日平均产奶量比对照组提高 10.53%，且试验组奶料比也显著高于对照组。

鲜苹果渣除直接饲喂外，还可经人工干燥或晾晒后粉碎制成干粉。干苹果渣味甘酸，可掩盖其他不良饲料风味，从而提高饲料适口性。孙攀峰等（2010）研究表明，与不添加干苹果渣的对照组相比，添加干苹果渣 3 千克/(头・天）组、6 千克/(头・天）组奶牛产奶量每头分别提高 3.13 千克/(头・天)、2.21 千克/(头・天)，增产效果显著。两试验组乳糖含量均显著高于对照组，其他乳成分差异不显著，提示干苹果渣有提高奶牛产奶量及改善乳品质的作用，且以添加3 千克/(头・天)干苹果渣较为适宜。

新鲜苹果渣经青贮放置后，酸度明显增加，气味酸香，适口性好，不仅能提高牛、羊等采食量，而且还对瘤胃酸性环境也起到调节作用，有利于瘤胃微生物对纤维素和半纤维素的分解吸收，改善瘤胃内菌群成分，从而提高了牛的生产性能。陈喜英等用苹果渣青贮饲料代替 40%的青贮玉米秸秆饲喂奶牛，可提高奶牛的采食量和产奶量。李旭辉等用青贮苹果渣饲喂荷斯坦奶牛，结果显示青贮苹果渣对增加产奶量有一定的效果，但产奶量差异均不显著，且每天饲喂 2 千克较 5 千克效果好。这可能与青贮果渣的品质有关。苹果渣与稻草或玉米秸秆混合青贮后营养价值提高，饲喂奶牛效果更佳。石传林等（2001）将鲜苹果渣与玉米秸秆按1∶3比例混贮，用该混贮饲料代替青贮玉米秸秆饲喂泌乳奶牛，饲喂结果表明混贮饲料适口性好，能显著提高产奶量，混贮组的泌乳牛产奶量比青贮玉米秆组提高8.8%。

在发酵苹果渣过程中使用微生物和非蛋白质原料，可使其粗蛋白质的含量明显增加，脂肪、钙、磷的含量也都有所提高，同时苹果渣经微生物发酵后，其酸度、益生菌、还原糖等结构性物质都发生了变化，增加了动物的适口性。刘树民等研究显示，发酵苹果渣和干苹果渣都有提高奶牛产奶量及改善乳品质的作用，且发酵苹果渣的效果更好。曹珉用苹果渣经微生物发酵，制成生物活性颗粒饲料，饲喂试验结果表明，用该产品替代甜菜籽粕，奶牛日产奶量增加1.89千克；乳脂率、乳蛋白率和乳总固体均有改善。秦蓉用康氏木霉、白地霉和热带假丝酵母发酵的苹果渣替代奶牛饲粮中的全部精料，发酵产物可使奶牛每头每天平均增奶最高达到3.5千克，奶品乳脂率和乳蛋白率上升，且奶牛体细胞数和乳腺炎发病率下降，对奶牛健康状况有较好的促进作用。

可见，苹果渣不仅价格低廉，且来源广泛，若处理得当，可以在牛饲料上获得广泛应用。但是对苹果渣的加工处理方式还不够完善，不同加工产品和不同饲喂方式的最佳饲喂量等问题还有待解决。因此，为了提高苹果渣的开发利用率，还需要改进其加工方式，进一步探索最佳饲喂量，以期为合理利用苹果渣奠定基础。

第四节 番 茄 渣

一、概述

我国是世界上最大的番茄及番茄制品生产国，番茄种植主要分布在新疆、内蒙古和甘肃。2009年我国加工番茄产量达856×10^4吨，占全世界的20.5%，据估计年产番茄渣约30×10^4吨，资源十分丰富。但由于番茄皮渣生产季节性强，时间集中，贮藏和加工利用技术方面还不成熟，致使大量皮渣未能进行有效利用或只作为肥料施入土壤，这样不但经济效益差，还造成资源的巨大浪费，而且带来严重的环境污染（桑断疾等，2012）。因此，合理有效地开发和利用番茄渣饲料资源，是当前研究的一个热点，并取得了很大的成就。研究表明，番茄渣用作饲料可行，且效果良好。

二、营养成分及饲用价值

番茄渣是生产番茄酱（汁）后的废弃物，约占鲜番茄质量的4%，主要由番茄皮（42%～45%）、籽（55%）和其他组分（不到3%）组成。番茄渣营养价值虽然因番茄产地、季节、成熟度、贮藏加工方式不同，理化指标差异很大，但总体看来，营养十分丰富。番茄皮和番茄籽中都含有较多的蛋白质，番茄皮中还含有较多的膳食纤维，番茄籽中含有较多的油脂（表4-5）。

表4-5 番茄渣一般营养成分的含量（干物质基础） 单位：%

原料	粗蛋白质	粗脂肪	粗纤维	总糖	粗灰分
番茄皮	9.61	2.90	77.54	6.72	3.23
番茄籽	20.29	24.98	27.03	21.31	6.39

注：数据来源于孙庆杰等（2000）。

兰芳等（2009）对番茄渣与苜蓿干粉营养成分进行比较分析：番茄渣干物质中粗蛋白质、粗纤维、粗脂肪含量较高，其中含粗纤维34.3%、粗脂肪24.5%、钙0.28%、磷0.10%；苜蓿干草粉含粗纤维14.3%～18.5%、粗脂肪1.6%～3.0%、钙1.46%～2.08%、磷0.19%～0.25%。番茄酱渣适口性强，特别适合制成青饲料，并可常年饲用，是一种很好的饲料资源。

番茄渣的氨基酸比较平衡（表4-6）。刘达玉等研究表明，番茄籽中赖氨酸含量明显高于谷类饲料。因此，番茄籽可考虑作为谷物饲料中赖氨酸第一限制性氨基酸强化的蛋白源。番茄果皮蛋白氨基酸组成比例与种子蛋白类似，但甘氨酸和缬氨酸比例较高。番茄渣果皮和种子脱脂后氨基酸含量见表4-7。

表4-6 番茄渣氨基酸含量 单位：%

项目	含量	项目	含量
赖氨酸	1.60	缬氨酸	1.00
色氨酸	0.20	亮氨酸	1.09
蛋氨酸	0.10	精氨酸	1.20
胱氨酸	0.04	甘氨酸	0.87
苏氨酸	0.70	异亮氨酸	0.70
组氨酸	0.40	苯丙氨酸	0.85

注：数据来源于兰芳等（2009）。

表 4-7　番茄渣果皮和种子脱脂后氨基酸含量　　单位：克/100 克

氨基酸 AA	果皮	种子	氨基酸 AA	果皮	种子
天冬氨酸	0.81	2.92	苏氨酸	0.32	1.16
丝氨酸	0.47	1.56	谷氨酸	1.17	5.43
甘氨酸	0.56	1.26	丙氨酸	0.35	1.18
缬氨酸	0.56	1.21	蛋氨酸	0.09	0.30
异亮氨酸	0.28	0.96	亮氨酸	0.47	1.61
赖氨酸	0.54	1.88	组氨酸	0.11	0.66
精氨酸	0.35	2.15	脯氨酸	0.46	1.58
酪氨酸	0.61	0.96	苯丙氨酸	0.30	1.18

注：数据来源于孙庆杰等（2000）。

番茄果肉总膳食纤维为 33%～34%，番茄皮总膳食纤维为 85%～87%，是饲喂反刍家畜的优质粗饲料原料。番茄籽中含有较多的油脂，高于油料作物大豆、棉籽等。王爱霞等（2006）报道番茄籽油中含有亚油酸 49.27%、油酸 25.85%、软脂酸 16.04%、硬脂酸 5.71%，其中不饱和脂肪酸总量达 77.65%。番茄渣还含有丰富的矿物元素，番茄种子与果皮中含有较多的钙、镁、磷、钾、钠，其钙（种子 247 毫克/100 克；果皮 336 毫克/100 克）含量比谷类食物（稻米 10 毫克/100 克；大麦 72 毫克/100 克；小麦粉 38 毫克/100 克；玉米面 34 毫克/100 克）高出许多（张书信等，2011）。

番茄皮渣中除含有较丰富粗蛋白质、粗纤维、粗脂肪、矿物质等营养物质外，还含有一种天然色素——番茄红素。番茄红素是一种类胡萝卜素，其结晶和溶液呈紫红色，习惯上被认为是一种色素，因最早发现于番茄中而得名。新疆巴州地区的番茄皮渣中番茄红素含量可达到 0.4 毫克/克。番茄红素具有抗氧化、消炎、调节免疫等功能，可提高畜禽的抗病、抗应激能力。

番茄渣的丰富营养价值为其作为优质的饲料原料奠定了可靠的基础。

三、加工处理

1. 烘干

因番茄生产季节性强，导致生产集中，要充分挖掘利用这些资源，必须集中人力物力，采用边收集、边托运、边晒制、边贮存的办法，然后根据需求来合理地加工利用。目前有 3 种干燥办法：①自然干燥法；②大棚晒干法；③机械烘干法。

2. 青贮

因新鲜番茄渣中水和可溶性糖含量高，若不进行适当处理，不宜长期存放。生产实践中常青贮后饲用。番茄渣的青贮与玉米青贮相似，但因番茄渣含水量高，自然流动性强，只能窖贮或池贮，不能地上堆贮。番茄渣自身含有机酸，pH 为 4.3～5.2，在酸性环境下乳酸菌大量繁殖，植物细胞呼吸受到抑制。5～15天后，植物细胞代谢受到抑制，植物营养消耗减少，保持了原有的营养成分。窖贮中密闭环境是减少番茄渣营养损失的关键。番茄渣窖贮至第 20～30 天时，pH 为 4.1～4.5，番茄渣营养物质处于稳定的状态。番茄渣青贮工序包括原料收集、压实和密封。青贮前，先在窖底铺 30 厘米厚的稻草或玉米秸秆，一般自重即可排掉空气，不用特意压实。番茄渣水分控制在 60%～70%，当原料高出窖沿 50～60 厘米时，覆盖塑料，密封窖贮。也可添加乳酸菌或玉米粉等改善青贮质量，还可与新鲜玉米秸或苜蓿以一定比例混合后制成混合青贮。总之，番茄渣青贮工艺难度小、易操作、投资少，且品质有保证。

于苏甫·热西提（2009）以不同混合比例及发酵时间研究了番茄渣分别与芦苇、玉米秸、苜蓿干草混贮效果的影响。将番茄渣分别与芦苇、苜蓿和玉米秸按不同比例调制成水分含量为 40%、50%、60% 和 70% 的四组进行发酵，在 30 天、45 天、60 天开瓶取样进行发酵品质和营养成分分析，用尼龙袋法对青贮饲料进行了绵羊瘤胃消化率的测定，筛选出最佳混合比例及发酵时间的青贮。结果显示，混合比例不同、发酵时间不同对混合青贮的品质均有较为明显的影响。具体地讲，在感官评定中，发酵 60 天的青贮料与分别发酵 30 天和 45 天的青贮料相比其质地保持较差；混合比例按照 60∶40 和 70∶30 的感官明显优于比例为 45∶55 和 85∶15 的感官。随发酵时间的延长 pH 出现逐步降低的趋势。氨态氮（NH_3-N）含量是发酵 0 天＜45 天＜30 天＜60 天；混合比例 45∶55 和 70∶30 的优于 60∶40 和 85∶15。粗蛋白质和酸性洗涤纤维含量随发酵时间延长而增高，到发酵 60 天时粗蛋白质含量开始下降，同时中性洗涤纤维含量也逐渐下降。随着混合比例的增加，粗蛋白质含量逐渐增高，中性洗涤纤维含量依次下降，混合比例 60∶40 和 70∶30 的优于 45∶55 和 85∶15。王慧媛等（2015）对番茄渣和全株玉米不同混合比例混贮效果的研究结果显示，(3∶7)～(6∶4) 比例混合的番茄渣与全株玉米青贮混贮产物感官评价较好，乳酸基本呈现出随番茄渣与全株玉米青贮混贮比例升高而降低的趋势；乙酸、丙酸和丁酸的含量都表现为波动性，并无明显规律；随番茄渣与全株玉米青贮混贮比例加大，发酵产物粗蛋白质、有机物质含量及酸性洗涤纤维的含量也相应增加。综合各因素考虑，在试验条件下，番茄渣与全株玉米青贮按 3∶7 效果较好。

马燕芬等（2013）对番茄渣单贮和混贮品质进行评定。试验主要对番茄渣、番茄渣与梨渣（50∶50）、番茄渣与玉米秸秆（60∶40）、番茄渣与小麦秸秆（90∶10）进行为期 45～90 天的青贮，并分别于青贮后 45 天、60 天、90 天开窖对番茄渣单贮和混贮进行感官特性和发酵指标进行评定。番茄渣单贮和混贮在贮后 45 天以后即可开窖饲喂，且以试验番茄渣与梨渣 50∶50 的青贮质量最为优等，其后的质量排序为番茄渣单贮＞番茄渣与玉米秸秆（60∶40）＞番茄渣与小麦秸秆（90∶10），青贮质量为良好。番茄渣可以通过单贮或混贮的方式达到长期保存的目的。

可见，青贮可改善番茄渣营养价值（表 4-8），青贮后粗蛋白质含量和能值有所提高，中性洗涤纤维和酸性洗涤纤维含量有所下降。

表 4-8 番茄干渣与番茄渣青贮营养成分比较

类别	粗蛋白质/%	粗脂肪/%	中性洗涤纤维/%	酸性洗涤纤维/%	总能/(千焦/克)	钙/%	磷/%
干燥番茄渣	14.89	44.85	49.32	51.67	24.35	0.54	0.41
青贮番茄渣	16.16	46.49	45.83	48.99	25.41	0.53	0.47

注：数据来源于陈亮等（2013）。

3. 发酵

番茄渣经过发酵可以延长其保存期，提高其营养价值，并且随用随取，也可以和其他饲料原料配合制作反刍动物的全混合日粮（TMR）饲料（图 4-6）。赵清等（2008）为提高番茄红素的发酵水平，用丝状真菌三孢布拉霉筛选了最优的发酵培养基配方和在发酵过程中进行优化补加其所需的营养物质，得到了一个稳定的配方：玉米淀粉 4%，葡萄糖 2.0%，黄豆饼粉 1%，大豆分离蛋白 3%，玉米浆 2%，磷酸二氢钾 0.1%，硫酸镁 0.02%，维生素 B_1 0.5%，油 5%，二丁基羟基甲苯（BHT）0.05%，pH 为 7.2 并对发酵过程补料进行了优化。补料工艺如下：48 小时补加葡萄糖 1.0%，硫酸铵 1.0%，磷酸二氢钾 0.1%。番茄红素发酵水平达到 2.4 克/升。巩莉研究显示，在只添加热带假丝酵母的情况下可得到较高蛋白质含量的发酵产品，选择麸皮添加量为 15%既可有效地进行发酵又确保了以番茄废渣为主要原料，所以发酵原料即为 15%麸皮和番茄废渣。最佳菌种配比为：绿色木霉∶黑曲霉＝1∶2，发酵 48 小时后添加热带假丝酵母，再发酵 4 天收取发酵产品。绿色木霉∶黑曲霉∶热带假丝酵母＝1∶2∶6 是较好的发酵组合。此时发酵产品干物质中蛋白质含量高达 35.00%，符合蛋白饲料的要求。

图 4-6　发酵番茄渣

4. 番茄渣养牛

朱文涛（2007）研究发现，饲粮中添喂 6%鲜番茄皮籽对奶牛干物质采食量和产奶量有提高作用，奶牛乳尿素氮和血液尿素氮均处于正常生理指标范围，而添加 12%鲜番茄渣则会降低奶牛干物质采食量和产奶量；奶牛饲粮添加 10%和 20%干燥番茄皮籽可提高奶牛产奶量、干物质采食量，提高乳成分中乳脂率，初步确定了番茄皮籽在奶牛饲粮中可添加的比例为 2 千克/(头・天)。曹秀月研究显示，添加番茄渣后，泌乳期奶牛饲粮中干物质采食量无明显变化；在奶牛饲粮中添加番茄渣对奶牛产奶量有显著影响，试验组比对照组日产奶量提高了 1.55 千克，增加幅度为 7%；添加番茄渣对乳成分影响不大。建议在番茄主要生产区奶牛饲粮中添加 5%～6%的番茄渣，从而提高奶牛生产的经济效益。刘敏研究添加番茄渣单贮和混贮对奶牛生产性能和经济效益的影响，结果显示，番茄渣经过单贮和混贮（梨渣、玉米秸秆、小麦秸秆混贮）后用于奶牛饲粮中替代部分全株玉米青贮，可有效地降低玉米青贮的使用量，降低生产成本，提高乳蛋白率、乳脂率和奶牛产奶量，增加农牧民养殖效益。在陈亮等（2013）试验中在粗饲料中添加 10%～20%的番茄渣青贮，可有效地提高育肥牛的日增重，降低成本，且添加 14%、20%番茄渣青贮肉牛增重效果和经济效益均好于添加 10%番茄渣青贮育肥的肉牛，但番茄渣的添加量不宜超过 20%，因番茄渣青贮水分较高（含水量约 70%），易造成育肥牛的干物质摄入不足。赵芸君等（2012）研究显示，与对照组相比，添喂番茄渣发酵饲料可显著提高奶牛干物质采食量、4%校正乳产量，分别提高 5.12%与 5.38%。乳产量、饲料转化率、乳脂率、乳蛋白、乳糖、总固体固形物在数值上高于对照组。乳中体细胞数低于对照组，且有提高外周血红细胞数的趋势。

第五节　甘蔗梢和甘蔗渣

一、甘蔗梢和甘蔗渣资源概况

甘蔗是禾本科甘蔗属植物，一年生或多年生宿根热带和亚热带草本植物，甘蔗生物产量高（图 4-7）。我国是世界上生产甘蔗的主要国家之一，甘蔗的分布区域广，主要分布于广西、广东、福建、四川、贵州、云南、浙江、江西等南方省区，甘蔗种植面积大、产量高。根据 2015 年中国统计年鉴统计结果显示，2014 年我国甘蔗总产量近 12.5 亿吨。甘蔗副产物主要是甘蔗梢（俗称甘蔗尾）、甘蔗渣、甘蔗叶、滤泥、糖蜜、酒精废液等。

图 4-7　甘蔗

甘蔗梢是收获甘蔗时砍下顶上 2～3 个嫩节和青绿色叶片的统称（图 4-8），重量约为蔗重的 10%，亩产 800～1000 千克，是甘蔗的主要副产品，具有产量大、产地集中、易于收购等特点。多年来，全国甘蔗梢的利用率不到五分之一，

80%以上的甘蔗梢被烧掉，既污染了环境，又浪费了可利用资源。甘蔗梢含糖量高、纤维鲜嫩且含有丰富的蛋白质、氨基酸和维生素等，可作为粗饲料应用在反刍动物生产上，从而解决和提高甘蔗梢的利用效率。

图 4-8　甘蔗梢

甘蔗渣是蔗糖厂制糖时所产生的副产品（图 4-9，图 4-10）。据统计，我国甘蔗渣的年产量达到 3433×10^4 吨（瞿明仁，2013）。甘蔗渣碳元素含量高、产量大、价格低廉，随着人们环保意识的不断增强，甘蔗渣被用来开发制备生物质活性炭，以达到节能减排和循环经济的目标（莫柳珍等，2015）。甘蔗渣在畜牧业应用方面，则被开发成饲料资源。甘蔗渣虽然是一种很有利用价值的饲料资源，但因其自身的特点和技术上存在的问题，使甘蔗渣在饲料中的直接应用受到了限制。大部分的甘蔗渣被焚烧处理。

图 4-9　甘蔗渣（一）

图 4-10　甘蔗渣（二）

因此，如何开发利用甘蔗梢和甘蔗渣对我国畜牧业的发展有重要的意义。

二、甘蔗梢和甘蔗渣的营养价值

甘蔗梢含糖量高、纤维鲜嫩且含有丰富的蛋白质、氨基酸和维生素等，可作为一种廉价的能量饲料。甘蔗梢干物质含量为36.6%，粗蛋白质5.7%，粗脂肪2.4%，灰分7.5%，中性洗涤纤维78.4%，酸性洗涤纤维41.8%，消化能约5.68兆焦/千克，大约3.5千克甘蔗梢与1千克玉米的营养价值相当（杨双鼎，2016）。蔗梢中的不可消化部分——酸性洗涤木质素（ADL）和盐酸不溶灰分（AIA）含量较高，并随着甘蔗生长期延长而增加，消化率逐渐降低，这将影响肉牛对纤维素的消化利用。

甘蔗渣含水量较高，干物质含量26%，经实验室测定其主要营养成分（干物质基础）为：粗蛋白质2.84%，粗脂肪2.71%，中性洗涤纤维65.6%，酸性洗涤纤维42.7%（代正阳，2017）。甘薯渣的纤维含量很高，影响其养分的消化和吸收，因此瘤胃有效降解率较低。

三、加工处理

1. 甘蔗梢的加工

（1）氨化　加工甘蔗梢较实用的化学方法是氨化。

氨化主要的处理方法如下：将甘蔗梢切成3～5厘米长的小段，放入氨化池，将尿素溶于水中，逐层均匀地喷洒在甘蔗梢上并压实，最后用塑料薄膜封严，做到不漏气、不漏水，并经常检查，发现塑料薄膜破损时要及时修补。根据气温，灵活掌握氨贮时间，一般25～30℃氨贮7天，20℃氨贮25天，冬季氨贮40天以上。饲喂前按饲喂量从氨池中取出，放置于阴凉处。晴天摊开晾10～20小时，阴雨天需放氨24小时以上，以略有氨味而不刺激眼鼻为佳。

氨化好的甘蔗梢为棕黄色，有糊香味，有氨味，手摸质地柔软。

王彤佳等（2009）用尿素氨化、常规青贮和添加乳酸菌三种方法处理甘蔗梢，结果发现，尿素氨化处理的甘蔗梢干物质、中性洗涤纤维、酸性洗涤纤维、纤维素、半纤维素和酸性洗涤木质素的体外消化率最高。

（2）碱化　碱化处理是目前对于木质纤维最有效的处理方式之一，其作用机理是，利用氢氧化钠（钙）的氢氧根离子使纤维素和木质素间的联系破裂或削弱，引起初步膨胀，因而适于微生物对粗纤维的分解活动。此外，氢氧根离子还可使木质素形成可溶性羟化木质素。常用的碱性溶液有氢氧化钠、氢氧化钙等。

（3）微贮　甘蔗梢易于青贮，但其粗纤维含量高，直接青贮消化利用率较低，因此可以在青贮过程中加入微生物复合菌剂，即微生物与青贮技术相结合的微生物发酵贮存技术。主要操作为：将高效微生物复合菌剂经复活后，加入到生理盐水中，再喷洒到切短的甘蔗梢（2～3 厘米）上，压实，密封，在厌氧条件下繁殖发酵。甘蔗渣经发酵后，其适口性和消化率大大提高。吴兆鹏等（2016）用尿素、糖蜜、乳酸菌以及它们的混合物青贮甘蔗梢叶，结果发现，混合物添加组青贮效果最佳，有效地提高了粗蛋白质含量，降低了粗纤维含量，而且饲料气味、色泽等感官性状得到改善。

2. 甘蔗渣的加工

甘蔗渣中可消化成分主要是纤维素和残留糖，经过适当处理后，可在反刍动物饲料配方中加入 20%左右的甘蔗渣。但甘蔗渣不能直接用于饲料中，主要原因是：①未经过加工处理的甘蔗渣体积密度小，占用空间大；②甘蔗渣的水分含量较高，其中含有的糖类物质适宜细菌的繁殖生长，因此极易腐败；③甘蔗渣的适口性很差；④甘蔗渣粒度较大，其中的木质素易损伤和刺激反刍动物的消化系统；⑤反刍动物直接消化甘蔗渣所消耗的能量大于其从甘蔗渣中所获取的能量。

（1）一般加工方法　甘蔗渣含水量较高，一般作为饲料配料的加工方法主要是先进行干燥，再粉碎，最后加入糖蜜等以期改善其适口性并提高饲料的能量值。

（2）碱化　随着氢氧化钙添加水平的提高，可有效降低甘蔗渣中中性洗涤纤维、酸性洗涤纤维及木质素的含量，提高钙和粗灰分含量，干物质和中性洗涤纤维消化率、96 小时产气量、总挥发性脂肪酸也显著提高，氢氧化钙添加水平在 5.1%～6.5%范围内提高甘蔗渣营养价值的幅度最大。用质量分数 5%、7%的氢氧化钠碱化或者复合处理（7%的氢氧化钙、3%的氢氧化钠、7%的尿素）均可不同程度破坏甘蔗渣的纤维结构，降低纤维含量，加速纤维类物质的瘤胃降解，提高纤维类物质瘤胃降解率，7%的氢氧化钠碱化处理后的效果最佳。

（3）微生物分解法　甘蔗渣的粗纤维含量高达 40%以上，干燥状态时，木质素含量为 22%～25%，是反刍动物所不能消化利用的部分，且大量木质素对其他纤维物质的消化具有消极影响。因此有研究学者利用微生物方法对甘蔗渣进行处理，首先培养能分解纤维素和木质素、水解淀粉和分解蛋白质的微生物，然后将这些微生物接种到由小麦麸皮和米糠组成的培养基中组成复合培养基，最后用这种复合培养基分解甘蔗渣，从而将甘蔗渣转化成容易消化的反刍动物饲料。

郭婷婷等（2016）用黑曲霉和产朊假丝酵母两种菌种固态发酵甘蔗渣，结果发现，混合发酵方式较单菌株发酵效果要好，可有效缩短发酵时间，而且显著降低发酵产物中粗纤维的含量和提高发酵产物中粗蛋白质、多酚的含量。

四、甘蔗梢和甘蔗渣作为反刍动物饲料的应用研究

Puga 等（2001）用 60%的甘蔗梢、30%的玉米秸、10%的牧草，并添加不同量的尿素饲喂绵羊，结果发现，高纤维含量饲料添加尿素后能改善瘤胃的发酵、氨的供给以及挥发性脂肪酸的产生。Roman 等（2011）用青贮甘蔗饲喂育肥期间的肉牛，与青贮全株玉米饲喂肉牛相比，肉牛干物质采食量有所降低，分别为 10.1 千克和 10.5 千克，但肉牛的日增重和屠宰重均无差异。Menezes 等（2011）研究认为，饲喂新鲜甘蔗渣的效果比饲喂储藏 72 小时后的甘蔗渣要好；经碱处理后青贮的甘蔗渣饲料与不作任何处理直接青贮的甘蔗渣饲料饲喂肉牛相比，有明显差异，碱处理后的青贮甘蔗渣饲料饲喂肉牛显著提高了肉牛的采食量和日增重，且屠宰后对肉牛的肝脏、肾和肌肉分析发现，钠的增加在最低水平，对肉质没有影响。Ortiz-Rubio 等（2007）验证了甘蔗梢作为肉牛饲料资源的可行性，但其作为单一的饲料来源是不足的，需要适量添加不同氮源，每千克干甘蔗梢添加家禽肥料 100 克、尿素 8 克、500 克高氮补充物就能满足瘤胃微生物发酵所需的条件。

唐书辉等（2015）将甘蔗梢、甘蔗渣及糖泥混合，通过氨化和微贮两种方式处理后分别作为肉牛粗饲料进行育肥对比试验，结果发现，氨化处理甘蔗副产物饲喂肉牛增重效果最明显，甘蔗副产物经过氨化、微贮处理后，肉牛采食量显著提高，甘蔗副产物氨化处理的方法可切实节约饲料成本，提高经济效益。蚁细苗等（2015）报道，膨化甘蔗渣替代青贮玉米秸秆饲喂肉牛是可行的，膨化甘蔗渣因质地蓬松且带有焦糖香味，极大地提高了其适口性，使肉牛采食量大增，平均日增重比饲喂青贮玉米秸秆组肉牛提高了 36.7%，饲料成本节约了 28.8%。另外，新鲜甘蔗梢作为肉牛粗饲料也是可行的，其饲喂组

平均日增重与饲喂玉米秸秆青贮组相当，但饲料成本却降低了15.9%（蚁细苗等，2015）。唐振华等（2016）研究发现，青贮甘蔗梢与青贮玉米秸秆混合饲喂生长水牛比单独饲喂青贮甘蔗梢或青贮玉米秸秆更能提高肉牛干物质采食量和平均日增重，且二者组合饲喂能提高生长水牛的生长性能；青贮甘蔗梢饲喂生长水牛的养分消化率、氮代谢率和能量代谢率均低于青贮玉米秸秆，二者中性洗涤纤维和酸性洗涤纤维消化率无差异，青贮甘蔗梢叶饲喂生长水牛对其血液生化指标无不良影响。王俊等（2016）用甘蔗梢与玉米秸秆、木薯渣混合青贮饲喂育肥肉牛，结果发现，甘蔗梢混贮料饲喂育肥肉牛比单独饲喂微贮玉米秸秆的采食量和平均日增重高，且使育肥肉牛头日净增益提高2.23元，达到了低饲料成本高经济收益的目标。

唐林等（2016）用青贮、微贮、氨化三种方法处理甘蔗梢叶，并进行饲喂山羊试验，结果表明，这三种方法处理后的甘蔗梢叶均达到优级标准，与新鲜甘蔗梢叶相比，氨化和微贮均提高了甘蔗梢叶的粗蛋白质、粗脂肪、粗灰分、钙、磷的含量；精料相同的条件下，氨化和微贮可提高山羊的采食量、平均日增重和经济效益。黎庶凯等（2015）以甘蔗梢和甘蔗叶自然晒干后加工成干粉状粗饲料为试验组，花生藤干粉为对照组饲喂山羊，结果表明，试验组的采食量高于对照组，二者平均日增重差异不显著，试验组养殖饲料成本低于对照组4.4%。利用甘蔗梢饲喂山羊经济效益较好；干粉状甘蔗梢加工方法简单，易操作，便于贮存，经济效益显著，对山羊正常发育无影响，可正常替代饲粮中部分粗饲料作为舍饲山羊饲料利用。吴天佑等（2016）用甘蔗渣作为单一粗饲料来源饲喂湖羊，结果表明，平均日增重和中性洗涤纤维、酸性洗涤纤维表观消化率较低，血清中肌酐铬含量较高，可能对湖羊肾脏产生不良影响。由此可见，甘蔗渣不适合作为单一粗饲料来源饲喂湖羊，需要探究其他最佳处理方式以及饲料组合类型以满足动物最佳的生产效率。

代正阳（2017）研究表明，乳酸菌添加水平在一定范围内均能提高甘蔗渣青贮品质（图4-11），但适宜的乳酸菌添加水平更能有效提高甘蔗渣青贮品质，若乳酸菌添加量过大，会出现发霉现象，反而降低了青贮品质。此外，用5%尿素青贮的甘蔗渣替代50%稻草饲喂南方肉牛（图4-12），对其瘤胃发酵特性和血清生化指标均无显著影响。

图 4-11 乳酸菌青贮甘蔗渣

图 4-12 青贮甘蔗渣饲喂肉牛

五、小结

甘蔗梢和甘蔗渣纤维成分丰富，如经适当加工处理可作为良好的粗饲料，不但可以缓解现今饲料资源紧缺的状况，而且还可降低饲料成本，提高养殖业的经济效益，同时又减轻环境污染，具有很大的发展潜力。

第六节　茶　叶　渣

一、茶叶渣概况

茶叶是世界三大饮料之一，全球约有 60 个国家种植茶叶，160 多个国家和地区有消费茶叶的习惯。我国是最大的产茶国，茶产区地域辽阔。据《中国统计年鉴 2015》统计，2014 年我国茶叶产量高达 209.6×10^4 吨，居世界第一位，茶产业已经成为我国重要的农业经济支柱产业之一。茶叶深加工产生的副产品数量巨大，仅茶叶渣（简称茶渣）每年就有 16×10^4 吨（李燕和蔡东联，2001；图 4-13）之多。这些废渣含有大量的营养成分，没有被合理利用直接丢弃而造成资源浪费，且含水率较高，极易滋生大量的微生物，严重污染环境（图 4-14）。因此，充分合理利用茶渣资源，可以创造出巨大的社会效益和经济效益。

图 4-13　茶渣资源

茶渣的营养成分独特，用于动物生产上不仅无毒副作用，还能调节畜禽的整体生理功能，符合现代人对环境保护的意识和可持续发展观。

茶叶渣主要来源有以下三个。

① 茶饮料生产企业：我国的茶饮料工业发展势头十分强劲，大型的茶饮料厂家每年生产茶饮料后产生的湿茶渣达到十几万到几十万吨。

② 速溶茶（粉）生产企业：速溶茶是国际市场流行的饮料，在速溶茶的提

图 4-14 茶渣

取制造工艺中，也会产生大量的茶渣。

③ 茶叶提取物生产企业：茶叶中富含茶多酚、茶黄素等功能性物质，如茶多酚具有多种改善生理机能的功效，因此也促生了众多茶多酚生产厂家。与此同时，茶叶经过提取后剩下大量茶渣的问题也随之而来。

二、茶叶渣的化学组成

1. 茶叶渣的概略养分

茶渣的含水量很高，而折算到干物质中，茶渣的粗蛋白质含量在 16%～23%，粗脂肪含量约 5%，粗灰分约 5%，中性洗涤纤维 50%～60%，酸性洗涤纤维31%～39%（王翀等，2016)。而在组成蛋白质的氨基酸中赖氨酸和蛋氨酸的比例分别占 1.5%～2%和 0.5%～0.2%。茶叶中的糖类物质占干物质的 20%～25%，而可溶性糖的含量一般只在 2%～4%之间，绝大部分的糖类在深加工的过程中并未被利用，而是依然存在于茶渣之中。茶叶中还含有丰富的矿物元素，含量占茶叶干重的 3.5%～7%，其中含量最高的是 P、K 元素，其次是 Ca、Mg、Al、Fe、Se 等元素。另外，茶叶中含有氟元素，对人体的骨组织构成和骨质疏松防治有利。

2. 茶叶渣的生物活性成分

茶叶中含有多种活性成分（表 4-9)，虽然茶叶经过深加工后部分内含物质被提取出来，但是提取率都很低，所以茶渣中还有很多可以被利用的有效成分，主要有以下几种：

表 4-9　茶叶中主要的活性成分　　单位：%

成分	杭州绿茶(干重)		云南红碎茶		乌龙茶(肉桂)	
	鲜叶	绿毛茶	鲜叶	红毛茶	鲜叶	毛茶
水浸出物	45.2	45.1	41.8	42.9	38.0	38.9
多酚类	19.6	18.8	35.2	26.7	22.9	23.2
儿茶素	13.5	30.9	26.3	6.44	16.9	12.4
茶黄素	—	1.5	—	0.95	—	2.8
茶红素	—	0.12	—	7.98	—	1.1
茶褐素	—	—	—	6.18	—	—
灰分	5.5	6.0	5.7	6.0	5.8	6.1
叶绿素	1.1	0.46	0.91	0.35	1.0	0.5
芳香物	0.04	0.02	0.1	0.08	0.09	0.18
粗纤维	12.3	12.2	12.0	11.0	11.0	10.9
可溶糖	2.2	3.4	2.8	4.4	3.38	3.40
可溶果胶	1.8	2.3	—	—	1.23	3.71
蛋白质	20.8	20.7	—	—	—	—
咖啡因	3.9	3.8	4.8	4.83	—	—
氨基酸	0.82	1.39	—	—	1.39	1.68

注：资料来源于李荣林等（2002）。

（1）多酚类　经过提取之后的茶渣中，还含有10%左右的多酚类物质，多酚类分属于儿茶素；黄酮、黄酮醇类；花青素、花白素类；酚酸及缩酚酸等。其中儿茶素是多酚类物质的主体成分，是决定茶汤滋味和颜色的主要成分。动物试验表明：茶多酚不但具有防龋齿的作用，而且具有重要的保健调节作用。Maeda等报道，茶多酚是一种强还原剂，具有供氢功能，可以清除动物机体内过多的有害自由基，对超氧阴离子自由基、羟基自由基的最大清除率可达98%以上。同时茶多酚还具有降低血压、血脂的功能，从改变动物体内代谢出发，根本上改变动物肉质及其产品，从而开发瘦肉型和低胆固醇畜产品。此外，茶多酚对许多有害细菌、真菌和病毒都有杀灭、抑制作用。茶渣中的儿茶酚类可以预防致癌物质引起DNA损伤，降低动物皮肤癌的发病率。

（2）茶多糖　茶多糖（tea polysaccharide）是指茶叶中具有特殊生物活性的一类与蛋白质结合在一起的酸性多糖或酸性糖蛋白。据资料显示，茶多糖可大大提高有益微生物的作用效果，是一种有效的益生协同剂。茶多糖有抗辐射的作用，可保护造血功能、增加白细胞的数量、提高机体免疫力。

（3）茶皂素　茶皂素又称茶皂苷，是一种从茶树种子（茶籽、茶叶籽）中提取的五环三萜类糖苷化合物。茶皂素不仅是一种天然的表面活性剂，而且具有广泛的生物活性作用，可用作反刍动物瘤胃发酵调控剂，改善动物生产性能。

（4）生物碱　茶叶中的生物碱主要是嘌呤类生物碱，其中含量最多的是咖啡因，占3%～5%，其次有可可碱和茶叶碱。生物碱具有兴奋中枢神经系统的作用，提高肝脏对物质的代谢能力，增强血液循环，强心利尿，刺激胃液的分泌，从而增进食欲，帮助消化，促进动物的生长。

（5）色素　色素是一类存在于茶树鲜叶和成品茶中的有色物质，可分为天然色素和加工过程中产生的色素两类，包括脂溶性色素和水溶性色素。脂溶性色素包括叶绿素和胡萝卜素类、叶黄素类；水溶性色素包括花黄素类、花青素和儿茶素氧化产生的茶红素、茶黄素和茶褐素等。

以上各种成分如果能加以充分利用，比如添加在饲料当中，对于饲料的营养价值具有重要的意义。利用微生物将茶渣发酵成蛋白质饲料，不仅可以充分合理地利用我国丰富的茶叶资源，还能提高饲料中各种营养物质的含量或者添加饲料中缺少的营养物质，达到一举多得的效果。

三、茶叶渣的加工

1. 直接饲喂

将从茶叶及其副产品中提取茶多酚等有效成分后剩余的茶渣，糖化处理后作为饲料添加剂饲养肉用鸡，喂茶渣的鸡圈养30天后，比对照鸡增重8%，效果明显。将秋末无商品价值的茶以及在茶饮料生产过程中产生的茶渣添加到鸡饲料中，结果发现，试验组动物的血液中血脂减少，维生素增多，维生素A是对照组的1.3～1.5倍，维生素E是对照组的2.2～2.4倍，表明以茶渣等作饲料，对于提高家畜的肉产品质量，开发瘦肉型家畜具有重要意义。

2. 烘干、粉碎

茶渣烘干、粉碎，然后用20%氢氧化钠溶液在100℃下处理1小时，除去木质素，用木霉菌发酵，最后在70℃温度下烘至含水量4%～5%制成茶渣饲料，这种饲料含粗蛋白质17.9%、脂肪0.3%、粗纤维20%～30%、果胶3%～5%，可为动物提供52%以上的营养物质。

3. 微生物固态发酵

刘姝等（2001）以茶渣为主（70%），添加其他辅料作为发酵基质，采用木霉、曲霉、有益微生物之间配伍、不同含水量和 30℃下不同发酵时间，4 个因素 3 个水平的 L9（3^4）正交设计进行固体发酵试验，发酵后的茶渣粗蛋白质含量达到 26%～29%，分别比对照提高了 20%～30%。

四、茶叶渣在反刍动物上的利用

迄今为止，已有为数不少的报告介绍茶叶及其提取物用作饲料添加剂以改善饲料的特性，或将茶叶、茶渣或茶叶提取物按一定比例加入饲料中以提高饲料的转化率。但很多集中在单胃动物上，有关反刍动物的研究相对较少。

斯里兰卡佩拉德尼亚大学科研人员发现提取过速溶茶的茶叶渣中尚有很高的粗蛋白质含量（32%），其氨基酸组成与鱼粉蛋白质相似，可以直接用作奶牛和水牛犊的优质饲料（图 4-15）。利用茶工业的副产品——茉莉花茶叶渣来饲喂奶牛，茉莉花茶叶渣营养丰富，适口性好，可提高产奶量，还节约饲养成本。添加糖萜素能明显提高山羊的育肥性能，且以在精料中添加 1000 毫克/千克糖萜素综合效果最佳，比对照组日增重提高了 31.33%，料肉比降低了 15.51%，经济效益提高了 62.9%。Kondo 等（2004）使用绿茶叶渣替代大豆秸秆和紫花苜蓿进行青贮饲喂奶牛，产奶量、乳成分和产奶率在各组间没有差异；瘤胃 pH、挥发性脂肪酸和血液尿素氮在各组中没有差异，但瘤胃的氨态氮和血液中总胆固醇在饲喂绿茶叶渣的组中偏低，差异不显著；粪和尿中的氮含量在各组中没有差异。张兴华等（2007）研究表明，一定质量浓度的茶饲料，可以增加奶牛的产奶量。

图 4-15 茶渣喂奶牛

在奶牛饲料中添加乌龙茶粉，10天预饲期添加0.4%，40天试验期添加0.5%，结果显示：试验组的日均产奶量比对照组多增加1千克，增幅高1倍。初步估算，一个500头的中等奶牛场，按每年300天，每天每头增加1千克计，每千克市价1.6元，再扣除成本，一年可增收24万元。茶叶也可与其他营养物质搭配喂育肥牛。吴树良（2002）介绍了茶叶育肥牛（取茶叶100克、生姜200克、大枣150克、芝麻250克，先将大枣、茶叶加水1500克煎熬，再将生姜切碎、芝麻研碎倒入锅中，熬汤待温后，1次灌服）以及茶叶复壮瘦牛（取茶叶50克、小米或大米500克、牛或羊或猪骨头1000克、食盐150克，熬汤候温后喂服或灌服，每周1次，连用3～4次）的方法。日本静冈县用茶叶渣养牛的研究，研究人员给每头牛每天10千克饲料中拌入500克干燥茶叶渣，以4头牛为试验对象，进行了4个月的投喂。与普通饲料喂养的牛相比，吃茶叶渣的牛脂肪中的香味大大增加，入口即化。在评判肉质的5个等级中，饲料中添加茶叶渣的牛肉平均提高了0.5个等级。茶渣中的多酚类物质可能对茶渣蛋白质有重复保护作用，既减少其在瘤胃发酵，又使其过瘤胃蛋白在胃蛋白酶溶液中溶解度降低。反刍家畜饲粮中加入茶渣效果好，尤其是在喂以谷物秸秆等低蛋白饲粮为主时更是如此。Uhihaan等（1998）报道，绿茶提取物按35克/天的量从小牛7日龄开始添加，至分娩前饲喂一年，结果胃中双歧菌、乳酸菌菌群增加，而细菌数量没有明显变化，枝孢菌减少；育成期缩短51天，产奶量由20.3千克升至21.7千克；胃肠中硫化物、氨等显著减少。

五、小结

茶渣独特的化学成分决定了其对畜禽的整体生理调节功能，而且用于动物生产上无残留、无毒副作用，符合新世纪大众的消费心理和环保共识。总之，将茶渣变废为宝，使难以处理的茶渣废料成为一种优质新型饲料不但有利于环境的保护，而且也有利于降低企业生产成本，提高企业的市场竞争力。因此可以肯定，随着各项研究的深入，茶渣在畜牧饲料中的应用前景将非常广阔。

第五章　饲用经济作物饼粕类饲料在牛饲料中的应用

第一节　棕榈仁粕

一、棕榈仁粕的营养价值

棕榈树属常绿乔木，是一种经济树种。棕榈树叶片近圆形，叶柄两侧具细圆齿，花序粗壮，雌雄异株。果实阔肾形，有脐，成熟时由黄色变为淡蓝色，有白粉，种子胚乳角质。棕榈原产于西非，现世界各地均有栽培，在中国主要分布在南方各省。棕榈仁粕是油棕树上的棕果经机械榨取棕榈油后的副产品，其加工工艺如图 5-1 所示。

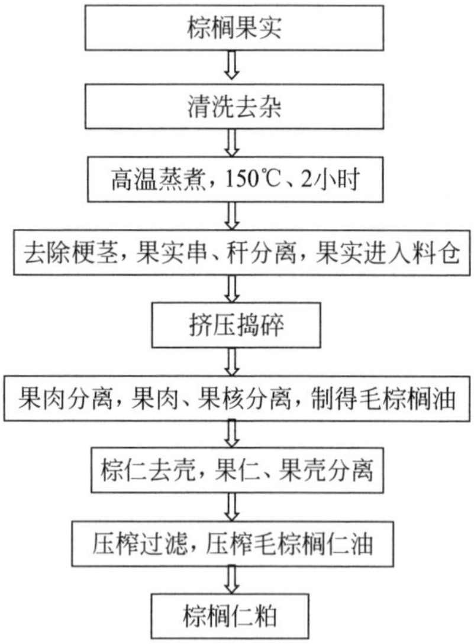

图 5-1　棕榈仁粕加工工艺流程

从营养成分上看，棕榈仁粕含有等量的蛋白质和碳水化合物，与其他同类能量饲料原料（如玉米、麦麸等）相比，棕榈仁粕的消化能、粗蛋白质和粗脂肪的含量均较高，并且富含多种微量元素和氨基酸（表 5-1）。其中色氨酸含量很低。棕榈仁粕中以非淀粉多糖形式存在的总碳水化合物超过 81%，主要是 β-(1,4)-D-甘露聚糖。

由于棕榈壳和果皮所占比例较大，所以棕榈仁粕的粗纤维含量比较高，达到16.23%，含有大量的木质素，不溶性膳食纤维含量高（Kalidas，2017）。棕榈仁粕磷含量为0.42%，而其中植酸磷占总磷的69%，磷标准回肠消化率为35%～50%（Almaguer，2017）。

表 5-1 棕榈仁粕与部分饲料原料营养成分对比

项目	米糠粕	玉米	小麦麸	棕榈仁粕
干物质/%	87	86	87	88
消化能/(兆焦/千克)	12.0	14.2	9.4	17.2
粗蛋白质/%	15.1	8.0	14.5	14.0～17.0
粗脂肪/%	2.0	3.3	3.9	8.0～10.0
粗纤维/%	7.5	2.1	8.9	15.0～18.0
粗灰分/%	8.8	1.6	5.9	4.9
无氮浸出物/%	53.6	71.2	53.6	64.4
钙/%	0.15	0.02	0.11	0.15
磷/%	1.82	0.27	0.92	0.42
植酸磷/%	1.58	1.43	0.69	0.29
钠/%	1.00	0.11	0.77	0.23
钾/%	1.00	0.29	0.88	0.77
铁/(毫克/千克)	432	36	170	178
铜/(毫克/千克)	9	3	14	12
锰/(毫克/千克)	228	6	104	132
锌/(毫克/千克)	61	21	97	43
硒/(毫克/千克)	0.10	0.02	0.07	0.03
赖氨酸/%	0.72	0.24	0.58	0.59
蛋氨酸/%	0.28	0.12	0.13	0.32
胱氨酸/%	0.32	0.14	0.26	0.22
苏氨酸/%	0.57	0.27	0.43	0.38

二、棕榈仁粕中的抗营养因子

虽然棕榈仁粕的饲喂价值不可忽略，但产品的稳定性较差，不同产品间养分含量存在显著差异。陈洪章等研究报道，棕榈仁粕的添加会增加饲粮纤维含量，且其木质素含量较高、纤维较长、结构特殊，即纤维素被木质素和半纤维素像树皮和树干样地包裹着，导致饲料消化率降低（陈洪章，2011）。

棕榈仁粕中总碳水化合物（木质素除外）含量约占50%，其中淀粉含量为1.1%，小分子碳水化合物含量约为2.4%，而剩余的40%以上以难消化的非淀粉多糖的形式存在。也有报道称，商业棕榈仁粕中总非淀粉多糖含量为60%，最高含有74.3%，棕榈仁粕中的总非淀粉多糖包含非水溶性的甘露聚糖，占总非淀粉多糖的78%，其次是纤维素（12%），少量阿拉伯糖基木聚糖（3%）和葡萄糖醛酸木聚糖（3%）。有研究认为主要抗营养因子是β-甘露聚糖和少部分的半乳甘露聚糖。许多研究表明，β-甘露聚糖能够抑制食后胰岛素、胰岛素样生长因子-1（IGF-1）的分泌，降低消化系统对葡萄糖、氨基酸和脂肪的吸收。另外，β-甘露聚糖可与肠黏膜表面的脂类微团和多糖蛋白质复合物相互作用，导致黏膜表面水层厚度增加，从而降低对养分的吸收。

三、棕榈仁粕应用的潜在价值

1. 棕榈仁粕可以提高动物采食量

众多试验表明动物采食含棕榈仁粕的饲粮会增加动物的采食量，其原因可能是棕榈仁粕饲粮在消化道的通过速度较快，容重较高和持水力低。也有研究发现，低容重和高持水力会降低动物采食量，进而表明，棕榈仁粕对家畜养殖具有潜在的效益：可促进动物采食，而动物采食量与生产性能息息相关。

2. 棕榈仁粕可以提高动物免疫力

β-甘露聚糖是棕榈仁粕中非淀粉多糖的主要成分，甘露糖和甘露低聚糖都能起到益生素的作用，能够阻止病原菌在动物肠道定植，从而提高动物免疫力。Allen等（1997）研究将棕榈仁粕作为含甘露糖的碳水化合物来源，发现在肉鸡饲粮中接种沙门氏菌后，每千克饲粮中添加25克棕榈仁粕会降低肉鸡肠道沙门氏菌的定植数量，3周后饲喂棕榈仁粕的鸡已不感染沙门氏菌，相反，无棕榈仁粕饲粮组的鸡仍然处于感染状态。有学者认为，饲粮中添加棕榈仁粕防止沙门氏菌定植肠道的效果与使用商品添加剂低聚甘露糖的效果基本一致。Sundu等（2005）比较了多种含甘露糖的碳水化合物（甘露糖、低聚甘露糖、棕榈仁粕）作为益生素的效果，发现饲喂低聚甘露糖和棕榈仁粕的鸡体内沙门氏菌数量更少而且非致病性细菌数量更高。Zulkifli等（2003）发现饲喂了棕榈仁粕的鸡抗体滴度在热应激一周内保持平稳，而对照组鸡的抗体滴度大幅度下降。从这些研究结果可见，成本更低的棕榈仁粕与提取方法生产的商品低聚甘露糖效果接近，饲粮中添加棕榈仁粕可以增强禽类免疫系统功能，减少肠道致病菌数。

四、提高棕榈仁粕利用率的措施

1. 固态发酵法生产棕榈仁粕多肽饲料

固态发酵是指没有或几乎没有自由水存在的条件下，在有一定湿度的水不溶性固态基质中，用一种或多种微生物发酵的生物反应过程，固态发酵是以气相为连续相的生物反应过程。虽然棕榈仁粕中含有纤维、蛋白质、脂肪等多糖、含氮化合物、碳水化合物，具有丰富的营养。但其含有的纤维较粗大，在一定程度上影响动物的消化吸收和适口性。所以，可以通过固态发酵，通过丝状真菌、酿酒酵母、枯草芽孢杆菌等微生物的单一发酵或混合发酵，使棕榈仁粕中的粗纤维含量降低、纤维长度变短，变成动物可食用的纤维，增加其适口性。通过微生物发酵的方法在降低其粗纤维含量、增加适口性的同时，可提高棕榈仁粕的蛋白质含量，并将植物蛋白转化为菌体蛋白，改善其氨基酸组成，更加符合动物蛋白质生理模式，从而增加蛋白质的消化吸收和利用率，有利于动物的生长需要。另外，发酵过程中微生物产生的蛋白酶也可将蛋白质水解为有活性的多肽。多肽是生命科学发展的产物，其易被动物吸收、生物利用率高、生物效价高，具有调节免疫、防病抗病等作用。

2. 添加氨基酸

棕榈仁粕中部分氨基酸含量较低，但是除缬氨酸和甘氨酸外，棕榈仁粕中所含有的氨基酸都具有较高的利用率，消化率均高于85%（Almaguer，2014）。棕榈仁粕中某些必需氨基酸含量较低，所以在使用棕榈仁粕时要注意氨基酸的补充，尤其是蛋氨酸和赖氨酸这两种必需氨基酸。除此之外，还需要添加含量和利用率均较低的缬氨酸。棕榈仁粕精氨酸含量和利用率均较高。动物对精氨酸、蛋氨酸和赖氨酸三者的营养需要是相互关联的（Chamruspollert，2002），棕榈仁粕具有高水平的精氨酸与低水平的赖氨酸，两者之比高达3.7～3.9，因此在使用棕榈仁粕时也要考虑添加合成赖氨酸或者使用高赖氨酸含量的饲料原料来平衡这两种氨基酸。

3. 酶制剂与棕榈仁粕的联合应用

棕榈仁粕抗营养因子成分高是限制其广泛使用的主要因素。据报道，商业棕榈仁粕中总非淀粉多糖含量达60%，最高有棕榈仁粕中含总非淀粉多糖74.3%的报道，并有研究认为主要是不溶性的甘露聚糖，占总非淀粉多糖的78%，其次是纤维素（12%）。

由于棕榈仁粕中的大部分抗营养因子是甘露聚糖，因而有选择性地添加一些酶制剂到棕榈仁粕中去，可提高其消化率，同时也降低饲喂动物排泄物的水分含量，增加棕榈仁粕在饲料中的使用量。唐茂妍等研究出一种棕榈仁粕专用复合酶配方，见表 5-2。其用量是每吨全价饲料中每使用 10 千克棕榈仁粕，添加 10 克棕榈仁粕专用复合酶。

表 5-2　棕榈仁粕专用复合酶配方举例　　单位：单位/千克

原料名称	酶活含量
β-甘露聚糖酶	70050000
β-葡聚糖酶	57600000
纤维素酶	45000000

注：资料来源于唐茂妍（2013）。

酶制剂可以提高含棕榈仁粕饲粮的利用率，进而改善动物生产性能。如棕榈仁粕饲粮添加甘露聚糖酶以后，其蛋白质消化率和中性洗涤纤维消化率分别可提高 6%～8%和 12%～13%。酶制剂提高营养成分消化率的机理可能是酶制剂减少了食糜的黏性。酶制剂联合棕榈仁粕使用还可以显著改善动物粪便质量。

4. 棕榈仁粕的预处理

由于棕榈仁粕的木质纤维素的特殊结构，即纤维素被木质素和半纤维素像树皮和树干样地包裹着，要更好地利用木质纤维，就要使其增加纤维素酶系的接触位点，让其更好地进行外切和内切，最终形成单糖或寡糖。为达到此目的，就得将棕榈仁粕进行预处理，破坏木质纤维的晶体结构，把木质素、纤维素和半纤维素分开，使纤维变短、变小、变薄，从而提高纤维素酶酶解棕榈仁粕纤维的效率。

一般会采用机械粉碎、蒸汽爆破、碱处理、高温高压蒸煮和挤压膨化等方法对棕榈仁粕进行预处理。机械粉碎可通过切、碾、磨等工艺使生物质原料的粒度变小，增加和酶的接触表面，更重要的是破坏纤维素的晶体结构。通过切碎可使原料粒度降到 10～30 毫米，通过碾磨后能达到 0.2～2 毫米。但粉碎生物质原料所需能耗较大。蒸汽爆破预处理是近年发展起来的一种预处理方法。原料用蒸汽加热至 180～235℃，维持一定时间，在高温和高压的作用下，半纤维素的乙酰基等生成有机酸类，而后又参与未损半纤维素和木质素解聚的催化过程，使半纤维素部分水解成可溶性多糖，木质素的 α-丙烯乙醚及部分 β-丙烯乙醚裂开，此时木质素已软化。在突然减压喷放时，产生二次蒸汽，并使体积猛增。受机械力的作用，细胞壁结构被破坏，木质素重聚集，使得木质素和纤维素分离。处理后天然纤维素原料膨松呈烟丝状，纤维素的孔隙增大，可酶解率明显提高。碱处理法是利用木质素能溶解于碱性溶液的特点，用稀氢氧化钠或氨溶液处理生物质原料，破坏其木质素的结构，从而便于酶水解的进行。氢氧化钠溶液的润胀处理是发现最早、应用最广、效果最佳的预处理手段之一。氢氧化钠处理虽有较强的脱木质素和降低结晶度的能力，但同时约有 50%的半纤维素也被其溶解，造成很大损失。挤压膨化主要是由于经过高温高压、高剪切作用力后，纤维素、木质素分子间化学键裂解，分子的极性、化学特性和生物化学特性都发生改变，显著提高可溶性膳食纤维含量，改善其理化性质和储藏性能，产生了微粒化效果。

五、棕榈仁粕与其他饼粕饲料营养成分瘤胃降解特性分析

牧草的瘤胃降解率是衡量反刍动物对其利用效率的重要指标之一。李媛等（2017）用尼龙袋法从瘤胃降解特性分析比较了豆粕、棕榈仁粕、棉籽粕和菜籽粕的营养价值（表 5-3），豆粕、棉籽粕、菜籽粕和棕榈仁粕 4 种饲料的瘤胃降解率存在很大差异。豆粕各营养成分的降解率均为最高，这与包淋斌等研究的豆粕降解率高于棉籽粕和菜籽粕的规律一致（包淋斌，2015）。棕榈仁粕各营养成分的降解率在 4 种饲料中均为最低。根据瘤胃降解情况分析，棕榈仁粕各营养成分的瘤胃降解率降低，这可能是由于其纤维含量较高所致，棕榈仁粕中有大量的氮和蛋白质存在于细胞壁内，不易被降解。

表 5-3　棕榈仁粕与其他饼粕饲料的营养物质瘤胃实时降解率比较　单位：%

原料	时间/时						
	0	2	6	12	24	36	48
干物质降解率							
豆粕	27.43	34.66	40.30	49.81	62.29	72.48	80.88
棉籽粕	25.68	31.42	36.22	46.61	54.33	61.77	65.36
菜籽粕	21.50	28.00	32.26	41.97	46.00	54.82	57.43
棕榈仁粕	28.29	30.44	33.37	34.92	38.46	42.76	45.78
有机物实时降解率							
豆粕	27.82	34.32	41.16	49.59	62.14	71.97	79.52
棉籽粕	23.36	28.49	36.40	47.71	56.36	61.68	65.78
菜籽粕	21.74	27.39	36.30	44.23	49.69	55.07	60.05
棕榈仁粕	26.74	29.60	33.61	35.80	37.79	41.54	45.64

续表

原料	时间/时						
	0	2	6	12	24	36	48
蛋白质实时降解率							
豆粕	19.15	36.05	42.17	58.81	70.08	80.03	87.00
棉籽粕	22.52	33.27	42.13	51.91	64.30	77.83	82.49
菜籽粕	16.18	27.10	37.44	42.69	49.64	56.28	63.47
棕榈仁粕	26.45	34.58	36.74	42.17	42.83c	44.72	48.98

注：资料来源于李媛等（2017）。

六、棕榈仁粕在牛饲料中的应用

棕榈仁粕价格低廉，无毒副作用，且具有较高的粗纤维含量和略低的粗蛋白质含量，使得棕榈仁粕常作为一种替代性蛋白源，用来平衡饲料营养，降低饲料成本。而且棕榈仁粕带有奶油巧克力浓香气味，奶牛、肉牛的适口性较好，有利于采食和饲喂。在奶牛、肉牛精料中适宜添加量为15%～30%，无毒副作用，而且可提高生产性能和生产效益。

目前针对棕榈仁粕的研究主要是集中在其营养物质的消化性及反刍动物饲料中的应用方法。棕榈仁粕所含有的脂肪为天然过瘤胃植物脂肪，90%可过瘤胃，在小肠内吸收率高（唐茂妍，2013）。梁怡等研究发现，肉牛精料中添加20%和40%棕榈仁粕后与不添加棕榈仁粕的对照组相比肉牛日增重、干物质采食量和饲料转化效率没有显著差异，但每千克增重的饲料成本分别下降0.67元和1.59元（梁怡，2009）。魏政等研究发现，精料中添加12%和24%棕榈仁粕与不添加棕榈仁粕的对照组相比，奶牛平均产奶量、干物质采食量、饲料转化效率和血液生化指标以及乳成分均没有显著差异，但每日产奶的饲料成本分别下降0.86元和1.74元（魏政，2011）。赖景涛等研究结果显示，在奶牛精料补充料中用10%的棕榈仁粕取代等量的玉米，泌乳牛的产奶量和干奶牛的体重有所提高，但差异不显著，但是每一吨精料补充料可节约成本91元（赖景涛，2010）。

樊庆山等（2017）针对棕榈仁粕在断奶后犊牛饲粮中的利用可行性开展了探索性试验，对犊牛生长性能、血清免疫性能、抗氧化指标、消化代谢等方面进行了研究，如表5-4所示，饲喂含棕榈仁粕饲粮的犊牛，增重速度最快，达到1.28千克/天，干物质采食量高于豆粕组饲粮。

表 5-4 含不同植物饼粕的饲粮对公犊牛生长性能的影响 单位：千克

项目	处理			
	豆粕	5%棕榈仁粕	5%油茶籽粕	5%茶籽粕
初重	94.50	95.90	95.50	91.63
末重	189.25	205.00	154.80	144.25
平均日增重	1.11	1.28	0.69	0.61
干物质采食量	4.50	4.74	2.60	2.64

注：资料来源于樊庆山等（2017）。

七、棕榈仁粕作牲畜饲料应注意问题

1. 预防铜过量中毒

棕榈仁粕与其他油籽饼粕存在同样一个问题，即铜含量都高。牧草和常规饲料一般铜含量在3～15毫克/千克。油菜籽副产品铜含量为15毫克/千克。经化学分析，棕榈仁粕铜含量为24～36毫克/千克，略高于豆粕饼（24毫克/千克）、花生饼（24毫克/千克）、椰子饼（20毫克/千克）、棉籽饼（24毫克/千克）、亚麻籽饼（25毫克/千克）。含铜量高的饲料不能长期作对铜敏感的动物饲料。如果饲喂不均衡或铜超量，便产生不良反应，发生铜中毒事故。反刍动物需铜量和限量见表5-5。奶牛、肉牛饲粮铜含量分别在80毫克/千克和115毫克/千克、绵羊饲粮铜含量在8～15毫克/千克能导致铜中毒。所以棕榈仁粕作饲料时，应注意因饲粮中铜过量发生中毒事故。

表 5-5 反刍动物需铜量和铜中毒量 单位：毫克/千克

项目	育肥肉牛(300千克/头，日增重0.9千克)	奶牛(日产奶量8～13千克)	绵羊(育肥羔羊)
正常需求量	4	10	5
能导致中毒量	115	80	8～15

2. 预防棕榈仁粕出现酸败

棕榈仁粕出现酸败，与棕榈仁粕中油残留量有关。浸出型棕榈仁粕油残留量在0.5%～12%之间。由于压榨型棕榈仁粕中油残留量高，不易长久贮藏，容易出现酸败现象。如果对畜禽饲喂酸败的饲料，便出现中毒事故。为避免棕榈仁粕在贮藏期间出现酸败，浸出型棕榈仁粕贮藏不宜超过二个月，压榨型贮藏不宜超过一个月。

3. 棕榈仁粕的适口性

含油量越高的饲料，适口性越差。如果棕榈仁粕含油量过高，饲喂时须掺加低油饲料。混合后制备的饲料，脂肪一般不要超过5%～6%，否则会降低棕榈仁粕的适口性。

4. 棕榈仁粕的质量保证

棕榈仁粕的质量与加工效率和严格控制加工工序有关。棕榈仁粕产品的质量好坏，直接影响饲喂效果。衡量棕榈仁粕产品质量，有蛋白质、纤维、油脂的含量以及有无核壳等掺杂物质各因素。另外，水分也是影响棕榈仁粕产品质量的一个重要因素。贮藏棕榈仁粕，水分一般不要超过15%，否则不易保存，2～3天即可出现发霉现象，产生黄曲霉素，易发生饲料中毒。

棕榈仁粕作为近年来开始逐渐使用的饲料原料，在应用过程中存在诸多问题。因而我们有必要对其营养价值和饲用价值做进一步深入评估，为饲粮配方设计以及后期最大限度地利用提供理论依据；同时也要保证非常规饲料原料的生物安全性。

第二节　茶籽粕和油茶籽粕

一、茶籽粕

1. 茶籽粕概况及营养成分

茶籽粕是茶籽用机械压榨法或溶剂提取法提取油脂之后剩余的残渣，一般为深褐色块状。国内茶籽生产主要分布区域是福建、贵州、湖南、江西、安徽等地，据不完全统计全国茶籽年产量约60×10^4吨，相比于其他菜籽，目前量还是较小的。茶籽粕中含有茶皂素和单宁等抗营养因子，因此味苦，降低了动物的适口性，且纤维素含量较高，不能被有效利用，造成极大浪费。一般茶油生产企业生产了茶油后的剩余茶籽粕的含水量约为10%，油分占7%～10%，蛋白质15%，碳水化合物15%～20%，灰分3%，茶皂素15%～20%，单宁约为2%，咖啡因约占0.95%，其他不溶性成分约占30%。其中，茶皂素的经济价值最大，其在茶籽粕中的含量达到15%～20%，含量也是最多的。而茶籽粕中的其他成分，如蛋白质、多糖等在提取过程中都存在不同程度的破坏，不利于提取。

茶籽粕的营养成分接近油茶籽粕，具体营养价值如表5-6所示。

表 5-6　茶籽粕与几种饲料营养价值对照表　　单位：%

饲料名称	干物质(风干物质基础)	有机物	粗蛋白质	中性洗涤纤维	酸性洗涤纤维
豆粕	87.5	79.25	49.11	9.2	5.6
棉籽粕	88.93	83.15	46.21	22.9	15.95
菜籽粕	91.07	83.69	39.96	30.5	21.31
茶籽粕	92.31	88.29	11.81	32.24	18.38
油茶籽粕	93.14	88.7	12.46	34.93	20.51

2. 茶籽粕的加工工艺

茶籽制油工艺主要有压榨法和浸提法。压榨法是传统的榨油方法，目前仍是我国茶籽产区最主要的制油方法。传统方法只注重出油率，不重视副产品的质量，往往造成茶籽粕粗纤维含量高，粗蛋白质含量和消化率（氨基酸利用率）低，而且有毒物质含量极高。经过国内外科研人员近 20 年的攻关，在不影响出油率和油品质的情况下，茶籽粕有毒有害物质含量大大减少，营养价值得到了有效提高。在制油前进行了脱壳等预处理之后，茶籽粕中粗纤维和单宁的含量减少了，粗蛋白质的含量增加了；采用浸提法，使得茶籽粕中蛋白质变性减少，营养价值提高。

3. 茶籽粕中的抗营养因子

茶籽粕中含有的茶皂素是一种天然糖苷类化合物，由皂苷元、糖体、有机酸三部分组成（其化学结构见图 5-2）。茶籽粕中含有 15%左右的茶皂素，它是一种天然的表面活性剂，泡沫稳定性极强，以茶皂素为表面活性剂配成的洗

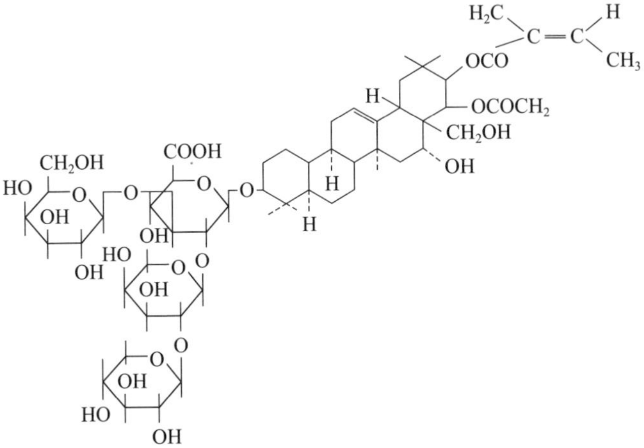

图 5-2　茶皂素的基本化学结构

涤剂属于优质洗涤添加剂，可用于洗浴、洗发和高端洗涤衣物的制剂中（郭文巩，2015），这在《本草纲目》也有记载："茶籽捣仁洗衣去油腻"。但是茶皂素在饲料中的大量存在不仅会影响饲料的适口性，而且还会引起畜禽胃肠道中毒、惊厥和昏迷，甚至病死。

4. 茶籽粕在牛饲料中的应用

樊庆山等研究饲喂含有棕榈仁粕、油茶籽粕或茶籽粕的饲粮时，夏杂公犊牛生长、营养物质消化吸收的差异。结果表明，饲粮中添加5%棕榈仁粕后，干物质采食量提高，氮表观消化率、沉积氮、氮沉积率、总能代谢率和消化能代谢率与豆粕组相比在数值上有一定的提高或改善，差异不显著，但提高了血清葡萄糖含量，从而提高了犊牛的平均日增重。饲粮添加5%茶籽粕或油茶籽粕降低了犊牛的采食量、消化氮和氮表观消化率，且茶籽粕降低了总能代谢率和消化能代谢率，影响犊牛增重。

二、油茶籽粕

1. 油茶籽粕概况及营养成分

油茶是我国特有的木本油料作物，有着2000多年的栽培和利用历史，与油棕、橄榄和椰子共同称为"世界四大木本油料植物"，主要分布在我国南方，如湖南、江西、广西、浙江、福建等地。目前我国的油茶种植面积已达到5000×10^4亩（1亩=666.7米^2），油茶籽年产量130×10^4吨左右（Son，2014）。油茶籽粕是油茶籽经提茶油后的副产物，油茶籽粕的营养成分接近米糠和荞麦，同时矿物质含量丰富，是一种非常优质的配合饲料原料，具体营养价值如表5-7和表5-8所示。

表5-7　油茶籽粕与几种饲料营养价值对照表

饲料名称	干物质/%	总能/(千卡/千克)	可消化能(猪)/(千卡/千克)	代谢能(鸡)/(千卡/千克)	粗蛋白质/%	可消化蛋白/(克/千克)	粗纤维/%
油茶籽粕	89.9	4689	1555	1495	13.7	58.5	16.0
荞麦	87.9	3789	2940	2634	12.5	84.0	12.3
燕麦	89.4	4027	2832	2533	12.5	93.0	9.8
蚕豆	83.3	4039	3015	2383	15.2	189.0	6.8
米糠	89.0	4325	3218	2720	12.2	90.0	8.5
统糠	89.9	2816	747	—	6.3	2.0	29.6

注：1卡约为4.2焦耳。

表 5-8　油茶籽粕和几种饲料矿物质营养对照表

饲料名称	钙/%	磷/%	微量元素/(毫克/千克)					
			铁	铜	锰	锌	钴	硒
油茶籽粕	0.38	0.38	600	20	380	65	0.37	—
荞麦	0.24	0.29	—	9.5	33.7	8.7	—	—
燕麦	0.22	0.24	70.0	5.9	38.2	25.0	0.07	0.30
蚕豆	0.08	0.33	87.0	8.3	54.0	55.0	0.03	—
米糠	0.28	1.60	160.0	15.1	20.9	35.0	—	—

由于受到油茶籽品种、产地分布及采收季节、茶粕加工工艺等的影响，油茶籽粕的营养成分含量变化较大。提油后的油茶籽粕一般含 0.5%～7%的粗脂肪、10%～20%的蛋白质、15%～25%的粗纤维、30%～60%的糖类物质、20%～50%的无氮浸出物、12～16 兆焦/千克的消化能。油茶籽粕蛋白质中富含氨基酸，其中天冬氨酸、谷氨酸和精氨酸等含量较为丰富（表 5-9）；同时含有多种无机微量元素，特别是动物生长发育过程中的必需元素镁、锰、钙、铁、锌、铜的含量较为丰富，对动物生长发育有害的元素镉和铅的含量很低（表 5-10），可以说是一种营养价值较高的饲料原料。

表 5-9　油茶籽粕蛋白质中氨基酸含量　　单位：%

名称	氨基酸含量	名称	氨基酸含量
天冬氨酸	4.44	脯氨酸	1.76
丝氨酸	1.96	酪氨酸	1.34
谷氨酸	9.67	缬氨酸	1.70
甘氨酸	2.00	蛋氨酸	1.42
组氨酸	0.83	赖氨酸	1.78
精氨酸	5.10	异亮氨酸	1.84
苏氨酸	1.62	亮氨酸	3.28
丙氨酸	2.40	苯丙氨酸	2.24

表 5-10　油茶籽粕矿物质测定结果　　单位：毫克/千克

元素	含量	元素	含量
钾	18400.0	锌	65
镁	1190.0	钴	84
钙	1000.0	镍	200
铜	20.0	镉	12
铁	600.0	铅	44
锰	380.0	铬	<0.1

注：资料来源于卫洋洋（2013）。

2. 油茶籽粕中的抗营养因子

虽然榨油后的油茶籽粕中营养物质含量丰富，但是由于油茶籽粕中含有较高质量浓度的茶皂素、单宁、生物碱和黄酮等活性物质，所以会影响饲料的适口性和消化率，降低其饲用价值。油茶籽粕中茶皂素含量在10%～20%。

另外油茶籽粕中还含有2%的单宁（化学结构见图5-3），是油茶籽粕具有苦涩味道的主要原因之一。单宁及黄酮等多酚类物质能和蛋白质或酶的活性基团结合生成不溶性复合物，大大降低蛋白质利用率，使酶丧失活性。单宁进入动物消化道后，能与肠道分泌的蛋白质消化酶结合，抑制其活性，从而降低蛋白质的消化率；单宁可与唾液蛋白和糖蛋白质在口腔中相互作用产生苦涩的味道，降低动物的摄食量；单宁在胃肠道内能与黏膜蛋白质结合，在其表面形成不溶性复合物，损伤肠壁功能，抑制一些营养元素的吸收，如钙和铁等，使动物造成缺钙或缺铁等营养问题，影响其生长（王建枫，2015）。

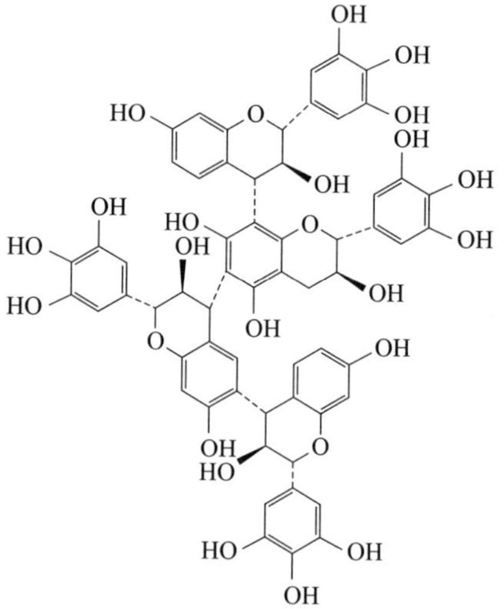

图5-3 单宁的基本化学结构（Keb，1997）

3. 油茶籽粕在牛饲料中的应用

油茶籽粕中含有茶皂素，限制了油茶籽粕在动物生产中的直接应用，只能作为饲料添加剂使用。在饲粮中添加油茶提取物（茶皂素）不仅能提高哺乳动物仔猪抗腹泻能力和生长性能，而且还能够增强生长猪免疫功能，取代抗生素，提高生长性能；在肉鸡中也有类似的作用。但是油茶籽粕在牛上的研究相对较少。由于油茶籽粕中含有茶皂素、单宁等抗营养因子，因此对其进行发酵等脱毒处理十分必要。卫洋洋等的研究中，采用发酵油茶饼粕在饲粮中代替部分豆粕饲喂荷斯坦奶牛，分别代替15%、30%和45%的豆粕用量。试验结果表明，采用发酵油茶饼粕代替部分豆粕，对泌乳期荷斯坦奶牛生产性能无不良影响，同时会提高产奶量，并有益于乳蛋白和乳脂率的提升，有效降低饲养成本。

三、改善茶籽粕和油茶籽粕品质的措施

1. 茶籽粕和油茶籽粕中茶皂素的提取

据报道，茶皂素能提高动物生产性能、免疫水平和抗氧化能力。但是茶皂素味苦，适口性差，有一定的毒害作用，添加过量会影响动物的采食量和生产性能。茶籽粕的利用其实是对茶皂素的利用，所以一般都会对茶皂素进行提取。提取茶皂素的方法大致可以分为三类，即水提法、有机溶剂提取法、混合溶剂提取法（刘静，2017)。水提法是将茶籽粕粉碎并用热水浸提、过滤、浓缩、脱色、再浓缩、再脱色、烘干，得到茶皂素粗提物。水提法的优势是生产工艺和设备简单，劣势是用水量大，后续分离难度大，产品纯度低，能耗大，渣的处理困难。有机溶剂提取法主要是醇提法，是指油茶籽粕经脱油处理、粉碎、醇浸取、浓缩、烘干，得到茶皂素粗提取粉剂，醇提取剂多为甲醇或乙醇。甲醇易燃易爆，沸点低，毒性大，安全生产要求高，因此醇提取剂多用乙醇。醇提法的提取工艺复杂，投资大，乙醇价格也较高，导致茶皂素生产成本高。目前的茶皂素提取工艺多是多种工艺结合或提取和精制工艺联合。刘传芳等采用乙醇浸提与沉淀剂处理联合，解决了提取过程中脱脂、纯化、分离和干燥等问题。刘昌盛等采用乙醇-水混合物浸提与超声波技术联合，该方法与水提法和乙醇溶液浸提法相比，缩短了提取时间，降低了能耗，提高了茶皂素得率。赵元藩等采用水提醇沉淀法，该方法结合了水提法和有机溶剂法的优点，一定程度上解决了水提法杂质多、纯度低、后处理困难，以及有机溶剂法投资大、成本高、工艺复杂等问题。茶皂素提取方法归纳如表5-11所示。

表5-11　茶籽粕中茶皂素的提取方法

提取方法	原理	优点	缺点	用途
水提法	茶皂素易溶于热水	见效快、成本低、过程简单	提取得到的茶皂素纯度低、得率低	作为农药、沥青的乳化剂使用
有机溶剂提取法	原料中的茶皂素经乙醇浸提剂浸提后，浓缩，加入乙醇、乙醚等混配而成沉淀剂回收得到	用时短、提取得到的茶皂素纯度高、得率高	工艺复杂、成本高、设备要求高，消耗量大	作为生化试剂或者医药原料
混合溶剂提取法	相似相溶原理	不但可以提油而且可以脱毒	成本高、设备要求高	用途广泛

注：资料来源于刘传芳（1996），刘昌盛（2006）和赵元藩（1996）。

2. 茶籽粕和油茶籽粕的脱毒处理方法

油茶籽粕常用的脱毒处理方法有物理法、化学法、生物法和组合法，其中生物发酵法被认为是最具发展潜力的处理方法。通过在油茶籽粕中添加高效微生物菌株，在适宜的条件下发酵，不仅能转化降解茶皂素及多酚类物质，达到脱毒的目的，而且还能降低纤维素含量，提高油茶籽粕的消化吸收率，改善适口性。

（1）物理脱毒法　物理脱毒法主要采用热处理法，是一种传统脱毒工艺，一般采用煮沸和蒸汽等加热加压方法脱毒。将饼粕经过蒸煮、翻炒等加热处理后，抗营养因子与蛋白质结合而失去毒性，但同时由于抗营养因子与蛋白质结合，从而使饼粕的营养价值降低。但这些方法在技术和设备方面还有一些问题没有完全解决，且成本较高，因此在实际生产应用中，尚需进一步研究改进。

（2）化学脱毒法　化学脱毒法是在饲用饼粕中加入化学试剂，在一定条件下使抗营养因子被破坏或变成结合状态。最常见的方法有：硫酸亚铁法、碱溶液处理法、盐溶法、酸碱盐降解法、水溶液脱毒法和溶剂浸出法。与物理脱毒法相比，化学脱毒法较为简单，易操作，同时脱毒效率也较高，这也是目前饲料原料厂最常用的脱毒方法。

（3）生物脱毒法　微生物发酵是指利用微生物，在适宜的条件下，将原料经过特定的代谢途径转化为人类所需要的产物的过程，生产水平主要取决于菌种本身的遗传特性和培养条件。这种方法的优点是简单方便，缺点是处理成本高，同时对于具有多种抗营养因子的饼粕类饲料需要逐个处理，过程烦琐。微生物发酵法和传统脱毒方法相比，微生物发酵不但可以脱去饼粕中的有毒有害物质，同时可以提供优质的菌体蛋白，间接提高饲料中的蛋白质含量。发酵产生的菌体蛋白、生物活性小肽类氨基酸、微生物活性益生菌、酶制剂等，不但可以弥补饲料中容易缺乏的氨基酸等物质，而且可以使其他粗饲料营养成分迅速转化，达到增强消化吸收利用的效果。

无论生产实际中采用何种技术和方法脱毒，都要因地制宜，从应用范围、工艺技术、经济效益、脱毒效果和实际饲养结果来选择。各种脱毒技术的优缺点如表 5-12 所示。

表 5-12　主要脱毒技术评价

脱毒方法		现阶段主要用途	优点	缺点
物理法	热处理法	各种饼粕	操作简单	蛋白质消化率下降
	纯化芥子酶法	菜籽饼粕	简单可靠	硫苷被肠道微生物分解产生毒素
	膨化技术	各种饼粕	适应度高，消化率提高	能耗大，设备仪器体积偏大

续表

脱毒方法		现阶段主要用途	优点	缺点
化学法	酸碱盐降解法	菜籽饼粕	简单可靠	污染大,饼粕质量不高,适口性差
生物法	酶制剂法	各种饼粕	脱毒条件温和,干物质损失小	成本较高
	微生物发酵法	各种饼粕	脱毒明显,蛋白质含量提高	一定的干物质损失,技术要求高

茶籽粕作为一种高营养价值的饲料存在巨大潜力，但是，茶籽粕中大量茶皂素的存在限制了其进一步的开发应用。微生物发酵法被认为是最有发展潜力的处理方法。在茶籽粕和油茶籽粕中添加高效微生物菌株，在适宜的条件下发酵，一方面是要降解茶籽粕中的茶皂素和单宁等抗营养因子，达到脱毒的目的；另一方面是降低纤维素含量，提高茶籽粕和油茶籽粕中蛋白质等的含量，从而提高对其的消化吸收率，改善适口性。

邓桂兰、钟海雁等研究利用茶籽粕固态发酵生产菌体蛋白饲料，这些研究多采用脱皂素茶籽粕为原料，以发酵产物中蛋白质（以及菌体蛋白）含量为唯一指标，进行菌种的筛选、培养基的配制及工艺优化。周浩宇等（2010）以油茶籽粕为主要原料，以枯草芽孢杆菌、黑曲霉、产朊假丝酵母为发酵菌种，研究单菌及混合菌固态发酵后油茶籽粕中各抗营养因子的降解率，发酵后原料中的茶皂素、总酚及粗纤维均有降解，粗蛋白质含量提高，且混合菌发酵效果优于单菌发酵。在练杰等（2013）的研究中，使用枯草芽孢杆菌和黑曲霉混合菌固态发酵试验，对茶籽粕中茶皂素的脱除进行研究，利用响应面分析方法，模拟得到二次多项式回归方程的预测模型，最终确定茶籽粕固态发酵工艺条件为接种量 12.5%，水分含量 52%，发酵时间 3.9 天。在此条件下，脱皂率达（93.28±0.34)%，实际测定值与理论计算值很好地吻合。周玥等（2012）以茶皂水为主要原料，对各菌种的茶皂素降解率进行研究发现，青霉、地衣芽孢杆菌、纳豆芽孢杆菌、假丝酵母对油茶皂素的降解率都能达到 66%以上，以青霉的降解率最高，与自然降解相比，可使油茶皂素的降解率增加 60.24%，经优化培养后可使茶皂水中油茶皂素的降解率高达 83.11%。卫洋洋（2013）的试验中先用热水脱毒法脱除油茶籽粕中茶皂素，然后用枯草芽孢杆菌固态发酵，最优条件下菌体产小肽量为 8.94%，同时其他营养成分显著提高。同时也做了枯草芽孢杆菌和绿色木霉的混菌发酵，发酵后产品小肽量达到 9.04%，同时粗纤维含量降至 14.49%，品质显著改善，可作为奶牛精料补充料添加进奶牛饲粮中。在任仙娥等对油茶籽粕固态发酵的研究中，使用热带假丝酵母：枯草芽孢杆菌：黑曲霉＝2：1：1，尿素添加量 6%、培养基含水量 60%、发酵温度 37℃、发酵时间 4 天的最佳优化工艺，对油茶籽粕进行混菌发酵，生产菌体蛋白饲料。其检测结果显示，油茶籽粕经发酵后，粗蛋白质质量分数由 16.96%上升到 35.82%，粗纤维质量分数由 20.12%下降到 10.96%，粗灰分含量稍有升高，而粗脂肪含量稍有降低。最主要的是，油茶籽粕经微生物发酵，微生物繁殖产生的大量菌体蛋白增加了蛋白质含量，提高了油茶籽粕的饲用价值；同时各种微生物酶作用于油茶籽粕中大分子物质如粗纤维，使其转化为小分子物质，改善了油茶籽粕作为饲料的适口性，也易于动物吸收；另外微生物产生的各种酶类及活性因子能够抑制肠道中有害菌的生长、促进动物体内有益菌的繁殖，从而提高动物的免疫力和抗病能力。

生物发酵法脱毒生产油茶籽粕饲料可降解油茶籽粕中的茶皂素及单宁等抗营养物质，提高饲料中蛋白质含量。发酵后的油茶籽粕不仅含有丰富的蛋白质、糖类等营养物质，少量的茶皂素还可以促进动物的生长，增强抗病能力，是优质的蛋白饲料。同时，茶籽饼粕微生物发酵原料丰富，不受季节、气候和自然灾害的影响，生产周期短，设备要求低，生产成本低，是不可多得的饲料生产方法，在我国未来的养殖业发展中具有广阔的发展前景。

3. 茶籽粕和油茶籽粕中抗菌物质的研究

除了对茶籽粕中茶皂素的利用外，在茶籽粕的使用过程中还发现了其明显的抗菌作用，虽然研究茶籽粕中抑菌物质成为研究热点，但是国内外对茶籽粕中抑菌物质缺少系统的研究。在陈海燕等（2013）的研究中，在不同温度、不同酸性条件、不同光照处理下茶籽粕提取物中抗菌活性成分都较稳定。通过最低抑菌浓度的测定表明，茶籽粕提取物对革兰氏阴性菌、革兰氏阳性菌及部分真菌都有良好的抗菌作用，且抗菌谱较宽。所以，日后可从茶籽粕中开发天然防腐剂。

4. 茶籽粕和油茶籽粕中淀粉的提取研究

也有试验对茶籽粕淀粉进行了研究探索，韦思庆等（2015）的试验采用稀碱法提取茶籽粕淀粉，通过正交试验优化工艺，以淀粉提取率为指标确定最佳工艺参数为：液固比为 6∶1（毫升/克），pH10.0，浸泡时间 5 小时，提取温度 50℃。按此最佳条件进行试验验证，得到的淀粉提取率为 83.87%。对淀粉物理性质进行研究，得出淀粉糊的透光率比玉米淀粉和小麦淀粉低；析水率为 36.28%，冻融稳定性比玉米淀粉和小麦淀粉好；膨胀度为 12.83%。膨胀度比玉米淀粉和小麦淀粉低；凝沉性比玉米淀粉和小麦淀粉的低；从物理性质研究结果可以看出，茶籽粕淀粉有一定的市场价值。

四、新型饼粕类饲料利用存在的问题

1. 对开发利用新型饼粕类饲料资源认识不足

长期以来，我国畜牧业生产中，一贯使用玉米等粮食饲料来转化生产畜产品，忽视了新型饼粕类饲料资源的开发和利用，以致相当丰富的新型饼粕类饲料资源得不到合理利用，甚至以废物形式抛弃。

2. 新型饼粕类饲料资源开发和利用的方式还不够成熟

新型饼粕类饲料原料大多含有抗营养因子和毒素，一般不可直接用来饲喂畜禽，需要通过特定的加工处理后才能被畜禽利用。但相关处理技术还不够成熟，一些传统的加工方式会破坏饲料的营养价值而且耗能大、成本高，还需要不断完善。

3. 新型饼粕类饲料资源的利用没有健全的产品标准

新型饼粕类饲料加工产品的质量差异较大，受到多种因素的影响。来源不同、加工方式不同的原料生产出的产品质量各不相同。因此，很难设立统一的质量标准。

4. 新型饼粕类饲料在饲粮中的添加比例尚未确定

新型饼粕类饲料资源可以代替部分常规饲料，而且在节约饲料成本、增加经济效益等方面已经得到一致的认可。但不同地区、不同来源的新型饼粕类饲料资源的营养成分差异较大，因此有关最佳添加量的报道也各不相同。

一种新型饼粕原料不一定适合所有动物，因此，我们应该结合当地的新型饼粕原料，饲喂合适的动物。同时，一种新型饼粕原料也不一定在动物的整个生长周期都适用，应选择某个阶段进行替代使用。

五、茶籽粕和油茶籽粕饲料的展望

我国茶籽粕和油茶籽粕资源丰富，但由于其含有较高质量浓度的抗营养因子而限制了在动物生产中的利用。通过脱壳、脱皂等物理化学处理和微生物发酵处理，茶籽粕和油茶籽粕或可成为蛋白质含量高、氨基酸均衡及抗氧化活性物质丰富的优质蛋白质饲料原料。因此，如果能进一步改进和优化加工工艺，使脱毒茶籽粕和油茶籽粕工厂化生产，提高产品的稳定性，那么油茶籽粕在牛的养殖中具有非常广阔的应用前景。

第三节 甜 菜 粕

甜菜粕又名甜菜渣，是甜菜在制糖过程中经过切丝、渗出和充分提取糖后剩余的含糖量非常低的甜菜丝。它具有柔软多汁、营养丰富、适口性强、消化率高和价格低廉等优点，是家畜良好的饲料。通常每加工1吨甜菜块根便同时生产出0.9吨甜菜粕。甜菜粕中含有丰富的各类氨基酸、维生素和微量元素，是养牛理想的饲料。自20世纪80年代以来，中国甜菜粕颗粒的生产发展较快，年产量已达到10多万吨。目前国内的甜菜制糖厂大多配有甜菜粕颗粒生产线。尽管甜菜渣营养丰富，但水分含量可达85%以上，不便运输和贮存，每年只有在糖厂附近的农户可以利用一部分，少量制粒后出口，其他大部分鲜渣就地积压腐败，造成资源浪费和环境污染。

甜菜粕中含有大量的可消化纤维、果胶和糖分，具有在动物胃肠道内流过速度慢和在盲肠内存留时间长的消化特性，以及甜菜粕中的粗纤维较易被动物胃肠道中的微生物降解等特点，故可作为反刍动物饲料营养中的一种能量饲料资源。随着我国畜牧业发展及牲畜结构变化，国内反刍动物饲养需要的甜菜粕也将逐年增加。此外，近两年饲粮价格起落大，特别是豆粕。甜菜粕作为反刍动物饲粮基础组分，既可以减少养殖中对其他饲料的依赖，又有助于动物改善瘤胃健康和适应复杂的饲粮，甜菜粕在国内反刍动物养殖业中的应用具有广阔空间。所以推广甜菜粕饲料的应用，减少资源的浪费，具有重要的意义。

一、甜菜粕的形式

1. 湿（鲜）甜菜粕

湿（鲜）甜菜粕包括甜菜制糖加工剩下的茎叶等，水分多，适口性好。国内外通常用湿（鲜）甜菜粕替代反刍动物的谷物饲料，包括玉米或大麦等。饲喂鲜甜菜粕可以增加反刍动物的采食量，作为精料补充料时还可以提高动物采食饲粮时的咀嚼时间和频率，改善动物生长性能（刘春龙等，2012）。然而湿（鲜）甜菜粕中草酸含量较高，动物采食后存在酸中毒的风险，因此不适宜大量饲喂；湿（鲜）甜菜粕在储存过程中容易损失营养物质，由于水分太多导致茎叶腐烂变质，滋生细菌，饲用价值降低。

2. 干甜菜粕

将鲜甜菜粕晒干或自然风干后得到干甜菜粕，利于保存，但营养成分损失大。干甜菜粕主要用于饲喂奶牛，其中的纤维素消化率很高。干甜菜粕中主要成分是无氮浸出物，其消化能值较高。粗蛋白质较少，且品质差；必需氨基酸少，特别是蛋氨酸极少；钙、锰、铁等矿物元素含量较多，但磷、锌等元素很少；干甜菜粕中维生素较贫乏，但胆碱、烟酸含量较多。这种饲料的适口性好，略有轻泻作用，耐贮藏性好。

3. 青贮甜菜粕

饲料甜菜青贮的原理和玉米青贮一样，就是给以压实、封闭等条件，使在乳酸菌繁衍活动的同时，产生大量乳酸而达到长期保存原料的目的。饲料甜菜青贮方法目前有两种：甜菜单独贮存和甜菜与稻草或麦草混合贮存。贮存的形式又可分为堆贮、窖贮、塑料袋贮等。经厌氧贮藏的甜菜粕比贮藏前的营养价值高，具有香味，适口性好。通过青贮，可以增加甜菜粕中的可消化养分，减少草酸含量，改善甜菜粕的口感，灭活饲料中的细菌。在青贮中添加的氮源（尿素）和碳源（糖蜜）可使青贮的粗蛋白质和粗脂肪含量显著增加，而无氮浸出物有所减少。由于植物本身含有水解尿素的酶，自然环境中存在的微生物也可分解尿素，因而，在贮存过程中，贮料中添加的尿素经水解而产生氨气，对贮料有氨化作用。玉柱等（2010）发现，甜菜粕青贮发酵类型为乙酸发酵，混合青贮为乳酸发酵，添加0～50%玉米秸降低了青贮饲料的pH和蛋白质含量，提高了乳酸和纤维含量，且随着玉米秸添加量的增加，青贮饲料的体外消化率降低。在青贮过程中添加尿素增加了碳水化合物和乳酸、乙酸含量，同时降低了饲料中氨态氮、丙酸和丁酸的含量。青贮可增加甜菜粕中的蛋白质含量，并且在青贮甜菜粕中加入20%稻秸、玉米秸、豆荚或麸皮降低了氨态氮总量和干物质损失率。用20%玉米秸秆或10%大麦秸与甜菜混合制成的混青贮，各种碳水化合物含量平衡，干物质含量高，适于直接饲喂反刍动物。

4. 甜菜粕颗粒

甜菜粕颗粒料是奶牛的一种优良添加饲料，我国于20世纪80年代初期开始与日本采取补偿贸易的方式生产甜菜粕颗粒料，产品主要销往日本，现市场已拓展到欧洲及东南亚地区，但日本仍是主要的出口市场，近几年日本甜菜粕颗粒料进口量一直稳定在70×10^4吨左右。甜菜粕颗粒是将湿甜菜粕压榨、脱水、烘干和制粒形成的副产物，密度为1.2～1.3克/米^3，硬度较大，每100吨甜菜大约可产出甜菜粕颗粒6吨。近年来，由于其易保存、方便运输、养分含量高等特性逐渐成为甜菜粕饲用的重要方式。相较于鲜甜菜渣和干甜菜渣，甜菜粕颗粒可在干燥环境内长时间贮存，也便于运输。同时，通过制粒，饲料报酬有所提高，饲养成本有所下降，提高了动物产品的生产率（图5-4）。

图5-4　甜菜粕颗粒

5. 复合甜菜粕

为充分发挥甜菜粕特点，进一步提高其在反刍动物饲养中的饲喂价值，开发新型复合甜菜粕已开始成为代用饲料在饲料应用领域的新方向。甜菜粕具有特殊的纤维结构和良好的吸附能力，在甜菜丝混合、调质的过程中添加其他营养物质可制得附带不同浓度不同物质的复合甜菜粕。甜菜粕除直接压制外，在制造过程中还可以与甜菜废蜜结合，改善颗粒适口性，增加能量含量。干甜菜颗粒作为饲料，一是直接压成方块大包或压成直径为8～12毫米的圆柱体（颗粒粕）；二是干粕中加入废蜜，可先混合甜菜粕和废蜜后再干燥，然后放入压块机，压成方块或直径为8～12毫米的圆柱体；三是干粕中除加入废蜜外，还可加入尿素、磷酸盐、维生素、酵母等，直接在压块机内混合，压成直径为12～16毫米的圆柱体。赵永亮等（2009）对新型糖蜜甜菜粕的研究发现，饲喂该复合甜菜粕饲粮牛在产奶量、采食量及日增重方面都有提高，同时投入产出比减少。在杨玉福等（2000）试验中，三高甜菜粕比普通甜菜粕得到了较好的饲喂效果和经济效益。

二、甜菜粕的营养价值

1. 甜菜粕的基础营养成分

甜菜粕产品大致可分鲜甜菜粕、干甜菜粕、青贮甜菜粕及甜菜粕颗粒，其主要营养成分见表5-13。

表5-13 鲜甜菜粕、干甜菜粕、青贮甜菜粕及甜菜粕颗粒营养成分 单位：%

项目	干物质	粗蛋白质	粗脂肪	中性洗涤纤维	酸性洗涤纤维	粗灰分	钙	磷
鲜甜菜粕	11.79	10.73	0.80	51.20	28.48	4.94	0.06	0.01
干甜菜粕	88.72	11.04	0.73	55.58	28.14	5.23	0.90	0.06
青贮甜菜粕	17.38	13.15	0.94	49.71	33.87	9.56	1.45	0.05
甜菜粕颗粒	86.65	10.14	0.70	51.19	26.59	5.49	0.98	0.09

注：资料来源于朱海等（2013）。

由表5-13中的各营养成分含量可知，鲜甜菜粕和青贮甜菜粕的含水量很高。鲜甜菜粕、干甜菜粕和甜菜粕颗粒的蛋白质含量在10%左右，但青贮甜菜粕的蛋白质含量为13%，高于甜菜粕。甜菜粕的脂肪很少，含钙极多、含磷少。甜菜粕的中性洗涤纤维含量为50%左右，与其他粗饲料相比，甜菜粕中可消化纤维含量高，纤维易被肠道微生物所利用，所以甜菜粕被广泛利用于反刍动物，尤其是牛、羊的饲料中，并且因为其消化能达到13.39兆焦/千克，通常作为能量饲料广泛用于反刍动物饲料中。

2. 甜菜粕中的活性营养成分

甜菜粕是一种果胶含量很高的饲料，含量为28%左右，而大多数饲料原料果胶含量较少，一般在2%～3%之间。果胶属于非淀粉多糖，其消化和发酵对反刍动物的瘤胃功能和生产性能有很大的影响。果胶同淀粉一样属于发酵速度较快的碳水化合物，但二者发酵的结果不同，如果饲料中淀粉含量过高，就会因发酵速度过快、乳酸产量过多而导致酸中毒；而果胶由于其分子的半乳糖结构，可通过离子交换和结合金属离子的途径等起缓冲作用，当瘤胃pH下降时果胶发酵速度变慢，从而阻止瘤胃液pH下降和乳酸的生产，保持瘤胃内环境相对稳定。

甜菜粕中含有的一种植物碱叫作甜菜碱。甜菜碱是动物蛋白质、氨基酸代谢中普遍存在的中间代谢物。甜菜碱、蛋氨酸和胆碱是三种甲基供体，相较于胆碱，甜菜碱是中性物质，可保护和稳定饲料中的维生素，吸湿性不强，可长期保存，耐高温，20℃条件下还是稳定状态。如果蛋氨酸供应过量而又缺乏胆碱和甜菜碱，那么大量的高半胱氨酸在体内积蓄，会产生胫骨软骨发育不良和动脉粥样硬化等症状，所以饲粮中要有足够的胆碱和甜菜碱来满足对不稳定甲基的需要，维持动物体的健康。但有报道称，甜菜碱对犊牛和胎儿有毒害作用，建议围产期奶牛不宜饲喂甜菜粕。

甜菜粕中富含烟酸。烟酸是反刍动物机体内的一种必需维生素，是重要辅酶NAD和NADP的直接前体，参与脂肪酸、碳水化合物和氨基酸的合成和分解。反刍动物饲料中和瘤胃微生物合成的烟酸，在产量方面一般可以满足需要，不需另外添加，但反刍动物在某些特殊条件下需要额外补充烟酸，如奶牛产奶量的提高、饲粮中精料比例增加或亮氨酸和精氨酸过量以及饲料加工过程中饲料中烟酸和体内可以合成烟酸的色氨酸的破坏均可导致反刍动物缺乏烟酸。所以奶牛饲粮中添加甜菜粕可补充烟酸。一些试验证明，奶牛饲粮中补加烟酸，可提高产奶量、乳脂含量和乳蛋白含量，并使母牛空怀期缩短，每次妊娠所需的人工授精次数减少。

综合来说，甜菜粕是一种多养分高效益的饲料。使用甜菜粕可改善饲料的适口性，提高动物采食量；可提供较多的能量和可消化纤维，调节肠道微生态平衡，降低发病率；可提供较多的可消化蛋白和糖类能量；可提高脂肪代谢和新陈代谢能力，促进畜禽生长；甜菜碱有胆碱样作用，还可代替部分蛋氨酸和胆碱。

三、甜菜粕在牛饲料中的应用

当前甜菜粕最主要的饲用方式是作为反刍动物的饲料原料。甜菜粕可以促进反刍动物咀嚼，延长反刍时间，促进唾液分泌，有助于维持瘤胃正常pH。由于甜菜粕纤维的填充性比粗饲料中性洗涤纤维低，长度小，能够更迅速地被消化，因此可消化纤维含量高，可以增加采食量，提高泌乳期奶牛、羊的产奶量和乳脂率，同时可以有效减少亚急性瘤胃酸中毒引起的蹄叶炎和跛足。对于青年反刍动物，甜菜粕还是一种非常重要的优化瘤胃发育的原料。此外，由于甜菜粕中富含果胶，可通过离子交换和结合金属离子等途径起缓冲作用来减缓瘤胃发酵，减缓瘤胃液pH下降和乳酸的产生，保持瘤胃内环境相对稳定。

1. 作为奶牛基础饲粮补充料

甜菜粕可作为基础饲粮组分或者粗饲料的主要组成部分，常用于后备牛和泌乳牛的能量补充料中，饲喂量可占到奶牛精料的50%或者替代饲粮干物质中15%、25%的粗饲料。Castle等进行的有关饲粮中添加甜菜粕对奶牛采食量和生产性能影响的研究表明，在青贮和精料混合的饲粮中，添加不同水平的甜菜粕(2.22千克和4.44千克)，每天的干物质采食量随着甜菜粕的增加而增大。与添加2.22千克组相比，添加4.44千克的处理组，产奶量平均增加0.2千克，乳脂含量无显著差异，而非脂固形物含量明显提高。奶牛平均体重随甜菜粕的增加而明显增加，各处理组间的乳糖率无差异，重要的是牛奶口味没有受到负面影响。Bhattachar研究显示，饲喂饲粮中含有55%的甜菜粕时，对生产性能的影响与添加57%大麦的饲粮的作用相当。研究还表明，当向含有50%甜菜粕的低脂肪饲粮中添加4%脂肪时，产奶量可提高7.5%，添加脂肪起到的显著效果是由于饲粮中高效能量饲料甜菜粕的利用。林曦建议产奶期奶牛每头添加20千克/天青贮甜菜粕为宜。甜菜粕中的纤维能有效改善瘤胃环境，在泌乳奶牛饲粮中添加不同比例的甜菜粕会提升泌乳奶牛的采食量，降低奶牛瘤胃底物浓度。

2. 替代奶牛饲粮中的谷物

甜菜粕的蛋白质含量与玉米和大麦相近，在饲粮中可替代蛋白质含量相近的玉米或大麦。

Castle通过研究附带糖蜜的甜菜粕替代饲粮中等量大麦（以干物质为基础）发现：替代饲粮中的大麦从0～80%，各水平间处理组日干物质采食量、平均产奶量、非脂固形物、挥发性脂肪酸比例和乳蛋白均无显著差异，而随着甜菜粕替代大麦水平的提高，试验奶牛饮水量明显增加。附带糖蜜的甜菜粕与等量的大麦在饲粮中有相同的饲喂价值。Phipps类似的试验研究了甜菜粕替代小麦谷物对泌乳奶牛产奶量、采食量、乳成分等方面的影响：粉碎小麦与甜菜粕分别按240∶0、180∶60、120∶120及60∶180不同比例进行饲喂。结果表明，采食量的增加与甜菜粕的添加呈正线性关系，其中当甜菜粕以120和180比例添加时，对照组的干物质采食量比试验组的低1.2千克，而在产奶量、乳成分方面，均无显著差异。

王萌等（2011）利用甜菜粕替代玉米对奶牛生产性能及血液代谢影响的试验结果表明，试验组各个处理间的干物质采食量、产奶量和能量校正乳差异均不显著。甜菜粕替代玉米比例也不影响乳蛋白和乳脂等乳成分的产量和百分含量，但随着甜菜粕饲喂比例的增加，其含量有升高的趋势。血尿氮及葡萄糖浓度显著降低。各个处理组的非脂化脂肪酸及β-羟丁酸等血液生化指标的浓度无显著变化。

3. 作为青贮饲料和青贮补充料

青贮的甜菜粕可作为一种粗饲料来源。Ferris通过两种饲喂方式验证甜菜粕的饲喂价值，一部分试验采用甜菜粕与牧草一起混合青贮，另一部分试验将甜菜粕直接作为青贮牧草的补充料，结果发现，不论哪种方式饲喂甜菜粕，牛采食量、乳脂率和乳蛋白含量均随甜菜粕增加而提高。作为补充料的甜菜粕比甜菜粕青贮时饲喂，会产生更高的乳脂含量和乳蛋白含量，这是由于在青贮过程中甜菜粕丢失了营养和消化能。Murphy等采用甜菜粕和牧草的混合青贮来替代大麦，处理组饲粮分别为大麦-大豆、大豆-甜菜粕、大麦-大豆-甜菜粕。饲喂大麦-大豆-甜菜粕型饲粮的处理组与其他两种饲粮型相比，在奶牛产奶量、乳脂含量、乳蛋白含量、乳糖率以及采食量上均有显著提高。当饲喂牛青贮牧草时，常带来消化问题。青贮草料在瘤胃中大量积存而诱发膨胀，导致消化功能下降，从而采食下降。压缩后的甜菜粕作为一种纤维饲料来源，提高了牛对饲粮的咀嚼时间和频率，同时瘤胃底物浓度降低，这由于甜菜粕纤维的有效利用可改善瘤胃环境。对于低质量的青贮来说，压缩后的甜菜粕整体提高了饲粮消化率。而无论甜菜粕以哪种方式饲喂，当甜菜粕的喂量增加时，饲粮中的干物质、有机物、能量以及纤维的含量都随着增大，同时粪中氮的含量也会增加，而尿氮会减少。总之，甜菜粕作为青贮的补充料是种良好饲喂方式，可产生更好的饲喂效果。当甜菜粕作为玉米青贮补充料喂牛时，奶产量、乳脂率、乳蛋白等都有增加的趋势。

4. 甜菜粕在肉牛饲粮中的作用

甜菜粕对提高肉牛的生产性能有较大的作用。大量研究表明，饲喂甜菜粕组肉牛的生长速度明显优于对照组。Darwish研究显示，在肉牛饲粮中添加甜菜粕，平均每头肉牛日增重可达到0.27～1.29千克。Kang等（2014）研究甜菜粕替代青贮玉米对肉牛生产的影响，结果表明采食甜菜粕饲粮组的肉牛日增重比青贮玉米组有提高，但差异不显著，同时，甜菜粕饲粮组的饲料转化率高于青贮玉米处理组。用甜菜粕取代部分青贮玉米饲喂青年肉牛时，采食甜菜粕的小牛的生长速度快于采食等量玉米的试验牛，这可能由于牛更有效利用了甜菜粕提供的能量。另外，甜菜粕有助于改善饲粮消化率，很大程度提高了纤维素的分解率，与其他饲料一起，如苜蓿、玉米秸秆等，呈现出正组合效应。

四、饲喂甜菜粕时的注意事项

无论鲜甜菜粕或者干甜菜粕颗粒，均存在钙磷含量不平衡的问题——钙多磷少，饲喂过程中应补充适当的磷以防止钙磷代谢病的发生。

1. 鲜甜菜粕

① 甜菜粕在反刍动物饲料中的应用比较广泛，效果比较显著；但是鲜甜菜

粕含有大量的游离酸，大量饲喂后易导致动物腹泻或中毒身亡，因此需控制饲喂量，长期饲喂时应加入适量小苏打避免酸中毒。

② 大量饲喂或单纯饲喂饲料甜菜会使饲粮的营养浓度下降，粗蛋白质短缺，不但影响肉的品质，而且动物生长速度也不理想。

③ 鲜甜菜粕汁液多，在一般情况下不要和其他原料（主要指精料与添加剂）搅拌饲喂，以免使其他饲料原料的营养成分流失。

④ 鲜甜菜粕供应期短，生产集中，产量大，易腐败变质，因此需要适当的方法将鲜甜菜粕贮存处理，以备长期饲用。

⑤ 利用甜菜粕喂牛，牛的尿排量大，地面极为潮湿，易发生寄生虫病，应及时清理或可铺撒锯末等垫料去湿。

⑥ 禁止饲喂变质甜菜粕。敞开式贮存的甜菜粕，到翌年 5～6 月，因气温高，味道发臭，颜色变黄，品质变坏，牛、羊食后易发生拉稀等疾病。

2. 干甜菜粕

① 甜菜粕中果胶含量很高，可达到其干重的 19.6%，而蛋白质含量较低，含量为 10%左右；果胶在反刍动物瘤胃中发酵很快，进入瘤胃后发酵不平衡，导致微生物蛋白质的合成量下降，总蛋白质供应量不足。建议饲喂过程中补充一定量的非蛋白氮，尽可能达到能氮同步的效果。

② 甜菜粕中缺乏维生素 A 和维生素 D，饲喂动物时应配合饲喂胡萝卜或者其他维生素 A 或维生素 D 含量高的饲料资源。

③ 生产中，甜菜粕最高添加量为饲粮精料的 50%或者替代饲粮干物质15%～25%的饲草，超过这个量将对奶牛的生产性能产生不利影响。

④ 干甜菜粕容易吸水，吸水后体积膨胀 3～4 倍，奶牛采食干粕过多易因其在瘤胃内大量吸水而破坏瘤胃菌群平衡，从而引起消化功能紊乱。因此，对于使用 TMR 搅拌车的牛场，可直接将甜菜粕加入车中搅拌，没有 TMR 搅拌车的牛场建议饲喂前用水浸泡后饲喂。

五、甜菜粕在奶牛饲粮中的添加量及添加方法

1. 湿（鲜）甜菜粕的添加量及添加方法

饲喂湿甜菜粕时，由于湿粕草酸含量高，过量会引起腹泻，而且湿粕的体积大，所以不宜多喂。可根据牛粪便的干稀，增减甜菜粕的喂量，牛粪干了多喂，牛粪稀了少喂。各阶段牛的饲喂量可参考表 5-14。

表 5-14　湿甜菜粕的饲喂量　　单位：千克/天

畜种	饲喂量
成年母牛	15～28
育成母牛	7～15
母犊牛	1～5
成年公牛	5～10
育成公牛	5
公犊牛	1～3
育肥肉牛	10～20
成年肉牛	5～8

2. 干甜菜粕的添加量及添加方法

干甜菜粕饲喂奶牛时，喂前要用 2～3 倍的水浸泡，以免干粕被食用后，在瘤胃内大量吸水，破坏瘤胃菌群平衡。直接饲喂时，应适当搭配一些干草、青贮、饼粕、糠麸等，以补充其不足的养分。各阶段牛的饲喂量可参考表 5-15。

表 5-15　干甜菜粕的饲喂量

畜种	饲喂量/(千克/天)	占精料比例/%
生产牛	4	20
干奶期牛	2～3	—
生长牛	3～4	30
犊牛	3～4	—

第四节　向日葵饼粕

向日葵为菊科一年生草本植物，是中国五大油料作物之一。我国的向日葵籽（葵花籽）主要产区为东北地区和华北的内蒙古，在西北等半干旱省区也有广泛种植，种植面积达 948.5×10^3 公顷，年产量约为 249.2×10^4 吨，约占世界总产量的 6%。葵花籽一般含壳 30%～32%、油 20%～32%，脱壳葵花籽含油可达 40%～50%。

向日葵粕也称为葵花籽粕，是指葵花籽经预压榨或直接浸出法榨取油脂后的物质。目前，葵花籽粕作为重要的蛋白饲用原料得到了广泛使用。优质的葵花籽粕呈松散的浅灰白色或浅褐黄色粉状、碎片状，色泽一致，无发酵、霉变、结块及异味，具有葵花籽特有的香味。其营养价值主要取决于脱壳程度，完全脱壳的葵花籽粕营养价值很高，是优质的蛋白质饲料。

葵花籽粕是葵花籽制油后的副产物，葵花籽粕营养物质丰富，含29%～43%的优质的植物蛋白且氨基酸组成均衡。葵花籽粕中还含有大量的类脂、碳水化合物、还原糖、灰分及大量的钙、磷和烟酸等。

一、向日葵饼粕的加工工艺

用机榨法取油后的副产品称为向日葵饼，用预压浸提法或浸提法取油后的副产物称为向日葵粕。目前我国国内的葵花籽榨油工艺有压榨法、预榨-浸出法、压榨-浸出法。

压榨和浸提对向日葵饼（粕）饲料的营养成分影响由表5-16可见，两者总可消化养分93%，粗蛋白质、粗纤维、粗灰分含量，机榨法比浸提法分别高出9%、5.6%、0.9%，在粗脂肪含量上浸提法为49.8%，高于机榨法的44.6%。在酸性洗涤纤维、钙磷含量上两者差距不大。

表5-16 向日葵饼（粕）压榨和浸提法的营养成分 单位：%

干物质（DM）	可消化养分（TDN）	粗蛋白质（CP）	粗脂肪（EE）	粗纤维（CF）	粗灰分（Ash）	酸性洗涤纤维（ADF）	钙（Ca）	磷（P）
机榨葵花饼	93	74	44.6	8.7	13.1	7.1	17	0.42
浸提葵花粕	93	65	49.8	3.1	12.2	8.1	16	0.44

1. 向日葵籽的脱壳加工工艺

关于向日葵籽脱壳机具的研究主要有离心式向日葵籽脱壳机和碾搓法向日葵籽脱壳机，而市销向日葵籽脱壳机多为离心式脱壳机，运用撞击而脱壳。由于该机型的向日葵籽脱壳率与转速、向日葵的品种以及向日葵籽的含水量有很大的关系，因此一次性脱壳率较低，必须配套复杂的多级筛分、回收、输送等设备，对未脱壳的葵花籽进行多次回收循环脱壳才能提高脱壳率。

（1）除杂分级系统　脱壳机除杂分级系统由分离筛、振动电机及弹簧支撑等组成，清除向日葵籽中的杂质，并将葵花籽分成不同的等级。而分级筛多为三层筛片，第一层用于清除原料中较大的杂质，第二层用于区分向日葵的等级，第三层用于清除原料中的石子等杂质。

（2）脱壳系统　脱壳机脱壳系统主要由齿板间距调整螺杆、排序器、齿板等组成。向日葵籽的横断面积近似于梭形，向日葵壳的纤维沿长度方向排列，当葵花籽在宽度方向受到挤压、冲击时籽壳最容易破裂。

工作时，向日葵籽在排序器的作用下有序地排列于齿辊的齿槽内，齿板和齿辊的齿顶间隙略大于籽仁宽度，同时向日葵籽在前一工序按其宽度分为不同等级，分别进入与之相适应的齿辊和齿板之间的间隙，提高向日葵籽的脱壳率，降低籽仁破损率。

(3) 分离系统　脱壳机分离系统主要由风机、导流装置、分离筛、振动电机等组成。风机和导流装置在脱壳装置下面，通过一定的风力将向日葵籽皮和向日葵籽仁分离。分离筛由筛体和两层筛片组成，两侧设置振动电机并安置在弹簧机架上。工作时，风力将向日葵籽皮吹入籽壳收集器中并排出，向日葵籽仁（包括少量的未脱壳的向日葵籽）则由籽仁收集斗收集后经排仁口排入下端的分离筛。

2. 向日葵饼粕的脱脂加工工艺

向日葵饼粕可以通过水酶法和超临界流体萃取技术进行脱脂，水酶法提取的不饱和脂肪酸在90%以上，所得游离油酸值以及过氧化物值等各项指标均达到国家标准。任健采用2%的加酶量（纤维素酶∶果胶酶=2∶1），固液比1∶8，酶解pH为4.7，酶解温度为50℃，酶解时间为5.5小时，游离脂肪提取率达89.8%（任健，2008）。

3. 膨化向日葵饼粕的加工工艺

向日葵饼粕的膨化加工工艺流程一般为原料除杂、粉碎、混合、混合料筛理、加水及蒸汽调制、湿法膨化制粒、烘干、冷却、分级与包装等工艺。

(1) 粉碎设备　锤片式粉碎机在普通饲料厂应用较为广泛，可选择它作为膨化加工的粗粉碎设备，同时采用加密筛板、增加锤片数量及加大吸风系统风机风压的措施，对于提高粉碎机产量，减少过粉碎和筛孔堵塞的现象有显著效果。

(2) 电子配料秤设备　实际配套中配料螺旋可采用点动或变频调速控制，若把配料螺旋出口最末端的一个螺旋叶片由单片改为三头，能显著提高配料螺旋喂料的均匀度，明显提高了电子秤配料系统的动态精度。

(3) 膨化设备　膨化机是膨化加工最为关键的设备，配套此类设备时要注意设备吸风系统对其进料口敞开处的安全观察口进行吸风，以解决该处喷粉造成的污染问题。

(4) 烘干设备　刚从膨化机出来的膨化颗粒温度、湿度较大，含水量高达

22%～26%，温度较高。膨化过程中最常用的烘干机多采用双层链板箱式烘干机，工作时物料处于悬浮状态，并定期清理防止筛网孔堵塞。

(5) 冷却、分级设备　冷却设备可选用逆流式冷却塔，同时保证足够长的冷却停留时间、保证颗粒的冷却质量。分级选用振动分级筛，由于膨化饲料熟化度高、颗粒较硬，应提高主轴转速和振动力以减少堵塞筛孔现象的发生。

二、向日葵饼粕的营养成分

葵花籽壳的粗纤维含量高达64%（干物质基础），因此脱壳程度对向日葵饼粕的营养价值影响较大，榨油工艺以及不同的操作，营养成分变化较大。脱壳充分的向日葵粕，营养价值与棉籽粕相当。在蛋白质相对稳定的条件下，脂肪的含量变化较大，能值也有所变化，矿物质含量比一般油粕略多。葵花籽蛋白质中赖氨酸的含量偏低，其蛋氨酸和胱氨酸含量比较高，所以用向日葵饼粕为主料时必需氨基酸之间的比例要平衡。

向日葵粕中难消化的物质大多为籽壳中的木质素，由于加入壳的数量不同，粕中含木质素的范围在2.7%～7.5%之间。含有4.1%粗纤维的向日葵仁约有5.9%的难消化糖类，而含有7.8%粗纤维的向日葵粕中难消化的物质，主要来自于高温加工条件下形成的难消化的糖类。向日葵粕作为蛋白质饲料原料，氨基酸利用率与豆粕相当，高于棉籽粕、菜籽粕等杂粕，B族维生素和维生素E含量丰富。向日葵饼粕的加工温度和时间影响其赖氨酸、精氨酸和色氨酸等的利用率，致维生素失去活性，进而影响饲料的转化利用率。

在向日葵饼粕脂肪酸的组成中，亚油酸和油酸含量较高。向日葵饼粕的粗脂肪含量随榨油方式的不同变化较大（2%～7%），其中脂肪酸约有50%为亚油酸。

向日葵饼粕粗蛋白质含量与其他蛋白饲料相比，粗蛋白质含量较低，赖氨酸含量不足，低于棉仁饼粕和花生饼粕，更低于大豆饼粕。如果脱油过程中加热过度，则赖氨酸损失更大，其营养价值显著降低。其蛋氨酸含量相对较高，高于大豆饼粕、棉仁饼粕和花生饼粕。赖氨酸和蛋氨酸的消化率高达90%，与大豆饼粕相当。适当利用向日葵饼粕与其他富含赖氨酸的蛋白饲料混合使用，可以矫正含向日葵饼粕饲粮中的赖氨酸不足的缺陷。向日葵仁饼、粕与其他蛋白饲料的氨基酸含量见表5-17。

表 5-17　向日葵仁饼、粕与其他蛋白饲料的氨基酸含量

单位：%

中国饲料号 CFN	饲料名称	干物质 DM	粗蛋白质 CP	精氨酸 Arg	组氨酸 His	异亮氨酸 Ile	亮氨酸 Leu	赖氨酸 Lys	蛋氨酸 Met	胱氨酸 Cys	苯丙氨酸 Phe	酪氨酸 Tyr	苏氨酸 Thr	色氨酸 Trp	缬氨酸 Val
5-10-0241	大豆饼	89	41.8	2.53	1.1	1.57	2.75	2.43	0.6	0.62	1.79	1.53	1.44	0.64	1.7
5-10-0103	去皮大豆粕	89	47.9	3.43	1.22	2.1	3.57	2.99	0.68	0.73	2.33	1.57	1.85	0.65	2.26
5-10-0102	大豆粕	89	44.2	3.38	1.17	1.99	3.35	2.68	0.59	0.65	2.21	1.47	1.71	0.57	2.09
5-10-0118	棉籽饼	88	36.3	3.94	0.9	1.16	2.07	1.4	0.41	0.7	1.88	0.95	1.14	0.39	1.51
5-10-0119	棉籽粕	88	47	5.44	1.28	1.41	2.6	2.13	0.65	0.75	2.47	1.46	1.43	0.57	1.98
5-10-0117	棉籽粕	90	43.5	4.65	1.19	1.29	2.47	1.97	0.58	0.68	2.28	1.05	1.25	0.51	1.91
5-10-0183	菜籽饼	88	35.7	1.82	0.83	1.24	2.26	1.33	0.6	0.82	1.35	0.92	1.4	0.42	1.62
5-10-0121	菜籽粕	88	38.6	1.83	0.86	1.29	2.34	1.3	0.63	0.87	1.45	0.97	1.49	0.43	1.74
5-10-0116	花生仁饼	88	44.7	4.6	0.83	1.18	2.36	1.32	0.39	0.38	1.81	1.31	1.05	0.42	1.28
5-10-0115	花生仁粕	88	47.8	4.88	0.88	1.25	2.5	1.4	0.41	0.4	1.92	1.39	1.11	0.45	1.36
5-10-0119	亚麻仁饼	88	32.2	2.35	0.51	1.15	1.62	0.73	0.46	0.48	1.32	0.5	1	0.48	1.44
5-10-0120	亚麻仁粕	88	34.8	3.59	0.64	1.33	1.85	1.16	0.55	0.55	1.51	0.93	1.1	0.7	1.51
5-10-0031	向日葵仁饼	88	29	2.44	0.62	1.19	1.76	0.96	0.59	0.43	1.21	0.77	0.98	0.28	1.35
5-10-0242	向日葵仁粕	88	36.5	3.17	0.81	1.51	2.25	1.22	0.72	0.62	1.56	0.99	1.25	0.47	1.72
5-10-0243	向日葵仁粕	88	33.6	2.89	0.74	1.39	2.07	1.13	0.69	0.5	1.43	0.91	1.14	0.37	1.58

注：摘自中国饲料成分及营养价值表（第 29 版）。

向日葵仁饼、粕与其他蛋白饲料的能值含量见表 5-18。

表 5-18　向日葵仁饼、粕与其他蛋白饲料的能值含量

中国饲料号 CFN	饲料名称	肉牛维持净能 NEm		肉牛增重净能 NEg		奶牛产奶净能 NEl	
		兆卡/千克	兆焦/千克	兆卡/千克	兆焦/千克	兆卡/千克	兆焦/千克
5-10-0241	大豆饼	2.02	8.44	1.36	5.67	1.75	7.32
5-10-0103	去皮大豆粕	2.07	8.68	1.45	6.06	1.78	7.45
5-10-0102	大豆粕	2.08	8.71	1.48	6.2	1.78	7.45
5-10-0118	棉籽饼	1.79	7.51	1.13	4.72	1.58	6.61
5-10-0119	棉籽粕	1.78	7.44	1.13	4.73	1.56	6.53
5-10-0117	棉籽粕	1.76	7.35	1.12	4.69	1.54	6.44
5-10-0183	菜籽饼	1.59	6.64	0.93	3.9	1.42	5.94
5-10-0121	菜籽粕	1.57	6.56	0.95	3.98	1.39	5.82
5-10-0116	花生仁饼	2.37	9.91	1.73	7.22	2.02	8.45
5-10-0115	花生仁粕	2.1	8.8	1.48	6.2	1.8	7.53
5-10-0119	亚麻仁饼	1.9	7.96	1.25	5.23	1.66	6.95
5-10-0120	亚麻仁粕	1.78	7.44	1.17	4.89	1.54	6.44
5-10-0031	向日葵仁饼	1.43	5.99	0.82	3.41	1.28	5.36
5-10-0242	向日葵仁粕	1.75	7.33	1.14	4.76	1.53	6.4
5-10-0243	向日葵仁粕	1.58	6.6	0.93	3.9	1.41	5.9

注：摘自中国饲料成分及营养价值表（第 29 版）。

向日葵饼粕中胡萝卜素含量低，但 B 族维生素含量丰富，高于大豆饼粕。其中向日葵仁饼烟酸（维生素 B_3）含量在饼粕类饲料中相对较高，是大豆饼粕的 2 倍多。向日葵饼粕中的硫胺素和烟酸具有很高的生物学价值，对于醛类的更合理利用有一定促进作用。向日葵仁饼、粕与其他蛋白饲料的维生素含量见表 5-19。

表 5-19　向日葵仁饼、粕与其他蛋白饲料的维生素含量

单位：毫克/千克

中国饲料号	饲料名称	胡萝卜素	维生素 E	维生素 B_1	维生素 B_2	泛酸	烟酸	生物素	叶酸	胆碱	维生素 B_6	维生素 B_{12}	亚油酸
5-10-0241	大豆饼		6.6	1.7	4.4	13.8	37	0.32	0.45	2673	10	0	
5-10-0103	去皮大豆粕	0.2	3.1	4.6	3	16.4	30.7	0.33	0.81	2858	6.1	0	0.51
5-10-0102	大豆粕	0.2	3.1	4.6	3	16.4	30.7	0.33	0.81	2858	6.1	0	0.51

续表

中国饲料号	饲料名称	胡萝卜素	维生素E	维生素B_1	维生素B_2	泛酸	烟酸	生物素	叶酸	胆碱	维生素B_6	维生素B_{12}	亚油酸
5-10-0118	棉籽饼	0.2	16	6.4	5.1	10	38	0.53	1.65	1753	5.3	0	2.47
5-10-0119	棉籽粕	0.2	15	7	5.5	12	40	0.3	2.51	2933	5.1	0	1.51
5-10-0117	棉籽粕	0.2	15	7	5.5	12	40	0.3	2.51	2933	5.1	0	1.51
5-10-0121	菜籽粕		54	5.2	3.7	9.5	160	0.98	0.95	6700	7.2	0	0.42
5-10-0116	花生仁饼		3	7.1	5.2	47	166	0.33	0.4	1655	10	0	1.43
5-10-0115	花生仁粕		3	5.7	11	53	173	0.39	0.39	1854	10	0	0.24
5-10-0119	亚麻仁饼		7.7	2.6	4.1	16.5	37.4	0.36	2.9	1672	6.1		1.07
5-10-0120	亚麻仁粕	0.2	5.8	7.5	3.2	14.7	33	0.41	0.34	1512	6		0.36
5-10-0031	向日葵仁饼		0.9		18.0	4.0	86.0	1.4	0.40	800			
5-10-0242	向日葵仁粕		0.7	4.6	2.3	39.0	22.0	1.7	1.60	3260	17.2		
5-10-0243	向日葵仁粕			3.0	3.0	29.9	14.0	1.4	1.14	3100	11.1		0.98

注：摘自中国饲料成分及营养价值表（第29版）。

向日葵饼粕中常量元素钙、磷含量较一般饼粕类饲料高，微量元素中锌、铁、铜含量丰富（表5-20）。

表5-20 向日葵仁饼、粕与其他蛋白饲料的矿物质含量

中国饲料号	饲料名称	钠Na/%	氯Cl/%	镁Mg/%	钾K/%	铁Fe/(毫克/千克)	铜Cu/(毫克/千克)	锰Mn/(毫克/千克)	锌Zn/(毫克/千克)	硒Se/(毫克/千克)
5-10-0241	大豆饼	0.02	0.02	0.25	1.77	187	19.8	32	43.4	0.04
5-10-0103	去皮大豆粕	0.03	0.05	0.28	2.05	185	24	38.2	46.4	0.1
5-10-0102	大豆粕	0.03	0.05	0.28	1.72	185	24	28	46.4	0.06
5-10-0118	棉籽饼	0.04	0.14	0.52	1.2	266	11.6	17.8	44.9	0.11
5-10-0119	棉籽粕	0.04	0.04	0.4	1.16	263	14	18.7	55.5	0.15
5-10-0117	棉籽粕	0.04	0.04	0.4	1.16	263	14	18.7	55.5	0.15
5-10-0183	菜籽饼	0.02			1.34	687	7.2	78.1	59.2	0.29
5-10-0121	菜籽粕	0.09	0.11	0.51	1.4	653	7.1	82.2	67.5	0.16
5-10-0116	花生仁饼	0.04	0.03	0.33	1.14	347	23.7	36.7	52.5	0.06
5-10-0115	花生仁粕	0.07	0.03	0.31	1.23	368	25.1	38.9	55.7	0.06
5-10-0119	亚麻仁饼	0.09	0.04	0.58	1.25	204	27	40.3	36	0.18
5-10-0120	亚麻仁粕	0.14	0.05	0.5	1.38	219	25.5	43.3	38.7	0.18

续表

中国饲料号	饲料名称	钠 Na /%	氯 Cl /%	镁 Mg /%	钾 K /%	铁 Fe/(毫克/千克)	铜 Cu/(毫克/千克)	锰 Mn/(毫克/千克)	锌 Zn/(毫克/千克)	硒 Se/(毫克/千克)
5-10-0031	向日葵仁饼	0.04	0.03	0.33	1.14	347	23.7	36.7	52.5	0.06
5-10-0242	向日葵仁粕	0.2	0.01	0.75	1.17	424	45.6	41.5	62.1	0.09
5-10-0243	向日葵仁粕	0.2	0.1	0.68	1.23	310	35	35	80	0.08

注：摘自中国饲料成分及营养价值表（第29版）。

三、向日葵饼粕中的抗营养物质

向日葵饼粕中含有少量的酚类化合物绿原酸，含量为0.7%～0.82%，经氧化后变黑，使饼粕的色泽变暗。而且绿原酸极易被氧化形成邻醌，与蛋白质分子反应生成不易消化的非营养物质。绿原酸对胰蛋白酶、淀粉酶和脂肪酶活性有抑制作用。当用含绿原酸2%的饲料喂小鼠时，其采食量下降33%，增重下降66%，当绿原酸下降到0.3%以下时，可基本消除这些影响。由于蛋氨酸和氯化胆碱能够部分抵消绿原酸的抗营养作用，一般对反刍动物生产性能影响不大。

采用水浸提法去除向日葵饼粕中的绿原酸，其最佳工艺条件为：料液比为1∶10，最适温度20℃，提取10小时，提取的含量达到1.3%。水浸提法对绿原酸的提取率可达81.45%。水浸提法去除绿原酸的工艺简单，成本低，投资少，但是能耗较大。也可以运用乙醇回流法、超声波去除法、微波处理法以及酶去除法消除向日葵饼粕中的绿原酸等抗营养因子，但超声波去除技术受机器的限制很难运用到实际生产中，而微波处理法受处理量的限制仅用于实验室规模。

四、向日葵饼粕的质量评价和利用价值

向日葵饼粕对反刍家畜适口性好，是良好的蛋白质原料。对于奶牛的饲用价值较高，脱壳饼粕效果与大豆饼粕不相上下，但含脂肪多的压榨饼奶牛采食太多时易造成乳脂及体脂变软。向日葵饼粕也是肉牛的优良饲料，在增重、饲料利用效率等方面与棉籽饼粕有同等的价值。向日葵籽壳含粗蛋白质4%、粗脂肪2%、粗纤维50%、粗灰分2.5%，作为粗饲料可以饲喂牛、羊。

1. 向日葵饼粕的感官评价

对向日葵饼粕的感官评价，可采用表 5-21 的方法进行。

表 5-21　向日葵饼粕的感官评价

项目	要求
形状	松散的片状、粉状
色泽	具有葵花籽粕固有的灰色或灰黑色
气味	具有葵花籽粕固有的气味

2. 向日葵饼粕的质量分级

质量分级标准见表 5-22。

表 5-22　向日葵饼粕的质量分级标准

等级	质量标准				
	粗蛋白质(DM)/%	总灰分(DM)/%	粗纤维(DM)/%	粗脂肪(DM)/%	水分/%
一级	≥34	≤10	≤30	≤3	≤12
二级	≥31				
三级	≥28				
等外级	<28				

3. 向日葵饼粕的利用价值

随着向日葵饼粕中含壳量的增加，不仅粗蛋白质含量减少，同时各种氨基酸含量也递减，成为饼粕类中的低档品。因此只有尽量去壳才能提高向日葵饼粕的饲用价值，通过粗脂肪、粗蛋白质以及粗纤维的含量反证向日葵饼或粕的原料组成、质量和壳仁比等内在质量，而此方法已在棉籽粕、花生饼、亚麻籽仁饼等含壳饼（粕）类的饲料营养价值评定上得到运用。

向日葵饼粕对牛的适口性较好，对乳牛的饲用价值较高，产乳量和乳成分与饲喂大豆粕相似。牛饲喂向日葵饼粕后，瘤胃液 pH 降低，提高了瘤胃内容物的溶解度。但奶牛饲喂过多的向日葵饼粕，使其生产的黄油和体脂肪变软。将向日葵饼粕脱脂、去除绿原酸后，可以从向日葵饼粕中分离蛋白，并得到较好的向日葵饼粕蛋白。

五、向日葵饼粕在养牛业中的饲喂方法与应用

葵花籽作为上好的油料、蛋白质来源，葵花籽粕中的蛋白质含量高，其在味

道和气味上比大豆粕、棉籽粕温和得多，不存在豆腥味、苦味、涩味。向日葵饼粕的加工温度和时间影响葵花籽粕赖氨酸、精氨酸和色氨酸等氨基酸的利用率，维生素也会不同程度地失去活性，进而影响饲料的转化利用率。目前，葵花籽粕作为重要的蛋白饲用原料得到了广泛使用。其营养价值主要取决于脱壳程度，完全脱壳的葵花籽粕营养价值很高，但市面上比较少见。

向日葵饼粕在牛的饲料中添加比例为10%～25%。研究采用相同能量、蛋白质水平饲料，额外添加赖氨酸、苏氨酸和蛋氨酸等，保证几种必需氨基酸的水平一致，可以有效减小除葵花籽粕替代豆粕以外其他因素的影响。

葵花籽蛋白不仅具有较高的营养价值而且还具有较好的功能性，其吸油性、起泡性和乳化能力甚至好于相应的大豆蛋白产品；其蛋白质通过酶解能生成包括游离氨基酸、小分子量多肽的水解产物，可避免肠胃不适，提高吸收效率，避免产生过敏，促进矿物质吸收、运转，增加生物利用率。

葵花籽壳中含有具极高药用价值的绿原酸，可以在弱酸性条件下对其进行提取，葵花籽壳的绿原酸提取液对大肠杆菌、金黄色葡萄球菌、枯草芽孢杆菌均有一定抑制作用，最低抑菌质量分数分别为2.6%、2.0%和1.2%。

六、提高向日葵饼粕利用价值的措施

由于制造向日葵饼粕的过程不一样，其饲料价值也不一样。带壳的向日葵饼粕含蛋白质少，饲料价值低。也可通过其他方式来提高饼粕的蛋白质利用率。

1. 降低向日葵饼粕中的粗纤维含量

要降低向日葵饼粕粗纤维含量，降低仁中含壳率是关键，其方法主要是提高剥壳率和整仁率。将剥壳后的混合物料中的整仁和碎粉分开，以提高向日葵饼粕的质量。以壳仁分离机分离壳与仁，采用风筛处理，使整籽回机，碎粉入成品箱。

2. 甲醛法保护向日葵饼粕的蛋白质

在反刍家畜瘤胃中，由于瘤胃发酵和复杂的瘤胃微生物作用，大量的饼粕类饲料蛋白被降解成氨，其中一部分氨为微生物利用合成菌体蛋白，另一部分则被转化成尿素排出体外。通常情况下，饲粮中蛋白质在瘤胃中降解40%～60%，有25%～30%的饲料蛋白因此而浪费。若能防止饲粮中饲料蛋白在瘤胃中大量降解，采取保护措施，增加过瘤胃蛋白，使其在消化道后段消化，则可提高饲料蛋白的利用率，改善反刍动物蛋白质营养供给，发挥其最大生产潜力。

甲醛处理可以降低向日葵饼在瘤胃中蛋白质的降解率，提高蛋白质的总体利用率，降低瘤胃的氨态氮浓度，减少尿氮排出量，提高向日葵饼粕饲料的利用率，增加经济效益。随着甲醛浓度的提高，甲醛对饲料蛋白的保护率有所提高，但甲醛浓度过高，通过保护的饲料蛋白还原性降低，过瘤胃蛋白在小肠的消化率随之降低。以0.7%的甲醛处理为适宜浓度，对采食量以及蛋白质的安全和利用率无影响。

第六章 蔬菜净菜废弃物在牛饲料中的应用

第一节 蔬菜净菜废弃物简介

蔬菜净菜废弃物主要指蔬菜在整个收获、贮存、加工、深加工、运输、销售、食用过程中产生的无商品价值的根、茎、叶，其中也包括后期因未及时销售而产生的变质、腐烂蔬菜。其来源大体上可分为两个方面：一是蔬菜成品及半成品在加工过程中产生的废弃下脚料，如在生产蔬菜罐头、榨菜、蔬菜汁等产品的过程中，废弃的皮、根茎、种子占蔬菜原重量的 30%～50%；另一方面，我国居民购买蔬菜的主要渠道通常为城乡的各大农贸市场、生鲜超市，而经过加工的蔬菜成品、半成品在这些销售地仍会有部分的损耗，所以农贸市场成为了蔬菜净菜废弃物的又一个来源地。

1988 年，农业部提出建设“菜篮子工程”，经过三十余年的不断努力，除奶类和水果外，其余“菜篮子”产品的人均占有量均已达到或超过世界人均水平。并且市场对于无公害、有机蔬菜的需求日益强劲使得蔬菜的种植面积和产量仍呈上升态势，单位面积产量也有所提高。据统计，2015 年我国蔬菜总种植面积约 2200 万公顷，总产量达 7.8526 亿吨（国家统计局，2016），均位居世界第一。另据报道，1 吨蔬菜净菜废弃物完全发酵所产生的沼气量约为 177.8 立方米，可提供约 237 千瓦·时电能。从我国蔬菜种植的空间分布来看，种植密度从东南至西北呈逐渐降低趋势，主要集中于中东部地区，其中山东、河南、江苏、广东、四川、河北、湖北、湖南、广西、安徽等地蔬菜种植面积之和占全国蔬菜总种植面积的 62.94%；其中种植面积较大的为叶菜类、茄果类和根茎类蔬菜，分别占全国蔬菜总种植面积的 17.23%、14.96%和 14.12%（国家统计局农村社会经济调查司，2010）。

面对大量的蔬菜净菜废弃物，国内外很早就有研究人员在开发相关的处理方法，经过长时间的不懈努力，蔬菜净菜废弃物已经有了一些较好的处理方法，但部分仍停留在实验室阶段。其具体方法有直接还田、饲料化利用、简易厌氧沤肥、沼气化利用。蔬菜净菜废弃物直接还田成本较低，经过一段时间发酵后能提高土壤的有机质含量，进而提高农作物产量。但由于蔬菜废弃物水分含量普遍偏高，如果处理不当，在田间大量堆弃极易腐烂，散发恶臭并滋生蚊虫，为病害微生物的繁殖和传播提供了有利的条件，并且废弃物中含有的维生素、矿物元素等物质经过雨水的冲刷后会进入地下水，严重污染当地地下水资源，云南滇池流域就出现过类似案例。

简易厌氧沤肥能够实现杀菌、解毒、除臭等一系列无害化处理的效果，但堆肥的温度作为堆肥稳定度评价中最为关键的一项标准，实际生产中很难维持 50℃长达 5～10 小时，所以实际操作中仍有缺陷；在农村和高浓度有机污水及污泥处理中早已普遍采用厌氧发酵工艺和小型沼气池系统，但在城市蔬菜废弃物处理系统中应用沼气系统和有机废弃物处理反应器的事例却相对较少。并且沼气中的硫化氢（H_2S）气体溶于水后形成的氢硫酸会腐蚀管道和损坏设备，致使易燃、有毒气体泄漏或引起爆炸。另外，对于我国西北等温度较低地区，沼气的产生受到极大限制。将蔬菜废弃物应用于饲料行业可以追溯到人类圈养动物时期，现在人们仍然使用类似的方法如利用蔬菜废弃物饲养动物昆虫。此外，据 FAO 统计，中国蛋白饲料的缺口每年至少达 1200×10^4 吨，而利用蔬菜废弃物生产蛋白饲料可以将微生物发酵、废物利用和环境保护有机地结合在一起，既提高了我国蛋白饲料的产量，也解决了蔬菜废弃物堆积这一难题。并且由于青贮饲料在我国被广泛地使用，目前正是开发青贮原料资源的黄金时期，将蔬菜净菜废弃物作为青贮的原料满足了饲料行业发展的需求。

第二节　不同种蔬菜的产废比例及性状分析

市场上流通的蔬菜可按照产品器官大致分为 5 个类别，分别为根菜类、茎菜类、叶菜类、花菜类及果菜类，而其中最常见的是根菜类、果菜类和叶菜类。根菜类蔬菜的可食用器官是肉质根和块根，包括萝卜、胡萝卜、大头菜等。果菜类蔬菜以果实为可食用器官，其又可分为茄果类、荚果类、瓠果类，属茄果类的有茄子、番茄、辣椒等；属荚果类的有菜豆、豇豆、刀豆、毛豆、豌豆、眉豆、蚕豆、四棱豆、扁豆等，这一类蔬菜又称豆菜类蔬菜；属瓠果类的有黄瓜、南瓜、冬瓜、丝瓜、瓠瓜、菜瓜、蛇瓜、葫芦等。叶菜类蔬菜种类及产量较多，所以又可细分为几个类别，普通叶菜类包括小白菜、荠菜、菠菜、芹菜、苋菜等；结球叶菜类包括结球甘蓝、大白菜、结球莴苣、包心芥菜等；辛香叶菜类包括葱、韭菜、芫荽、茴香等；鳞茎叶菜类包括洋葱、大蒜、百合等。

《农业部蔬菜标准园创建规范（试行）》第 15 条对净菜的整理作出明确规定，叶菜和根菜的净菜修整过程与采收必须同时进行。叶菜只采收符合商品质量标准要求的部分，根菜要清除须根、外叶等。整理留下的废弃物要集中进行无害化处理。但该规定在现实中并没有被很好地遵守。

在以往的研究中，蔬菜产废比例是按照蔬菜这一大类别进行估算的，但由于各个类别的蔬菜形态各异、具有经济价值的部位也不同，所以不同蔬菜的产废比例及处理后的性状均各有不同，单一按照蔬菜这一大类别的产废比例进行计算不符合实际情况。针对这项研究，韩雪等（2015）在北京农贸市场开展调查并测得了不同类别蔬菜的产废比例及理化性状，试验以现代化城市北京作为调查对象，主要对生产蔬菜净菜废弃物量最大的净菜生产基地和生鲜超市进行调查。据统计局测定，北京市各区 2014 年和 2015 年的蔬菜产量如表 6-1 所示。

表 6-1 北京市各区 2014 年和 2015 年的蔬菜产量 单位：吨

区域	蔬菜及食用菌产量	
	2014 年	2015 年
全市	2051447	2361635
朝阳区	6437	5800
丰台区	2872	3862
海淀区	21304	22648
房山区	167140	166404
通州区	468012	542459
顺义区	312355	385562
昌平区	37633	40935
大兴区	574668	647719
门头沟区	3906	4481

续表

区域	蔬菜及食用菌产量	
	2014 年	2015 年
怀柔区	25964	32100
平谷区	183299	233767
密云区	184731	203920
延庆区	63126	71978

由表中数据可知，北京市房山、通州、顺义、大兴、平谷、密云等区的蔬菜产量占北京市总蔬菜产量的90%以上（北京市统计局国家统计局北京调查总队，2016)。北京市作为我国首都是非常具有代表性的蔬菜销售地，全国各地区的蔬菜由供货商在生产基地发货到达北京的一级批发商手中，随后由一级批发商统一配货到二级批发市场或直接销售给消费者，所以在这个过程中的一级批发商处含有北京市所有蔬菜的生产废物情况。表 6-1 调查对象主要针对蔬菜中的常见类别，其中包括叶菜类、瓜果类和根茎类，具体的蔬菜品种有芹菜、空心菜、芥菜、油菜、茴香、生菜、香菜、圆白菜、紫甘蓝、黄瓜、南瓜、苦瓜、丝瓜、冬瓜、西葫芦、番茄、尖椒、茄子、青椒、萝卜、白萝卜、胡萝卜、山药、土豆。叶菜类蔬菜的根、茎、叶经常作为废弃物被淘汰；瓜果类蔬菜的藤蔓以及根部作为不可食部分也是废弃部分被淘汰；根茎类蔬菜的废弃部分主要就是它的地上部分。结果得到瓜果类的产废系数平均值为 3.8%，根茎类蔬菜的产废系数平均值为 4.7%，叶菜类蔬菜的产废系数平均值为 12.92%（韩雪，2015)，由此可以看出叶菜类的产废比例远超根茎类和瓜果类，由三类蔬菜的产废系数计算平均值，得到蔬菜的大致产废系数为 7.14%，按照我国 2016 年的蔬菜生产总量计算，我国在 2016 年产出蔬菜废弃物约为 5000×10^4 吨，如此庞大的废物资源若能得到有效的利用，既产生了增值效应，又能响应我国保护环境的基本国策，而各类蔬菜产废系数的得出也为将来蔬菜行业的发展奠定了基石。

蔬菜废弃物在夏季高温天气时期很容易产生腐烂，造成病原菌的感染和扩散。但如果使用蔬菜净菜废弃物生产青贮饲料，一方面可以为动物提供其生长发育所需的各种营养物质，另一方面蔬菜废弃物中的营养物质亦可以作为微生物生长和发育的天然培养基。李丽英等（2008）对 18 种不同蔬菜的营养成分做出过系统的分析，在比较这 18 种不同种类的蔬菜的营养成分后得出如下结论：蔬菜中均含有种类较多的氨基酸和还原性糖，按照可滴定酸含量由大到小排序为果菜类＞叶菜类＞根茎菜类；还原糖含量为叶菜类＞果菜类＞根茎菜类；氨基酸含量为果菜类＞根茎菜类＞叶菜类；粗纤维含量为叶菜类＞果菜类＞根茎菜类，由此得出叶菜类和瓜果类蔬菜营养物质含量较高，根茎类次之。蒋玉艳等（2012）对广州常见的14种蔬菜进行了营养成分分析，试验按照我国标准方法对14种蔬菜的灰分、蛋白质、膳食纤维、维生素、矿物质的含量进行测量，试验结果与李丽英（2008）类似，各种蔬菜的营养成分略有差别，均富含各种营养素，但却不能满足人的全部营养需求，若将蔬菜废弃物直接作为饲料饲喂给畜禽时，饲养者需要考虑添加其他物质以弥补营养成分的不足。

第三节 蔬菜净菜废弃物在牛饲料中的应用

蔬菜净菜废弃物除了应用在生产单细胞蛋白饲料以外也可以应用在青贮饲料生产上，通过青贮技术将蔬菜废弃部分加工成新鲜多汁、适口性好、利于消化的动物饲料，既提高了蔬菜废弃物的利用率，变废物为宝物，同时也能减轻废弃物对自然环境的压力。

蔬菜茎叶由于含水量高，一般不能单独用于青贮，但将蔬菜茎叶部分与玉米秸秆、麦麸和青贮饲料添加剂等进行混合青贮可以非常有效地提高青贮饲料的品质，经过实践证明混合青贮能够取得良好的青贮效果。目前已经在生产中取得良好饲喂效果的青贮蔬菜原料有白菜、甜菜茎叶、马铃薯茎叶、番茄渣等，李勇等（2007)在白菜中添加玉米粉、小麦麸和2%乙酸进行混合青贮，试验证明可以有效提高白菜的青贮效果。徐亚姣等（2009）研究表明在青贮马铃薯茎叶中添加酶制剂和乳酸菌制剂能够降低含水量从而明显改善青贮马铃薯茎叶的品质。蒋柏荣等（2013）通过试验证明，在断奶1～2周的湖羊的饲料中添加青贮茭白叶可以显著提高湖羊的采食量，使平均增重达1千克左右。此外，甲酸、乙酸、酶制剂和乳酸菌制剂等青贮饲料添加剂的添加，可以改善混合青贮蔬菜的发酵品质。混合青贮后的番茄渣和甜菜渣等蔬菜茎叶饲喂肉牛和奶牛，可以提高其生产性能，降低饲养成本，增加养殖经济效益。在青贮马铃薯茎叶中加入1.5%的甲酸可以改善马铃薯茎叶的青贮品质。

一、马铃薯茎叶

马铃薯，属茄科多年生草本植物，块茎可供食用。马铃薯产量高，营养丰富，对环境的适应性较强，现已遍布世界各地，热带和亚热带国家甚至在冬季或凉爽季节也可栽培并获得较高产量。马铃薯是全球第四大粮食作物。据国家统计局统计，2014 年我国马铃薯种植面积为 557.33 万公顷，年产量为 1910.3×10^4 吨，种植面积和产量占世界的 23%～28%，均居世界第一。

马铃薯茎叶是马铃薯的地上部分，其产量与马铃薯块茎相当，马铃薯茎叶在如今的资源节约型社会中正逐渐受到重视，它是一种具有使用价值的青绿色的农副产品，但马铃薯茎叶也具有一些缺点，如适口性差、龙葵素含量偏高、硝酸盐含量大、含糖量低等。所以，将马铃薯茎叶有效地应用在青贮饲料的制作中仍需不断探索。

1. 马铃薯茎叶的营养价值

马铃薯收获时，其茎叶多为青绿色，具有较高的营养价值，尤其是粗蛋白质含量较高。据测定，马铃薯茎叶的水分含量为 85%～92%，其干物质中粗蛋白质含量为 11%～26%，中性洗涤纤维含量为 28%～47%，粗脂肪为 2.5%～4.8%，粗灰分为 9.5%～16.8%，钙含量为 1.4%～1.9%，磷含量为 0.19%～0.36%（何玉鹏，2015）。

优质的青贮原料应具有较低的缓冲能值、较高的可溶性碳水化合物含量和适宜的含水量，较高的缓冲能力使得原料在发酵过程中 pH 的下降速度变缓慢，而青贮饲料品质的好坏恰恰取决于发酵过程中原料 pH 的变化快慢，马铃薯茎叶具有较好的缓冲能力，与常规的青贮原料相比，如玉米秸秆、紫花苜蓿、三叶草等，马铃薯茎叶缓冲能力过强，所以，必须解决马铃薯的高缓冲能力从而使它能够应用在青贮加工上。

青贮饲料原料中的可溶性碳水化合物含量应在 8%左右，但经过检测，马铃薯茎叶中的可溶性碳水化合物含量在 3%～7%范围内波动，并没有达到青贮饲料制作的条件。另外，马铃薯茎叶中高达 85%～92%的含水量使得其本身很难应用在青贮饲料的制作中，含水量较高时，细胞汁液经过挤压流出后，既带出大量营养物质，同时也容易发生腐败。所以，想要将马铃薯茎叶利用青贮手段加工，还需首先降低其本身的含水量，目前也尚未见到马铃薯茎叶的水分含量快速达到青贮要求的比较研究。故此，需要加大相关技术的研究与推广力度。

2. 马铃薯茎叶的青贮处理及效果

（1）萎蔫处理　萎蔫是一种在不影响原料营养价值的前提下降低青贮原料水

分的方式。马铃薯茎叶在收割后水分含量高达85%～92%，进行萎蔫处理可以降低其水分含量，从而在一定程度上提高青贮品质。Nicholson等研究表明，新鲜马铃薯茎叶单独青贮时，第六周的pH值为4.56，乙酸含量（4.0%DM）远高于乳酸含量（2.4% DM）。Muck等将新鲜马铃薯茎叶单独青贮后，得到了更高的pH值（达到5.72）、乙酸含量（8.3% DM）和更低的乳酸含量（1.2% DM），发酵品质更差。但将马铃薯茎叶放在阳光下晾晒至水分含量为65%～70%后再进行单独青贮，第六周原料的pH值降低到了4.24，远低于未进行萎蔫处理的新鲜马铃薯茎叶单独青贮时的pH值，且乙酸和乳酸含量分别从8.3%、12%改变为10.1%、3.5%，由结果显示乙酸含量仍然高于乳酸含量。

由以上的研究结果可以看出，马铃薯茎叶经过萎蔫处理后其青贮的品质得到了很好的提升，可以做到灵活地应用在青贮发酵中，但仍然没有达到优良青贮饲料的水平，其主要原因在于萎蔫处理并不能提高可溶性碳水化合物的含量，以及降低马铃薯茎叶的高缓冲能力，在生产中出现的问题是伴随着长时间的萎蔫处理，部分马铃薯茎叶出现发黑的迹象，所以在生产中仅仅应用萎蔫处理是不能将马铃薯茎叶的青贮品质提高到优良青贮饲料的水平的，同时萎蔫处理技术也需要不断更新，争取在如今的基础上降低处理时间，更好地保存马铃薯茎叶中的营养物质。

（2）马铃薯茎叶青贮添加剂　对于单独青贮难以达到良好的青贮品质的青贮饲料，一般要采用青贮添加剂。马铃薯茎叶青贮中常用的青贮添加剂有乳酸菌制剂、酶制剂、甲酸、谷物、糖蜜、干草等。

发酵促进剂通过促进乳酸菌的生长繁殖，可产生大量的乳酸，促使青贮饲料pH迅速下降，为乳酸菌发酵提供适宜的条件。同时使青贮饲料发酵过程中的有益微生物急剧增加，抑制有害微生物的生长。目前常用的发酵促进剂主要有乳酸菌制剂、酶制剂、绿汁发酵液、糖类和富含糖分的饲料等，添加微生物制剂和酸都需要对马铃薯茎叶进行萎蔫处理或添加其他吸收剂，以保证适宜的水分含量。营养性添加剂一方面可以降低马铃薯茎叶的水分含量，另一方面可以提高马铃薯茎叶的水溶性碳水化合物含量。在已有的研究中，马铃薯茎叶中添加发酵促进剂进行青贮，均得到了满意的效果。如徐亚娇等在马铃薯茎叶中分别添加了青贮体、乳酸菌制剂、畜产1号、SL乳酸菌制剂、牛用乳酸菌制剂、酶制剂来进行青贮，与对照组相比都降低了pH，抑制了蛋白质分解，同时提高了残余可溶性碳水化合物的含量，在不同程度上改善了发酵品质，得到了质量较优的青贮饲料。

发酵抑制剂有无机酸、有机酸、醛类等。其中实践中最为常用的有甲酸和甲醛，各种青贮添加剂单独使用或者混合使用均可，它们对马铃薯茎叶的青贮品质会有或多或少的提升。

马铃薯茎叶不易萎蔫失水，青贮中常见的吸收剂有干草、秸秆、禾谷类植物等，要想使高水分含量的马铃薯茎叶达到青贮饲料制作的水分要求，添加吸收剂无疑是最快捷的方法。近年来也有许多关于马铃薯青贮吸收剂的报道，杨闻文（2015）就不同吸收剂对马铃薯茎叶青贮特性和发酵品质的影响进行了研究，试验选择米糠、玉米秸和小麦秸作为吸收剂，其主要原因是这三种原料在我国各地均有生产，生产范围广泛且价格低廉，试验最后得出不同处理得到的青贮料在营养成分上与处理前有着显著差异，虽然大幅度地改善了马铃薯茎叶的青贮品质，但也使干物质中的粗蛋白质含量有所下降、纤维含量升高，这些现象的出现对饲料的利用价值十分不利，可以通过在饲喂时与其他饲料的相互组合搭配来弥补这些方面的不足。

3. 青贮窖的修建与消毒处理

青贮窖的建设选址非常重要，一般选择在土地坚硬、不易塌陷、地下水位低的地方，底部一般要求高出地下水位 0.5 米以上，以防地下水渗出产生积水。尽量靠近牲畜棚舍，一定要远离水源和粪坑，青贮窖要非常坚固、不透气、不漏水。内部要做到光滑、不粗糙，且青贮窖的内壁需有一定倾斜度，做到上宽下窄。青贮窖的大小要依饲养者的饲养规模来确定，通常来说，1 头牛每年需青贮饲料 3.6～5.4 吨，1 只羊每年需要青贮饲料 0.5～1.5 吨。青贮窖一般根据所需体积砌成长方形或圆形的永久窖，内壁用水泥沙浆抹平，窖身可露于地面或隐于地下，以方便取用、不漏气渗水为原则，两种形状青贮窖容量的计算公式分别为：

$$圆形窖的容量=3.14\times半径^2\times深度\times容重$$

$$长方形窖的容量=长\times宽\times深度\times容重$$

公式中的容重需要根据青贮原料的种类、含水量、切碎和压紧的程度不同来进行估算，一般来说，马铃薯茎叶的容重为 650～700 千克/米^3。

青贮窖的消毒可以使用 5%～10%甲醛或其他消毒药水喷洒到内壁，待一段时间后药性挥发完全再进行青贮。

4. 马铃薯茎叶青贮饲料的调制

掌握好马铃薯茎叶的采收时间非常重要，用作青贮的马铃薯茎叶，必须是新鲜的，不得干枯或腐烂变质，如果采收过早会影响马铃薯的产量，而采收过迟的话，茎叶又容易枯萎霉变，营养价值和利用价值都会降低。在我国的北方东三省地区，马铃薯的收获时间在每年的 8 月或 9 月，其茎叶的收割时间应在马铃薯收获前的 4～6 天或在北方下初霜前的 15 天之内收割并制成青贮。实践证明，在此时收割既不影响马铃薯块茎的产量，保证了经济效益，也不影响马铃薯茎叶的营养价值。

收割后的马铃薯茎叶含水量较高，需在刈割后选择天气晴朗的日子进行晾晒，晾晒时间数小时不等，待水分含量降低至 65%～75%之间时再进行下一步加工，若刈割后有持续的阴雨天气或其他恶劣天气状况需在其中加入吸收剂，如上文所说的米糠、玉米秸以及小麦秸，一般添加 25%～31%的米糠即可达到青贮要求的水分含量。另外，虽然马铃薯块茎中富含淀粉，但马铃薯茎叶中淀粉含量较少，其在单独进行青贮时不容易成功。在青贮时可拌入 10%左右的玉米面或是 32%～42%的甜菜茎叶来增加混合青贮中的糖分，保证乳酸菌发酵。为了得到更好的青贮效果和品质优秀的青贮饲料，也可在发酵前加入 0.3%的氯化钠，利用渗透压来促进组织中水分的渗出，从而保证乳酸菌繁殖过程中对水分的需要。

晾晒后的马铃薯茎叶可切成 2～8 厘米的草段，切碎后速将 5%的甲醛溶液按 3%～5%的用量，用喷雾器喷洒于马铃薯茎叶上并充分地混匀。

拌匀后迅速装窖，装填前，先将窖打扫干净，可在青贮窖或青贮壕底部铺一层 10～15 厘米厚的切短的秸秆或干草，以便吸收青贮汁液。窖壁四周铺一层塑料薄膜，以加强密封性，避免漏气和渗水。青贮料装填时，要力争干净，忌泥土混入，可以装填一层马铃薯茎叶，然后装填一层甜菜茎叶或青贮玉米秸秆，再装填一层马铃薯茎叶，依此相间循环装填。也可以将马铃薯茎叶与甜菜茎叶或青贮玉米秸秆混合装填。装窖的过程中务必使用压路机或重物层层压实，每装填 25 厘米就压实一次，以利于形成青贮发酵时所需的厌氧环境，直至将原料装填至高出窖或壕沿 60～100 厘米才算装窖完毕，然后迅速封窖。青贮窖的密封与管护和传统青贮相同。

马铃薯茎叶青贮饲料的品质鉴定与玉米秸秆青贮等类似，需从颜色、味道、手感等方面进行综合评判。

二、豌豆荚

豌豆为一年生攀缘草本，别称青豆、麦豌豆、寒豆、麦豆、雪豆、毕豆、麻累等，豆荚肥厚，其籽实多用作蔬菜，也可直接供食用或者制作成豌豆罐头，豌豆的籽实、茎蔓和豆制品的副产物由于糖分含量较高，以干物质计算粗蛋白质的含量也较一般青饲料高，所以可作为奶牛的饲料。在中国，豌豆的主要种植地在四川、河南、湖北、江苏、青海、江西等省区。豌豆是世界重要的栽培作物之一，主要散布在亚洲和欧洲，相对于中国人的饮食习惯，豌豆并没有被大多数人所认可。

1. 豌豆荚的营养价值

邹成义对豌豆荚的营养成分进行了系统的分析得到表 6-2 的数据。青贮过的豌豆荚壳色微黄略有酸性和香味，抓在手中应无黏性感。

表 6-2　豌豆荚营养成分表　　单位：%

类别	水分	粗蛋白质	粗纤维	粗脂肪	粗灰分	钙	磷
豌豆荚鲜样	86.09	2.8	2.5	0.34	0.5	0.12	0.02
以豌豆荚干物质计算	0	20.13	17.97	2.44	3.59	0.86	0.14

注：资料来源于邹成义（1998）。

2. 豌豆荚青贮饲料的调制

利用罐头厂制作豌豆罐头时的副产物豌豆荚，其颜色青绿，荚壳肥厚，含水量为 86%，高的含水量主要是因为加工罐头的过程中人为的冲洗，该含水量可经过与其他饲料原料的混贮来降低。在青贮塔的底部铺垫一层 8～10 厘米厚的干稻草秸，在干稻草秸上再铺一层豌豆荚，于豌豆荚上再铺一层干稻草秸，如此反复，每层都需要人工或机械压紧，尤其是容易忽略的边缘部位，每层用水壶均匀地洒上饱和食盐水，封窖和发酵维护以及发酵后的取用过程及注意事项与传统青贮一致。

三、芦笋茎叶

芦笋又名石刁柏、龙须菜，属百合科天门冬属多年生宿根草本植物，其嫩茎是一种极好的营养保健食品，近年来，随着外贸出口需求量的增加，全国各地种植面积总和达 30 余万亩。芦笋植株的茎叶如任其生长，株高一般达 1.5～2 米。芦笋嫩茎质地细腻，清香爽口，含有丰富的蛋白质、脂肪、维生素及其他各种营养成分，是人们非常喜爱的一种保健食品和名贵蔬菜。

1. 芦笋的营养价值

据山东大学测定：芦笋下脚料含蛋白质 1.62%～3%、脂肪 0.11%～0.25%、碳水化合物 2.11%～4%、粗纤维 0.65%～1.3%、灰分 0.53%～1.36%，以及维生素 A、维生素 B_1、维生素 B_2、维生素 C、芦丁等成分；风干芦笋茎叶含粗蛋白质 13%、粗脂肪 5.82%、粗纤维 42.5%、钙 1.77%、磷 0.4%及 18 种必需氨基酸。但是由于芦笋茎叶粗糙，适口性差，其中木质纤维含量较高，蛋白质和可溶性糖相对较低，直接饲用会影响畜禽的吸收和消化，所以对芦笋茎叶进行进一步加工是其能够资源化利用首先要解决的问题。

2. 芦笋茎叶青贮饲料的调制

收割后的芦笋茎叶自然晾干 2 天左右，控制含水量在 40%～70%之间，然后将芦笋茎叶切割成 3～5 厘米的小段，随后在芦笋茎叶碎段中混合青贮调节剂，青贮调节剂的用量占总重量的 0.5%～1.5%，密闭青贮的时间为三个月到六个月。青贮完毕后取出，根据动物生长时期的不同混合以不同比例的青贮饲料。

四、茭白叶

茭白俗称“菰根”，是一种营养价值较高的蔬菜品种。分为双季茭白和单季茭白（或分为一熟茭和两熟茭），双季茭白（两熟茭）产量较高，品质也好。

茭白茎有地上茎和地下茎之分。地上茎呈短缩状，部分埋入土里，有许多节。节上发生多数分蘖，形成株丛。主茎和分蘖进入生殖生长期后，短缩节拔节伸长，前端数节畸形膨大，形成肥嫩的肉质茎，长 25～35 厘米，横径 3～5 厘米，横断面呈椭圆或近似圆形。地下茎为匍匐茎。叶由叶片和叶鞘两部分组成。

茭白鞘叶属于茭白生产的副产品，数量大且难处理。在茭白采收后，通常将鞘叶片无序地抛弃在路边、田头、河道腐烂或焚烧，对道路、河流、大气环境造成了不同程度的污染。将茭白鞘叶资源充分利用起来发展草食畜牧业，既可解决牛、羊的饲草不足问题，又能减少环境污染，这也是发展生态循环农业的好方法。茭白鞘叶经过科学青贮处理后明显提高了营养价值和适口性。茭白鞘叶青贮后与基础精料搭配可完全替代饲草饲养牛、羊。茭白鞘叶青贮和饲喂技术的一个重要步骤是添加乳酸菌和含糖辅料，这对提高茭白鞘叶的青贮质量十分重要，最后压实密封青贮，待发酵完成后进行品质鉴定并有序取用，配合精料逐步加量饲喂牛、羊。

1. 茭白叶的营养价值

茭白叶的营养成分如表6-3所示。

表6-3 茭白叶的营养成分 单位：%

项目	粗蛋白质	粗灰分	中性洗涤纤维	中性可溶物质	钙	磷	可溶性碳水化合物 WSC
茭白叶	14.32	8.11	69.08	30.92	0.36	0.27	3.23
茭白叶青贮	15.5	9.03	68.86	31.14	0.3	0.34	3.15

注：资料来自于蒋柏荣（2013）。

茭白叶水分含量为68.8%，干物质基础下的可溶性碳水化合物的含量为3.23%，相当于鲜茭白叶的含糖总量为1.03%，这个数据相对于可青贮原料的含糖标准偏低，但是在可用范围内，茭白鞘叶干物质中粗蛋白质含量达14.32%，优于羊草，接近于麸皮。从粗蛋白质含量评价，茭白鞘叶青贮料的品质优于目前奶牛场常用的全株玉米青贮料。建议可以作为牛、羊粗饲料推广应用。尽管茭白叶属于青绿多汁类的饲料原料，但却不具有青绿多汁类饲料原料的一般特征，因为鲜茭白叶在收割后水分散失迅速，很容易失水风干，所以应在实际青贮过程中掌控好收割时间，做到尽快青贮。

经青贮处理后，茭白鞘叶青贮料干物质中的粗蛋白质含量、可溶性碳水化合物等成分含量均有所上升。

2. 茭白叶青贮饲料的调制

要选用晴天或阴天收割茭白后遗弃的茭白鞘叶制作青贮，雨天或有露水时收获的茭白鞘叶要将水露晾干再用，防止曝晒过程中损失糖分和水分，也不能选用堆压多日霉烂的茭白鞘叶，否则会影响茭白鞘叶青贮的质量和成功率。

在茭白叶的处理方面，首先用碎草机将刈割好的茭白叶切成2～3厘米长的碎叶，在称重后按茭白叶重量的3%左右添加米糠或者麸皮等吸收剂，混合搅匀后可按照乳酸菌的使用说明稀释乳酸菌并均匀地喷洒到茭白叶饲料原料中，其余青贮步骤与玉米秸秆青贮类似。

发酵完毕后就可以开窖使用。在饲喂牛、羊前需要鉴别茭白鞘叶青贮质量，好的青贮茭白鞘叶饲料呈青绿或黄绿色，带有酒香或酸香，质地柔软湿润不粘连，无渗出、无霉变，是牛、羊等草食家畜的优质饲料；差的青贮茭白鞘叶饲料呈黄褐色，带有腐败酸臭味，不能用作饲料。

五、花椰菜茎叶

花椰菜，别名花菜、菜花，为十字花科芸薹属甘蓝种的一个变种。因其营养丰富、风味鲜美成为我国主要栽培蔬菜品种之一。现代医学发现，花椰菜富含多种吲哚类衍生物，有分解致癌物质的能力，所以被列入保健食品行列。近年来我国花椰菜产业发展迅速，已成为世界上花椰菜种植面积最大、总产量最高、发展最快的国家。

花椰菜的花球就着生在茎的顶端。花椰菜的叶分为外叶和内叶两种。外叶开张，自外向内叶片由小逐渐增大最后有叶柄，在花芽分化以后，叶柄就不再增大。花椰菜的叶片较大，特别是叶的宽度较大。内叶无叶柄，包被花球，自外向内叶子逐渐缩小，而外部小叶呈直立型。花椰菜的叶数、叶形、色泽和大小因品种不同而有差异，从第一片真叶到花球外的内叶为止，叶片总数为 18～40 片，一般早熟品种 18～20 片，中熟品种 25～30 片，晚熟品种 30～40 片。叶形有卵圆形、长卵圆形、椭圆形、长椭圆形和长披针形等。叶色有浅绿、绿、灰绿、深绿色等。叶片上还附有蜡粉，是叶表皮细胞的分泌物，有减少水分蒸发的作用，蜡粉的分泌量因品种、气候、生长栽培环境的不同而有差别。

1. 花椰菜茎叶的营养价值

何元翔等测定了花椰菜茎叶的营养成分，数据如表 6-4 所示。

表 6-4　花椰菜茎叶的营养成分　　单位：%

项目	干物质	水分	粗蛋白质	可溶性碳水化合物	酸性洗涤纤维	中性洗涤纤维	粗灰分	粗脂肪
花椰菜茎叶	10.94	89.06	13.34	1.61	21.65	22.95	18.37	4.62
89.06%水分含量青贮	10.69	89.31	20.57		20.2	21.89	17.32	1.65
75%水分含量萎蔫处理青贮	21.54	78.46	21.55		19.97	20.15	18.37	3.07
55%水分含量萎蔫处理青贮	44	56	24.73		15.25	17.83	21.26	4

注：资料来自于何元翔（2014）。

由表中数据可以看出，与传统青贮饲料原料如玉米秸秆、紫花苜蓿等相比，花椰菜茎叶的含水量为 89.06%，高于全株玉米和紫花苜蓿；可溶性碳水化合物含量为 1.61%，不及全株玉米的可溶性碳水化合物含量（7.09%）和紫花苜蓿的可溶性碳水化合物含量（4.02%），由此可见，单独青贮花椰菜茎叶不能得到品质优良的青贮饲料，但可以通过添加发酵剂和吸收剂或经过萎蔫处理等改善青贮效果。

根据表中数据并对这三种处理的青贮饲料做品质分析，测量指标包括乙酸、丙酸、丁酸、乳酸和 pH，比较后得出 75%水分含量萎蔫处理的花椰菜茎叶青贮品质最好，55%水分含量萎蔫处理的花椰菜茎叶青贮品质次之，未曾进行萎蔫处理的花椰菜茎叶青贮品质最差，弗氏评分不合格，不能饲喂给家畜（何元翔，2014）。

2. 花椰菜茎叶青贮饲料的调制

废弃的花椰菜茎叶在青贮前要先经过预处理，挑选无腐烂变质且适合畜禽食用的花椰菜茎叶，随后经过清洗除掉茎叶上所带的泥土以及农药残留物和虫卵等。将清洗完毕的花椰菜茎叶处理成 3 厘米长、3 厘米宽的块粒，通过自然通风风干后，在青贮料中加入麸皮混合青贮，花椰菜茎叶与麸皮的混合比例大约为 8∶2，其目的是使花椰菜的含水量降低至 75%左右，也可使用新鲜花椰菜茎叶与风干玉米秸秆按 7∶3 混合青贮，最后再向其中加入乳酸菌发酵液并不断搅拌混匀。花椰菜茎叶青贮的其余步骤与传统的玉米秸秆青贮步骤类似。在 15℃温度下发酵 15 天左右即可得到能够饲喂的青贮饲料。

六、胡萝卜

胡萝卜广泛分布于我国各地，别名红萝卜或甘荀。胡萝卜为野胡萝卜的变种，其与野胡萝卜的最大区别在于根肉质，胡萝卜的根肉质呈长圆锥形，粗肥，有红色和黄色两种。

胡萝卜的贮藏情况在各地不同，河南省每年 2 月份一过，贮藏的胡萝卜就会发芽、腐烂、霉变，而位于我国北部的几个省份如黑龙江省、吉林省等，由于冬天天气温较低，冬季甚至可以达到半年之久，在低温下胡萝卜可以长时间的贮藏。但是同样由于冬天持续时间较长，在冬天我国黑龙江、新疆、内蒙古等省区的畜禽养殖场严重地缺乏能够补充维生素的青绿多汁饲料，如不采取措施及时在饲粮中补充畜禽所缺的维生素，该阶段的幼畜很容易出现严重的维生素缺乏症，胡萝卜青贮可以很好地解决这些问题。

胡萝卜作为一种喜温耐寒的蔬菜作物，它需要种植在土壤结构良好、土质肥沃的地方，其中以壤土或沙土为宜，若条件适宜，每公顷的产量可达到 30 吨左右，最高时可达 60 吨。收割上来的胡萝卜，既可暖贮，也可冻贮，但制作成胡萝卜青贮是最为快捷、有效、经济的方法。

1. 胡萝卜的营养价值

赵裕方等经过试验测得红胡萝卜的营养成分见表 6-5。

表 6-5 红胡萝卜的营养成分

指标	水分/%	粗蛋白质/%	粗脂肪/%	粗纤维/%	糖/%
含量	89	2.0	0.4	1.8	5
指标	无机盐/(毫克/千克)	胡萝卜素/(毫克/千克)	维生素 B_1/(毫克/千克)	磷/(毫克/千克)	钙/(毫克/千克)
含量	14	211	0.4	230	190

注：资料来自于赵裕方（1991）。

每千克胡萝卜干物质含有消化能达 3620 千卡，含胡萝卜素 100 毫克以上，与冬天我国常见的青贮玉米秸秆、树叶相比，是一种很好的补充维生素的青绿多汁类饲料。

2. 胡萝卜青贮饲料的调制

青贮前的胡萝卜需要进行处理，将胡萝卜冲洗干净，确认无泥土、杂物后晾干，随后用切菜机将洗干净的胡萝卜切成 1.5 立方厘米左右的小颗粒，并将此颗粒与麦麸或玉米面混合，混合的比例为 1∶4，确认搅匀后迅速送入青贮窖或其他青贮设备中密封保存。胡萝卜青贮在装窖封严后 40 天左右就可以取出拌入精料饲喂。

胡萝卜青贮具有酸甜的香味，柔软多汁，适口性极好，可增强畜禽的食欲和消化能力。

七、油菜

油菜为十字花科芸薹属植物，别名为油白菜、苦菜。油菜原产于我国，属一年生草本，支根系，茎干直立，分枝较少，正常生长可以达到 30～90 厘米。油菜叶子互生，分为基生叶和茎生叶两种叶子。基生叶并不发达，匍匐生长，呈椭圆形；茎生叶有琴状裂片 5 对，密被刺毛，上有蜡粉。目前常见的油菜品种为小青翠、华冠、京绿二号等。

我国河西地区由于土地资源丰富，光热资源充足，每年复种的油菜既丰富了农区饲草的种类，也为畜牧业的发展提供了饲料基础，间接地缓解了天然草场的压力。

1. 油菜的营养价值

范海瑞等（2016）对油菜秸秆的营养成分进行了分析，并将其与小麦秸秆、玉米秸秆和豆秸做出比较，结果如表 6-6 所示。

表 6-6 油菜秸秆与其他秸秆营养成分比较 单位：%

名称	水分	粗蛋白质	粗纤维	粗脂肪	粗灰分	钙	磷
油菜秸秆	5.02	5.48	46.17	2.14	0.83	0.09	9.27
小麦秸秆	5.25	3.60	40.20	1.28	0.20	0.10	0.00
玉米秸秆	5.54	3.70	31.42	1.03	0.35	0.08	6.52
豆秸	3.16	5.11	51.70	2.70	0.53	0.03	6.65

注：资料来自于范海瑞（2016）。

油菜秸秆的粗蛋白质含量、磷含量均大于其他秸秆，粗纤维的含量较多，为46.17%，高于小麦秸秆和玉米秸秆，粗脂肪含量仅次于豆秸。总体来讲，油菜秸秆的营养价值较玉米秸秆、小麦秸秆、豆秸来说都高，刈割得到的油菜虽非豆科牧草，但营养价值尤其是蛋白质的含量与豆科牧草相似。青贮油菜在调制过程中，粗蛋白质仅损失 11%，维生素 A 大部分被保存下来，水分含量在50%～60%，是一种良好的青贮原料，且青贮后能保存原有的鲜嫩汁液，开窖后发出特殊的芳香味道，适口性好，饲料转化率高，而且保存时间长，所以油菜青贮与其他蔬菜净菜废弃物青贮类似，都是很好的解决家畜冬春饲草不足问题的有效途径。

2. 油菜青贮饲料的调制

经试验证明，由于油菜水分、蛋白质、钾含量大，不适宜单独贮存，所以油菜应与其他蔬菜净菜废弃物一样进行混贮，混贮要与含水量相对较少、含碳水化合物相对较多的草糠、玉米秸秆等一起进行。

青贮下窖之前首先要清理油菜上的泥土、砂石等杂物以及油菜根，随后使用切菜机将油菜切碎成长度不超过 5 厘米的蔬菜碎片，得到的蔬菜碎片迅速与玉米秸秆按照 7∶3 的比例混合并添加尿素等青贮添加剂。其余步骤与常规青贮类似，封口 25 天左右即可启封并喂给家畜。

八、辣椒茎叶

辣椒是人们日常生活中极其重要的蔬菜，目前已成为许多省份的重要经济作物，辣椒别名牛角椒、灯笼椒，是茄科辣椒属的一年生或有限多年生草本植物。

辣椒营养丰富，富含能刺激胃黏膜的各种辣椒碱。红辣椒也是世界上应用最广泛的调味剂，截止到 2013 年，我国辣椒经济产值位居蔬菜首位。然而辣椒采收后产生大量的辣椒秧，且由于收获期比较集中，一时难以处理，若当作青绿饲料饲喂，适口性较差，家畜不愿采食，所以将辣椒茎叶制作成家畜的优质饲料非常值得开发，而制作成青贮正是人们将其变为优质饲料的有效途径。

1. 辣椒茎叶的营养价值

周娟娟等（2013）对辣椒茎叶的营养成分进行了分析，如表 6-7 所示。

表 6-7　辣椒茎叶的营养成分　　单位：%

项目	可溶性糖	粗蛋白质	中性洗涤纤维	酸性洗涤纤维
含量	2.2	17.77	41.16	37.43

注：资料来自于周娟娟（2013）。

结合表中数据可以得出结论，辣椒茎叶不易青贮成功，所以在青贮中需要添加添加剂来改善青贮的效果。另外鲜辣椒叶必需氨基酸含量为 4.1%，且铁、锰、锌、铜等矿物元素含量高于果实，所以辣椒茎叶是有条件作为成青贮饲料原料的。

2. 辣椒茎叶青贮饲料的调制

取采收辣椒后的茎叶，用切菜机将辣椒茎叶切成 1～2 厘米的段，通过晾晒并用水分仪将辣椒茎叶的水分调节到 75%，并添加甲酸混匀，其余步骤与传统青贮一致，发酵 45 天后即可开窖使用。

附录　饲用经济作物副产物饲料常规营养成分表

饲料原料	简单描述	干物质（%FM）	有机物 OM（%DM）	粗蛋白质 CP（%DM）	中性洗涤纤维 NDF（%DM）	酸性洗涤纤维 ADF（%DM）	粗脂肪 EE（%DM）	钙 Ca（%DM）	磷 P（%DM）
菜籽饼	四川	90.29	93.70	21.18	39.81	16.03	—	—	—
	甘肃	94.85	93.43	38.11	41.16	17.05	—	—	—
	平均值		93.57	29.64	40.48	16.54	—	—	—
芭蕉	贵州	92.47	81.55	12.35	63.03	37.98	1.58	1.19	0.23
	贵州	93.21	87.12	15.77	62.64	36.45	2.66	1.37	0.32
	平均值		84.33	14.06	62.84	37.22	2.12	1.28	0.28
白花刺	贵州	93.29	95.40	16.60	41.74	24.01	2.13	—	—
白莎蒿	内蒙古	90.97	95.00	9.77	49.65	33.28	2.92	—	—
百脉根	贵州	92.43	91.00	21.75	40.03	22.34	2.33	1.95	0.24
板栗叶	河北	90.74	93.22	9.35	61.64	35.45	3.03		
臂形草	云南	95.12	90.37	4.26	83.56	48.22	1.80	0.44	0.48
茶叶渣	浙江	89.42	—	24.64	42.84	—	—	—	—
	浙江	88.00	95.00	15.90	59.70	39.30	1.09	0.18	20.40
	浙江	89.00	94.30	16.70	56.00	38.00	0.97	0.18	18.00
	浙江	31.00	94.70	23.00	51.00	31.00	1.29	0.21	20.00
	浙江	30.00	94.90	21.00	50.47	30.57	1.25	0.20	19.90
	浙江，红茶	31.00	94.70	19.70	53.31	39.58	1.12	0.25	13.73
	浙江，绿茶	30.00	94.60	20.00	51.55	35.18	0.98	0.22	16.37
	平均值		94.70	20.13	52.12	35.61	1.12	0.21	18.07

续表

饲料原料	简单描述	干物质(%FM)	有机物 OM(%DM)	粗蛋白质 CP(%DM)	中性洗涤纤维 NDF(%DM)	酸性洗涤纤维 ADF(%DM)	粗脂肪 EE(%DM)	钙 Ca(%DM)	磷 P(%DM)
刺沙蓬	内蒙古	—	87.18	—	—	—	—	2.42	0.12
大豆秸	山东	90.12	93.81	5.19	76.79	56.35	0.94	1.12	0.19
	河南	94.64	92.09	15.67	62.20	40.79	2.58	1.26	0.27
	安徽	90.85	94.74	5.25	78.06	57.26	1.12	0.86	0.10
	河北	90.71	93.61	6.94	65.03	44.06	0.82	1.09	0.13
	贵州	91.58	95.44	4.87	27.44	15.69	0.72	0.68	0.10
	安徽	92.69	—	5.11	79.90	60.29	0.41	—	—
	—	90.27	—	4.75	43.23	—	1.35	—	—
	浙江,黄豆秆	45.00	94.00	6.10	66.90	45.80	0.34	0.27	21.10
	浙江,黄豆秆	44.00	93.90	4.00	59.54	43.92	1.05	0.21	15.62
	平均值		93.94	6.43	62.12	45.52	1.04	0.78	5.36
大头菜	浙江	8.52	92.49	16.08	21.01	19.95	0.24	0.04	1.06
	浙江	8.67	92.62	15.22	19.95	18.45	0.21	0.05	1.50
	浙江	8.74	92.56	12.70	19.68	12.93	0.33	0.06	6.75
	平均值		92.56	14.67	20.21	17.11	0.26	0.05	3.10
地瓜秧	辽宁	91.28	77.40	13.07	56.43	43.37	2.11	1.28	0.39
	河南	90.53	89.11	11.97	46.59	32.13	3.03	1.93	0.18
	安徽	89.76	90.38	13.64	57.07	41.71	2.28	1.43	0.29
	平均值		85.63	12.89	53.36	39.07	2.47	1.55	0.29
豆腐渣	河北	94.81	94.60	17.43	43.84	30.09	2.00	0.85	0.20
	吉林	91.69	95.63	18.84	42.13	27.28	4.68	0.68	0.20
	平均值		95.12	18.14	42.99	28.69	3.34	0.77	0.20
杜仲叶	贵州	89.55	87.23	12.74	47.30	34.07	4.90	1.92	0.16
番薯藤	浙江	15.70	91.63	11.48	50.18	33.66	1.70	0.29	16.52
	浙江	14.80	92.99	16.19	45.65	30.88	2.38	0.25	14.77
	浙江	16.50	93.41	14.80	53.20	31.13	0.95	0.18	22.07
	浙江	13.70	90.03	12.20	49.70	31.80	0.95	0.47	17.90
	平均值		92.01	13.67	49.68	31.87	1.50	0.30	17.82
甘草秧	—	94.35	92.70	6.06	67.41	45.97	—	—	—
	甘肃	91.39	91.49	16.93	49.92	37.09	—	—	—
	平均值		92.10	11.50	58.66	41.53	—	—	—

续表

饲料原料	简单描述	干物质（%FM）	有机物 OM（%DM）	粗蛋白质 CP（%DM）	中性洗涤纤维 NDF（%DM）	酸性洗涤纤维 ADF（%DM）	粗脂肪 EE（%DM）	钙 Ca（%DM）	磷 P（%DM）
甘薯藤	贵州	93.64	82.56	15.29	54.98	34.49	1.64	0.92	0.40
	贵州	94.80	83.96	19.43	43.93	22.45	2.54	1.16	0.21
	贵州	93.77	82.36	15.78	45.47	24.13	5.04	1.93	0.41
	平均值		82.96	16.83	48.13	27.03	3.07	1.33	0.34
甘薯渣	贵州	95.28	94.47	4.95	44.71	4.49	1.23	0.43	0.21
	贵州	96.87	94.88	5.47	60.56	3.58	0.76	0.68	0.13
	浙江	87.00	94.70	3.60	14.60	10.91	1.03	0.42	3.69
	浙江	89.00	94.90	3.40	14.25	10.79	1.07	0.51	3.46
	浙江	88.00	95.00	3.60	14.19	10.53	1.02	0.49	3.66
	平均值		94.79	4.20	29.66	8.06	1.02	0.51	2.23
甘蔗	贵州	93.77	90.30	8.87	72.62	38.10	1.60	0.53	0.17
甘蔗秆	广西	93.90	92.45	6.13	62.95	30.71	1.35	—	—
甘蔗梢	浙江	36.16	93.36	6.33	81.03	44.80	0.27	0.21	36.23
	浙江	36.82	91.47	5.13	78.71	37.53	0.25	0.22	41.17
	浙江	36.81	92.80	5.65	75.52	43.06	0.31	0.20	32.46
	平均值		92.55	5.71	78.42	41.80	0.28	0.21	36.62
甘蔗梢叶	贵州	95.43	89.41	9.30	66.35	34.39	2.57	0.55	0.15
甘蔗梢叶微贮	广东	93.05	91.11	6.81	65.09	36.34	3.11	0.28	0.13
	广东	92.76	92.12	6.75	72.80	39.34	2.98	0.29	0.13
	广东	93.36	92.12	6.50	69.86	39.15	2.92	0.28	0.14
	广东	92.93	91.23	6.72	66.63	37.12	3.10	0.27	0.13
	平均值		91.64	6.70	68.60	37.99	3.03	0.28	0.13
甘蔗叶	广西	93.09	94.26	5.12	76.61	42.97	1.59	0.00	0.08
	广西	92.37	95.07	2.83	88.08	61.01	0.92	0.00	0.03
	广西	94.69	93.27	7.40	54.75	14.43	1.88	—	—
	平均值		94.20	5.12	73.15	39.47	1.46	0.00	0.05
甘蔗渣	广西	99.35	97.43	1.30	93.50	51.75	0.36	0.21	0.09
	贵州	97.08	95.48	3.22	47.09	27.87	1.19	0.32	0.10
	云南	84.28	97.79	1.69	89.48	53.58	0.06	0.01	—
	平均值		96.90	2.07	76.69	44.40	0.54	0.18	0.09
甘蔗渣（膨化）	广西	99.34	93.03	3.23	72.37	57.28	0.87	—	—

续表

饲料原料	简单描述	干物质(%FM)	有机物 OM(%DM)	粗蛋白质 CP(%DM)	中性洗涤纤维 NDF(%DM)	酸性洗涤纤维 ADF(%DM)	粗脂肪 EE(%DM)	钙 Ca(%DM)	磷 P(%DM)
柑橘渣	重庆	16.72	95.81	8.56	27.02	25.15	0.89	0.14	—
	重庆	90.06	95.67	7.35	25.15	23.25	1.14	0.11	—
	重庆	89.30	95.63	8.62	32.53	31.03	1.89	0.19	—
	平均值		95.70	8.18	28.23	26.48	1.31	0.15	—
高丹草	安徽	94.89	99.02	4.38	59.61	32.87	1.75	—	—
高粱草	河北	91.78	87.32	6.21	66.73	37.64	0.32	0.79	0.09
狗尾草	贵州	92.38	88.57	12.72	69.20	45.83	1.23	0.61	0.20
	河北	91.24	91.77	6.07	82.12	49.56	1.07	0.31	0.16
	河北	92.35	89.93	8.84	66.54	38.52	1.28	0.54	0.19
	贵州	94.54	92.14	9.96	64.83	35.99	1.19	—	—
	平均值		90.60	9.40	70.67	42.48	1.19	0.49	0.18
红三叶	贵州	92.48	86.43	22.30	39.10	20.76	3.25	2.26	0.32
红苕藤	重庆	31.13	86.10	16.70	42.57	36.76	2.01	0.21	—
	重庆	96.95	87.29	16.86	34.58	32.15	1.84	0.24	—
	重庆	95.82	84.23	19.36	30.09	28.48	3.19	0.25	—
	平均值		85.87	17.64	35.75	32.46	2.35	0.23	—
花豆秸	贵州	92.53	94.11	8.38	71.46	54.60	0.52	0.92	0.11
花生壳	安徽	93.95	95.78	5.08	50.69	34.70	0.90	0.80	0.05
花生藤	重庆	96.33	90.04	11.06	38.87	35.50	1.81	0.18	—
	重庆	95.79	92.82	10.82	37.51	34.73	1.43	0.15	—
	重庆	96.20	88.80	10.29	46.30	42.94	2.12	0.12	—
	平均值		90.55	10.72	40.89	37.72	1.79	0.15	—
花生秧	—	88.63	—	9.24	26.52	—	1.33	—	—
	辽宁	90.57	89.92	6.89	69.39	54.86	1.74	1.07	0.31
	山东	94.65	93.75	6.12	77.35	55.04	1.49	1.02	0.10
	河南	90.44	87.66	9.48	56.00	40.07	1.04	1.40	0.14
	安徽	91.47	81.50	6.88	57.38	42.09	0.84	1.22	0.16
	河北	89.56	91.01	7.17	69.89	54.58	0.11	1.17	0.17
	安徽	90.35	89.64	10.96	60.65	43.26	1.89	1.96	0.12
	广西	92.28	89.36	9.05	59.95	40.70	3.56	1.17	0.18
	广西	90.86	88.22	10.89	71.78	54.86	0.79	0.16	0.19

续表

饲料原料	简单描述	干物质(%FM)	有机物 OM(%DM)	粗蛋白质 CP(%DM)	中性洗涤纤维 NDF(%DM)	酸性洗涤纤维 ADF(%DM)	粗脂肪 EE(%DM)	钙 Ca(%DM)	磷 P(%DM)
花生秧	广西	92.69	89.63	8.16	69.48	53.29	1.49	0.10	0.10
	广西	92.66	90.27	11.55	62.93	44.06	2.03	0.08	0.14
	广西	91.98	90.87	9.43	63.60	47.70	0.31	0.09	0.12
	广西	89.58	88.76	10.95	69.86	53.90	1.98	0.14	0.18
	平均值		89.22	8.98	62.68	48.70	1.43	0.80	0.16
皇竹草	贵州	93.64	91.02	11.70	67.14	36.00	1.28	3.06	0.24
	安徽	94.71	99.05	6.14	77.22	45.74	1.60	—	—
	平均值		95.03	8.92	72.18	40.87	1.44	3.06	0.24
坚尼草	云南	94.06	86.29	7.60	83.58	51.49	2.62	0.63	0.41
姜叶		94.42	82.24	18.31	48.82	28.38	3.39	0.89	0.82
茭白壳	浙江	6.50	88.81	6.40	63.33	32.33	0.60	0.20	31.00
	浙江	11.50	92.89	10.06	62.95	31.92	1.82	0.30	31.03
	浙江	9.80	86.61	11.15	77.03	45.11	0.45	0.17	31.92
	平均值		89.43	9.20	67.77	36.46	0.96	0.22	31.32
茭白叶	浙江	69.70	87.50	9.36	67.32	36.73	0.88	0.20	30.59
	浙江	7.20	94.61	13.30	69.39	32.92	0.80	0.21	36.47
	浙江	63.00	91.00	11.78	66.80	34.50	0.90	0.18	32.30
	浙江	63.90	90.29	10.70	64.02	33.44	0.58	0.19	30.58
	平均值		90.85	11.29	66.88	34.40	0.79	0.20	32.49
菊芋	山东	96.44	91.48	13.48	7.75	3.77	2.27	0.00	0.43
菊芋秆	山东	94.14	87.03	8.68	63.79	38.53	2.57	2.21	0.14
巨菌秆	山东	91.52	88.43	7.85	77.00	42.46	0.83	0.31	0.25
菌棒	浙江,普通蘑菇棒	39.19	87.76	6.77	64.97	50.90	2.63	0.12	14.07
	浙江,金针菇棒	54.07	80.10	8.75	59.80	30.60	4.36	0.90	29.20
	浙江,蘑菇棒	90.97	74.30	6.14	64.60	36.80	3.27	0.29	27.80
	浙江,蘑菇棒	89.71	87.10	5.00	83.00	59.00	1.55	0.06	24.00
	平均值		82.32	6.67	68.09	44.33	2.95	0.34	23.77
孔颖草	云南	95.96	89.70	4.47	78.55	44.59	2.44	0.49	0.19
葵花盘	内蒙古	92.24	99.02	5.94	26.37	13.29	2.29	—	—
辣木叶	海南	92.73	90.23	32.92	59.03	—	6.19	0.00	0.00

续表

饲料原料	简单描述	干物质（%FM）	有机物 OM（%DM）	粗蛋白质 CP(%DM)	中性洗涤纤维 NDF（%DM）	酸性洗涤纤维 ADF（%DM）	粗脂肪 EE（%DM）	钙 Ca（%DM）	磷 P（%DM）
辣木枝	海南	92.41	92.78	13.68	87.07	—	2.67	0.00	0.00
兰草	云南	95.15	90.72	5.50	84.72	51.56	4.56	0.40	0.17
冷蒿	内蒙古	93.34	94.65	8.38	66.61	49.07	2.60	—	—
梨渣	安徽	94.58	98.37	4.91	58.41	33.00	2.84	0.34	0.10
芦笋秆		95.25	94.31	8.73	63.13	38.30	2.41	0.61	0.12
	浙江	52.40	92.98	16.32	36.20	23.67	1.18	0.24	12.53
	浙江	55.00	91.36	13.72	43.44	29.40	2.13	0.12	14.04
	浙江	51.00	92.20	9.10	41.00	25.90	1.90	0.19	15.10
	平均值		92.72	11.97	45.94	29.32	1.90	0.29	10.45
芦苇	吉林	—	93.62	—	—	—	—	0.27	0.04
绿豆秸	吉林	94.27	82.95	6.80	66.25	49.77	1.54	1.36	0.14
麻叶	贵州	91.05	80.52	17.44	55.82	28.13	3.86	6.12	0.24
	湖南	95.50	87.54	12.98	55.92	36.02	2.59	3.21	0.21
	湖南	93.70	86.66	21.99	60.51	40.13	2.79	2.88	0.32
	湖南	93.70	85.49	20.92	63.29	35.22	2.35	2.98	0.33
	湖南	95.00	86.00	17.79	65.05	38.74	2.59	1.57	0.25
	湖南	94.20	86.84	12.10	70.17	48.83	2.47	2.96	0.17
	平均值		85.51	17.20	61.79	37.84	2.77	3.29	0.25
麻竹笋干	重庆	93.10	96.10	8.13	70.30	41.07	0.56	0.13	—
麻竹笋青贮	重庆	—	—	—	55.26	31.00	—	—	—
麻竹笋笋壳	重庆	20.60	94.84	8.31	—	—	0.36	0.01	—
	重庆	16.14	94.12	8.73	—	—	0.51	0.01	—
	平均值		94.48	8.52	—	—	0.44	0.01	—
蔓草虫豆	云南	95.27	88.44	9.61	62.17	38.98	2.54	1.35	0.29
毛豆秸秆	浙江	43.90	94.43	7.25	68.24	45.90	1.11	0.13	22.34
	浙江	44.90	94.10	4.40	66.00	43.60	1.00	0.10	22.40
	浙江	42.50	95.35	6.77	61.51	40.08	1.02	0.08	21.42
	平均值		94.63	6.14	65.25	43.19	1.04	0.10	22.05
牡丹饼	山东	94.84	95.75	28.76	22.49	6.17	6.05	0.17	0.62
牡丹籽皮	山东	91.28	96.11	5.02	48.55	32.79	4.42	0.64	0.10

续表

饲料原料	简单描述	干物质（%FM）	有机物 OM（%DM）	粗蛋白质 CP（%DM）	中性洗涤纤维 NDF（%DM）	酸性洗涤纤维 ADF（%DM）	粗脂肪 EE（%DM）	钙 Ca（%DM）	磷 P（%DM）
木豆	云南	95.76	93.80	15.04	57.27	34.15	8.14	1.02	0.46
木薯淀粉渣	海南	85.25	98.05	1.70	93.76	23.08	0.09	—	—
	海南	90.16	98.12	1.27	103.21	21.10	0.17	—	—
	海南	82.41	97.77	1.81	75.34	16.57	0.22	—	—
	海南	73.45	97.12	0.94	80.08	24.48	0.18	—	—
	平均值		97.77	1.43	88.10	21.31	0.16	—	—
木薯茎叶	贵州	95.77	89.21	25.85	43.43	25.41	4.84	2.76	0.38
木薯叶	广西	91.19	91.12	31.70	54.16	27.92	3.17	0.10	0.39
	广西	92.68	93.90	16.29	51.07	33.83	4.45	0.07	0.34
	广西	92.14	92.23	16.74	56.67	38.88	4.00	0.11	0.16
	平均值		92.42	21.57	53.97	33.54	3.87	0.09	0.30
木薯渣	安徽	91.21	81.29	—	63.73	41.86	2.13	—	—
	广西	91.23	97.57	5.56	58.81	21.32	2.57	0.67	0.03
	安徽	95.73	78.39	11.74	63.05	40.75	2.54	—	0.13
	贵州	95.31	92.85	4.04	52.09	8.77	1.16	0.91	0.11
	平均值		87.52	7.11	59.42	28.18	2.10	0.79	0.09
扭黄茅	云南	95.37	92.39	3.70	87.07	52.98	2.94	0.35	0.14
苹果渣	安徽	89.85	94.66	7.31	56.59	40.89	5.75	0.39	0.16
	安徽	94.10	97.48	9.56	70.57	53.50	5.78	1.19	0.23
	平均值	—	96.07	8.43	63.58	47.19	5.76	0.79	0.19
葡萄枝	—	96.31	—	6.43	77.20	55.94	—	—	—
旗草	云南	94.93	92.33	3.91	77.11	42.77	0.74	0.42	0.39
青稞	甘肃	93.13	97.15	14.77	79.57	4.82	—	—	—
雀稗	云南	93.36	89.23	3.99	75.99	42.01	3.06	0.77	0.37
桑叶	贵州	91.59	90.66	22.67	34.63	17.84	2.89	2.37	0.44
	贵州	89.90	90.31	25.03	31.35	16.68	2.92	1.96	0.40
	重庆	91.70	86.91	24.75	47.44	17.45	3.90	2.29	0.40
	重庆	93.40	91.03	16.92	46.04	17.88	5.02	1.84	0.20
	重庆	90.80	86.23	11.89	52.97	22.03	3.62	2.48	0.31
	江苏	86.60	87.41	20.79	54.27	20.79	5.64	2.53	0.23
	江苏	85.80	87.06	19.23	48.37	15.03	5.15	2.54	0.24

续表

饲料原料	简单描述	干物质（%FM）	有机物 OM（%DM）	粗蛋白质 CP（%DM）	中性洗涤纤维 NDF（%DM）	酸性洗涤纤维 ADF（%DM）	粗脂肪 EE（%DM）	钙 Ca（%DM）	磷 P（%DM）
桑叶	江苏	83.30	86.91	22.45	61.10	22.45	5.87	2.87	0.20
	浙江	33.00	95.60	32.50	25.80	16.00	3.30	0.34	9.80
	浙江	32.30	94.40	27.00	27.60	15.00	3.70	0.38	12.60
	浙江	34.60	95.20	33.00	30.10	15.20	3.51	0.34	14.90
	浙江	33.40	94.60	22.00	29.00	16.10	3.30	0.35	12.90
	重庆	45.82	89.63	22.30	27.74	24.88	2.76	0.29	—
	重庆	26.77	86.48	18.69	21.12	20.78	2.55	0.21	—
	重庆	31.54	89.37	20.24	20.77	19.39	2.47	0.36	—
	平均值		90.12	22.63	37.22	18.50	3.77	1.41	4.39
桑枝粉	—	94.54	96.01	6.61	80.12	57.79	—	—	0.09
桑枝膨	—	95.15	92.67	8.43	59.24	50.10	—	—	0.22
桑枝茎叶	贵州	91.37	87.77	21.28	38.40	12.95	3.52	2.31	0.29
	贵州	94.53	87.85	20.35	43.71	15.21	3.61	0.54	0.13
	贵州	94.55	89.58	23.96	40.57	13.67	2.66	1.81	0.40
	安徽	93.71	89.67	20.51	51.30	30.56	2.77	2.48	0.35
	安徽	93.90	89.58	12.34	54.93	35.52	3.37	1.86	0.25
	平均值		88.89	19.69	45.78	21.58	3.19	1.80	0.28
山地蕉果轴	云南	93.67	99.23	8.95	45.90	28.01	1.44	—	—
山地蕉茎秆	云南	93.69	99.14	5.83	51.29	28.33	1.14	—	—
山地蕉叶片	云南	93.90	99.09	13.85	48.51	23.91	4.27	—	—
山药	山东	96.23	94.62	8.94	49.22	2.00	1.30	0.13	0.21
山药秆	山东	93.93	90.58	8.23	72.95	44.41	1.72	1.82	0.11
食叶草		90.21	86.16	29.21	44.66	14.34	3.16	1.04	1.27
双花草	云南	94.85	91.26	3.74	83.10	48.49	2.54	0.37	0.12
笋壳	浙江	11.40	93.80	13.40	77.40	36.45	0.19	0.07	40.95
	浙江	10.90	92.01	16.20	72.40	29.11	0.16	0.04	43.29
	浙江	12.90	92.19	12.00	75.30	33.23	0.18	0.05	42.07
	浙江	11.90	93.87	15.00	75.60	32.58	0.21	0.05	43.02
	浙江	11.80	93.30	14.60	75.00	33.00	0.20	0.04	42.00
	浙江	11.40	93.70	14.30	74.50	34.01	0.22	0.08	40.49
	平均值		93.15	14.25	75.03	33.06	0.19	0.05	41.97

续表

饲料原料	简单描述	干物质(%FM)	有机物 OM(%DM)	粗蛋白质 CP(%DM)	中性洗涤纤维 NDF(%DM)	酸性洗涤纤维 ADF(%DM)	粗脂肪 EE(%DM)	钙 Ca(%DM)	磷 P(%DM)
蜈蚣草	贵州	93.52	94.50	10.27	60.80	47.47	1.62	0.51	0.17
香蕉梗	广西	93.31	90.87	0.82	66.84	30.37	0.73	0.08	0.28
香蕉茎叶	贵州	94.80	88.88	12.30	54.65	29.61	7.02	1.76	0.14
	贵州	96.44	89.34	12.00	54.61	28.90	6.90	0.50	0.15
	贵州	96.12	89.00	10.80	53.68	28.09	7.41	0.76	0.15
	平均值		89.07	11.70	54.31	28.87	7.11	1.00	0.15
香蕉树干	广西	92.84	92.26	1.22	71.78	41.44	0.76	0.06	0.14
香蕉叶	广西	93.63	89.71	8.73	67.85	41.31	8.85	0.05	0.19
	广西	92.63	90.28	4.35	75.69	49.41	9.60	0.12	0.03
	平均值		90.00	6.54	71.77	45.36	9.23	0.08	0.11
象草	云南	94.40	87.21	9.61	71.82	44.10	2.76	0.56	0.41
	广西	95.14	92.26	10.27	73.26	43.75	3.46	0.23	0.16
	平均值		89.73	9.94	72.54	43.93	3.11	0.39	0.28
野艾蒿	内蒙古	92.88	92.24	10.41	57.49	33.47	3.58	—	—
薏仁米秸秆	贵州	95.35	85.76	11.01	65.43	35.04	1.35	0.49	0.22
	贵州	95.73	83.94	9.82	61.77	35.16	2.43	0.36	0.14
	贵州	92.78	90.23	10.42	80.90	49.88	0.92	0.00	0.23
	贵州	92.96	88.95	11.73	79.13	49.39	0.97	0.00	0.26
	贵州	92.13	91.16	8.15	80.50	47.06	1.13	0.00	0.22
	平均值		88.01	10.23	73.54	43.31	1.36	0.17	0.21
印尼草	—	95.42	98.89	7.31	74.50	43.54	1.16	—	—
	—	96.37	99.06	7.98	71.92	38.30	1.24	—	—
	—	89.00	99.00	9.78	72.23	39.18	1.17	—	—
	平均值		98.98	8.35	72.88	40.34	1.19	—	—
油菜秸秆	安徽	91.93	97.19	—	91.35	67.19	1.16	—	—
	浙江	88.00	94.37	4.00	76.87	54.57	1.88	0.06	22.30
	浙江	85.40	94.56	2.71	74.50	51.00	1.39	0.08	23.50
	浙江	87.00	94.26	2.39	76.00	55.10	1.75	0.10	20.90
	平均值		95.10	3.03	79.68	56.97	1.55	0.08	22.23
油菜籽荚	贵州	91.79	87.81	10.73	65.14	42.55	2.88	0.63	0.17
	安徽	91.63	92.72	—	80.18	59.42	3.12	—	—

续表

饲料原料	简单描述	干物质（%FM）	有机物 OM（%DM）	粗蛋白质 CP（%DM）	中性洗涤纤维 NDF（%DM）	酸性洗涤纤维 ADF（%DM）	粗脂肪 EE（%DM）	钙 Ca（%DM）	磷 P（%DM）
油菜籽荚	平均值		90.27	10.73	72.66	50.98	3.00	0.63	0.17
莜麦草	河北	90.62	86.35	14.67	68.58	35.50	2.88	0.63	0.26
柚子皮	广西	88.97	96.30	5.84	23.44	16.45	1.51	0.11	0.08
	广西	92.84	95.12	8.19	36.87	23.06	1.00	0.04	0.06
	平均值		95.71	7.01	30.16	19.75	1.25	0.07	0.07
杂交油菜	贵州	93.04	94.80	6.94	74.79	51.57	2.83	1.58	0.11
枣肉	—	87.86	—	6.37	—	—	—	—	—
枣渣	安徽	—	96.58	—	—	—	—	0.71	0.05
针茅	内蒙古	94.01	93.25	12.82	63.20	32.92	2.44	1.36	0.15
竹叶	—	89.51	—	17.74	63.04	—	—	—	—
	浙江	86.90	91.93	15.20	69.70	39.80	2.30	0.03	29.90
	浙江	87.70	91.62	13.20	72.20	40.60	2.00	0.03	31.60
	浙江	87.60	92.35	11.20	70.40	40.50	1.10	0.02	29.90
	平均值		91.97	14.34	68.84	40.30	1.80	0.03	30.473
柱花草	云南	94.63	91.54	12.38	79.47	48.30	2.18	1.42	0.49
紫苏叶	山东	91.81	81.53	26.14	43.49	16.59	2.73	2.29	0.59
紫苏籽	山东	94.46	95.68	25.62	36.80	24.18	33.89	0.24	0.63
紫云英	安徽	90.80	94.86	16.63	59.58	35.91	2.97	0.58	0.27

注：1. FM 指鲜样基础。

2. DM 指干物质基础。

3. 资料来自于中国农业科学院饲料研究所反刍动物生理与营养实验室实际测定数据。

参 考 文 献

[1] Almaguer B L, Sulabo R C, Liu Y, et al. Standardized total tract digestibility of phosphorus in copra meal, palm kernel expellers, palm kernel meal, and soybean meal fed to growing pigs [J]. Journal of Animal Science, 2014, 92 (6): 2473-2480.

[2] Fox D G, Sniffen C J, O' Connor J D, et al. A net carbohydrate and protein system for evaluating cattle diets: III. Cattle requirements and diet adequacy [J]. Journal of Animal Science, 1992, 70 (11): 3578-3596.

[3] Gill M, Powell C. Prediction of associative effect of mixing feed [A]. FAO: International Conference on Animal Production with Local Resources, 1993: 393-405.

[4] Kang M G, Kim W H, Park J H, et al. Substitution effect of PEFB (Palm Empty Fruit Bunch) for beet pulp in bottle cultivation of Pleurotus ostreatus [J]. Journal of Mushroom, 2014, 12 (1) .

[5] Mould F L, Ørskov E R, Mann S O. Associative effects of mixed feeds. I. Effects of type and level of supplementation and the influence of the rumen fluid pH on cellulolysis in vivo and dry matter digestion of various roughages [J]. Animal Feed Science and Technology, 1983 (10): 15-30.

[6] O' Connor J D, Sniffen C J, Fox D G, et al. A net carbohydrate and protein system for evaluating cattle diets: IV. Predicting amino acid adequacy [J]. Journal of Animal Science, 1993, 71 (5): 1298.

[7] Palmquist D L. The feeding value of fats [M]. Ørskov. World Animal Science B4: Feed Science. Amsterdam: Elsevier, 1988: 293-311.

[8] Russell J B, O' Connor J D, Fox D G, et al. A net carbohydrate and protein system for evaluating cattle diets: I. Ruminal fermentation [J]. Journal of Animal Science, 1992, 70 (11): 3551-3561.

[9] Sniffen C J, O' Connor J D, Van Soest P J, et al. A net carbohydrate and protein system for evaluating cattle diets: II. Carbohydrate and protein availability [J]. Journal of Animal Science, 1992, 70 (11): 3562.

[10] Uribe Trujillo F, Sanchez M D. Mulberry for animal production. Animal production and Health Series [M]. FAO, Rome, 2001: 199-202.

[11] 陈丹丹，屠焰，马涛，等．桑叶黄酮和白藜芦醇对肉羊气体代谢及甲烷排放的影响 [J]. 动物营养学报，2014，26 (5)：1221-1228.

[12] 陈芳，李大威，蔡海莹，等．青贮笋壳对奶牛生产性能及部分血清生化指标的影响 [J]. 中国饲料，2013 (20)：13-15.

[13] 陈洪章．纤维素生物技术 [M]. 2 版．北京：化学工业出版社，2011.

[14] 陈丽莉，冯燕，罗迎社，等．林下套种饲草甘薯藤及压块加工的营养价值研究 [J]. 湖南林业科技，2014，41 (6)：52-56.

[15] 陈亮，张凌青，马振敏，等．番茄渣青贮及饲喂肉牛效果的研究 [J]. 饲料究．2013 (8)：54-56.

[16] 陈学庚．我国主要经济作物机械化生产与展望 [J]. 农机科技推广，2016 (12)：4-7.

[17] 代正阳．不同蛋白水平及饲喂青贮甘蔗渣对金华黄牛生产性能的影响 [D]. 杭州：浙江农林大

学，2018.

[18] 单杨．我国柑橘工业现状及发展趋势［J］. 农业工程技术（农产品加工业），2014（4）：13-17.

[19] 东莎莎．苹果渣的营养价值及综合利用［J］. 中国果菜．2017（2）：15-18.

[20] 杜周和，刘俊凤，左艳春，等．桑叶的营养特性及其饲料开发利用价值［J］. 草业学报，2011，20（5）：193-200.

[21] 范海瑞．青贮油菜与微贮金针菇菌糠的营养价值评定及饲喂奶水牛效果［D］. 武汉：华中农业大学，2016.

[22] 范华，裴彩霞，董宽虎．豆秸营养价值的研究［J］. 畜牧与饲料科学，2007（6）：28-29.

[23] 高瑞芳，张吉树．新疆棉花秸秆饲料化开发利用研究［J］. 中国畜牧杂志，2016，52（8）：76-79.

[24] 高雪娟．竹笋壳提取物的成分和生物活性研究［D］. 北京：北京林业大学，2011.

[25] 巩莉，华颖，刘大群，等．利用番茄废渣混菌固体发酵生产蛋白饲料［J］. 食品与发酵工业，2015，41（5）：116-121.

[26] 顾拥建，占今舜，沙文锋，等．不同比例大豆秸和玉米秸混贮的发酵品质及养分含量比较分析［J］. 中国饲料，2016（6）：21-24.

[27] 郭建军，李晓滨，齐雪梅，等．饲料中添加桑叶对奶牛产奶量和奶品质的影响［J］. 黑龙江畜牧兽医，2011（2）：96-97.

[28] 郭建军，李晓滨，齐雪梅，等．饲料中添加桑叶对育肥牛增重的影响［J］. 当代畜牧，2010（9）：31-32.

[29] 郭婷婷，彭新利，陈玉春，等．甘蔗渣固态发酵方式研究［J］. 饲料广角，2016（6）：32-33.

[30] 哈丽代·热合木江，热沙来提汗·买买提，买买提明·阿布力米提，等．棉花秸秆中棉酚脱毒法比较研究［J］. 新疆农业科学，2013（7）：1304-1309.

[31] 韩雪，常瑞雪，杜鹏祥，等．不同蔬菜种类的产废比例及性状分析［J］. 农业资源与环境学报，2015（4）：377-382.

[32] 何玉鹏．不同添加剂对马铃薯茎叶青贮特性和发酵品质的影响［D］. 兰州：甘肃农业大学，2015.

[33] 何元翔，汪建旭，冯炜弘，等．萎蔫处理对花椰菜茎叶可青贮性的影响［J］. 西北农业学报，2013，22（3）：161-167.

[34] 蒋柏荣，黄利权，陆红星，等．青贮茭白叶饲喂湖羊增重效果试验［J］. 上海畜牧兽医通讯，2013（5）：45-45.

[35] 兰芳，张玉芳．番茄酱渣饲料的营养价值及开发前景［J］. 饲料博览，2009（2）：33-34.

[36] 黎力之，付东辉，欧阳克蕙，等．不同品种油菜秸营养成分及饲用价值评价［J］. 江西畜牧兽医杂志，2016（3）：31-33.

[37] 黎力之，潘珂，付东辉，等．油菜秸瘤胃降解特性的研究［J］. 饲料研究，2016a（2）：57-59.

[38] 李剑楠．薯渣青贮的瘤胃降解规律及其与玉米青贮的组合效应研究［D］. 保定：河北农业大学，2014.

[39] 李胜开．南方农副产品混合青贮饲料的营养价值评定及对肉牛生长性能和血液生化指标的影响［D］. 广西：广西大学，2017.

[40] 李世忠，黄建国，李治玲，等．柑橘皮渣降解菌的筛选及特性［J］. 食品科学，2014，35（23）：188-192.

[41] 李术娜，王全，徐丽娜，等．发酵花生秧粉粗饲料的研制及其在肉鸭养殖中的应用［J］．饲料工业，2015，36（16）：40-44.
[42] 李勇，朱平军，范伟杰，等．白菜青贮效果观察［J］．中国畜牧医，2007，34（2）：21-22.
[43] 刘春龙，任燕锋，刘大森，等．甜菜渣复合蛋白颗粒料替代豆粕对绵羊血液指标的影响［A］．中国畜牧兽医学会动物营养学分会第十一次全国动物营养学术研讨会论文集，2012.
[44] 刘大群，陈文烜，华颖．混合乳酸菌对笋壳青贮品质的影响［J］．动物营养学报，2015，27（6）：1963-1969.
[45] 刘功炜．日粮中添加桑叶对陕北白绒山羊脂肪代谢的影响［D］．咸阳：西北农林科技大学，2017.
[46] 刘静，李旭，向春蓉，等．油茶籽粕蛋白功能特性及其酶解产物抗氧化活性研究［J］．中国粮油学报，2017（1）：40-46.
[47] 刘庆华，聂芙蓉，毛秋月．花生秧养分及其在绵羊瘤胃内降解规律的研究［J］．中国草食动物，2008，28（4）：37-39.
[48] 刘树民，蔡涛，鲁友均，等．苹果渣对奶牛产奶性能的影响［J］．中国牛业科学，2013，39（4）：13-15.
[49] 刘太宇，郭孝，郭良星．刈割对花生秧产量和品质的影响［J］．家畜生态，2002，23（1）：38-40.
[50] 龙鸿艳．树叶、营养枝和棉花秸秆等饲料资源的营养价值及其有效利用［J］．畜牧兽医科技信息，2016（2）：123-124.
[51] 卢焕玉，李杰．大豆秸秆作为粗饲料的营养价值评定［J］．中国畜牧杂志，2010，46（3）：36-38.
[52] 马俊南，司丙文，李成旭，等．体外产气法评价南方经济作物副产物对肉牛的营养价值［J］．饲料工业，2016（9）.
[53] 孟杰．几种农副产品饲料的化学成分、能量价值和饲喂肉牛的生长性能与肉品质比较［D］．北京：中国农业大学，2014.
[54] 莫放，冯仰廉．常用饲料蛋白质在瘤胃的降解率［J］．中国畜牧杂志，1995（3）：23-26.
[55] 莫柳珍，廖炳权，黄向阳，等．甘蔗渣活性炭制备研究进展［J］．广西糖业，2015（1）：31-35.
[56] 潘晓花，杨亮，杨琴，等．反刍动物饲料碳水化合物和蛋白质组分划分及消化道代谢规律［J］．动物营养学报，2014（5）：1134-1144.
[57] 齐林艳．浅析我国苹果发展现状及存在的问题［J］．现代农村科技，2016（22）：31-32.
[58] 秦利．花生秧、壳在饲料行业中的应用现状［J］．草业科学，2011，28（11）：2057-2060.
[59] 邱贺媛．番薯藤中硝酸盐、亚硝酸盐和VC含量的测定［J］．农产品加工·学刊，2008（6）：25-27.
[60] 瞿明仁．南方经济作物副产物生产、饲料化利用之现状与问题［J］．饲料工业，2013，34（23）：1-6.
[61] 任健．葵花籽水酶法取油及蛋白质利用研究［D］．无锡：江南大学，2008.
[62] 桑断疾，刘艳丰，王文奇，等．番茄渣在畜禽饲料中应用研究现状［J］．草食家禽，2012（1）：62-65.
[63] 斯热吉古丽·阿山．七种脱毒法对棉花秸秆、棉籽饼及棉籽壳脱毒效果的比较研究［D］．乌鲁木齐：新疆农业大学，2015.
[64] 宋恩亮，张金奉，赵红波，等．山东省常用粗饲料营养成分分析［J］．山东农业科学，2016，48（6）：109-114.
[65] 孙健，程雅芳，关红艳，等．蔬菜废弃物综合利用研究进展［J］．广西农学报，2016，31（6）：46-59.

[66] 唐茂妍，陈旭东，和小明．棕榈仁粕在动物饲料中的应用研究［J］．饲料工业，2013，34（20）：45-48.
[67] 唐明跃，李秀金，袁海荣，等．NaOH 预处理对油菜秸秆厌氧消化产气性能的影响［J］．可再生能源，2016，34（8）：1246-1251.
[68] 佟艳妍．发酵饲料饲喂育肥牛效果观察［J］．养殖与饲料，2017（2）：44-45.
[69] 王翀，夏月峰，汪海峰，等．浙江省经济作物副产物的饲料化利用可行性研究初探［J］．中国畜牧杂志，2016，52（22）：71-76.
[70] 王芳彬．基于 CNCPS 和近红外光谱技术评定油菜秸秆营养价值［D］．兰州：甘肃农业大学，2016.
[71] 王鸿泽，彭全辉，康坤，等．不同混合比例对甘薯蔓、酒糟及稻草混合青贮品质的影响［J］．动物营养学报，2014，26（12）：3868-3876.
[72] 王建枫，程晓建．油茶籽粕饲料资源的开发与利用［J］．饲料研究，2015（10）：65-68.
[73] 王萌，王加启，张俊瑜，等．甜菜粕替代玉米对奶牛生产性能及血液代谢的影响［J］．中国畜牧兽医，2011（1）：18-22.
[74] 王笑笑，廉红霞，秦雯霄，等．花生秧与玉米青贮配比对奶牛生产性能、血液指标及氮素利用的影响［J］．草业学报，2016，25（5）：165-174.
[75] 王音，沈勇猛，侯冠华．固态发酵笋壳生产饲料菌种混合配比优化研究［J］．价值工程，2014（28）：316-318.
[76] 魏敏，雒秋江，潘榕，等．对棉花秸秆饲用价值的基本评价［J］．新疆农业大学学报，2003，26（1）：1-4.
[77] 吴配全，任丽萍，周振明，等．饲喂发酵桑叶对生长育肥牛生长性能、血液生化指标及经济效益的影响［J］．中国畜牧杂志，2011，47（23）：43-46.
[78] 吴兆鹏，谭文兴，蚁细苗，等．甘蔗渣的饲用价值及其作为饲料应用的研究进展［J］．中国牛业科学，2016，42（5）：41-45.
[79] 席利莎．甘薯茎叶营养成分及其多酚抗氧化活性的研究［D］．北京：中国农业科学院，2014.
[80] 徐亚姣，李长慧．不同生物制剂对青贮马铃薯茎叶品质的影响［J］．安徽农业科学，2009，37（27）：13010-13012.
[81] 许国英，热合木都拉，马英杰．棉花秸秆的饲用价值研究［J］．新疆畜牧业，1998（3）：10-11.
[82] 杨春涛，刁其玉，曲培滨，等．热带假丝酵母菌与桑叶黄酮对犊牛营养物质代谢和瘤胃发酵的影响[J]．动物营养学报，2016，28（1）：224-234.
[83] 杨东顺，樊建麟，邵金良，等．辣木不同部位主要营养成分及氨基酸含量比较分析［J］．山西农业科学，2015，43（9）：1110-1115.
[84] 杨双鼎，周俊杰．甘蔗叶梢氨化及饲喂肉牛技术［J］．中国畜禽种业，2016（9）：100.
[85] 于苏甫·热西提．番茄渣分别与芦苇、苜蓿和玉米秸混合发酵效果研究［D］．乌鲁木齐：新疆农业大学．2009.
[86] 玉柱，邓波，于艳冬，等．添加玉米秸秆对甜菜渣青贮品质和体外消化率的影响［J］．吉林农业大学学报．2010，32（2）：186-190.
[87] 岳斌．微贮棉秆饲喂育肥牛效果试验［J］．科学种养，2010（12）：42.
[88] 张蓓蓓，马颖，耿维，等．中国油菜秸秆资源的生物质能源利用潜力评价［J］．可再生能源，2017，35

（1）：126-134.

［89］ 张吉鹍，李龙瑞．粗饲料在反刍动物营养中的作用及影响粗饲料营养价值的因素［J］. 中国乳业，2003（12）：25-29.

［90］ 张石蕊，陈铁壁，金宏．柑橘加工副产品中饲料营养物质的测定［J］. 饲料研究，2004（1）：28-29.

［91］ 张书信，潘晓亮，王振国，等．番茄酱渣饲用价值的研究进展［J］. 家畜生态学报，2011，32（1）：94-97.

［92］ 赵丽萍，周振明，任丽萍，等．笋壳作为动物饲料利用研究进展［J］. 中国畜牧杂志，2013，49（13）：77-80.

［93］ 赵清，王葭，张新明．番茄红素发酵培养基及发酵过程控制的研究［J］. 河北工业科技，2008，25（6）：358-360.

［94］ 赵裕方，武春田．胡萝卜青贮［J］. 现代化农业，1991（7）：33.

［95］ 赵芸君，郭俊清，张扬，等．番茄渣发酵饲料对新疆褐牛生产性能、乳成分及血细胞参数的影响［J］. 新疆农业科学，2012（8）：1546-1551.

［96］ 郑旭煦，闻学政，彭荣，等．一种黑曲霉及其固态曲发酵生产饲料的方法：ZL201110103031. 6［P］. 2011-10-12.

［97］ 中华人民共和国统计局，http：//data. stats. gov. cn/.

［98］ 周娟娟，魏巍，秦爱琼，等．水分和添加剂对辣椒秸秆青贮品质的影响［J］. 草业学报，2016，25（2）：231-239.

［99］ 朱启，董兵，汪海峰，等．稻草预处理及补充桑叶对湖羊生产性能的影响［J］. 饲料研究，2012（9）：57-58.

［100］ 朱振亚，罗水香．我国经济作物产出的宏观形势分析：1983—2014［J］. 农业经济，2017（1）：44-46.